生命科学著作

自然生物多样性的力学原理

THE MECHANICS OF NATURAL BIODIVERSITY

杨 霖 侯成宇 史丽萍 赫晓东 著

哈爾濱工業大學出版社
HARBIN INSTITUTE OF TECHNOLOGY PRESS

内容简介

本书共9章：第1章介绍基因、蛋白质与物种多样性之间的关系，包括蛋白质的功能和分类等内容；第2章介绍蛋白质折叠问题；第3章用牛顿力学诠释蛋白质折叠问题；第4章介绍蛋白质折叠的密码；第5章介绍蛋白质结构中的手性来源；第6章介绍蛋白质螺旋结构的密码及其生物进化上的规律；第7章介绍朊病毒产生的力学机制；第8章介绍基于牛顿力学的蛋白质结构预测方法；第9章从热力学和牛顿力学角度阐释生命演化的奇迹等内容。

本书可供从事材料科学、工程力学和分子生物学研究的工程技术人员、研究人员和广大创新设计爱好者参考。

图书在版编目(CIP)数据

自然生物多样性的力学原理/杨霖等著.—哈尔滨:哈尔滨工业大学出版社,2020.12

ISBN 978-7-5603-9069-7

Ⅰ.①自…　Ⅱ.①杨…　Ⅲ.①生物力学－高等－学校－教材　Ⅳ.①Q66

中国版本图书馆CIP数据核字(2020)第171126号

策划编辑　许雅莹
责任编辑　张　颖
封面设计　屈　佳
出版发行　哈尔滨工业大学出版社
社　　址　哈尔滨市南岗区复华四道街10号　邮编150006
传　　真　0451-86414749
网　　址　http://hitpress.hit.edu.cn
印　　刷　哈尔滨博奇印刷有限公司
开　　本　720mm×1020mm　1/16　印张12.75　字数247千字
版　　次　2020年12月第1版　2020年12月第1次印刷
书　　号　ISBN 978-7-5603-9069-7
定　　价　38.00元

序

蛋白质及其产物是构成地球生命的物质基础，几乎所有已知的生物化学反应和生命现象都是由蛋白质合成的。蛋白质的生物学功能是通过其三维分子结构来表达的，但是蛋白质分子获得三维结构的折叠机制和规律是未知的。这导致分子生物学研究往往依赖于复杂的试验手段和昂贵的设备，也由此导致疫苗、药物和治疗方法的研发、创造周期往往很长且成功率较低。从病毒到人类，几乎所有生物功能的形成和繁衍都依赖相同的蛋白质制造原理及机制，在当前环境下，对蛋白质折叠机制和折叠规律的理论探索，显得弥足珍贵。

本书作者系统地研究了蛋白质折叠问题，并揭示了蛋白质折叠机制中存在的一些以统计力学和牛顿力学为基础的原理和规律。蛋白质分子结构中的多级疏水作用和由此导致的蛋白质结构的失稳及塌缩主导了蛋白质的折叠过程。蛋白质折叠过程被系统地描述为一系列有序的力学现象和事件。这些表明蛋白质在水环境中可以遵循明确的物理规则发生折叠，从机理层面解释了蛋白质的精确的和重复的折叠现象的力学本质。蛋白质折叠现象对温度的依赖性被归因于分子疏水性和分子结构失稳对环境温度的依赖关系。蛋白质折叠过程中形成大量的氢键归因于焓熵补偿原理，通过分析未折叠多肽的侧链之间的相互作用，可以揭示隐藏在蛋白质氨基酸序列中的蛋白质折叠规律密码。本书在热力学第二定律的基础上探索了物种进化和生物系统的自组织现象背后的规律和法则。

本书结合了经典力学和统计力学来破解蛋白质形成机制和折叠规律等问题，构建了分子生物学和力学学科交叉研究的架构，将为读者们在分子层面和力学框架下理解生命形成和演化的自然规律提供全新的视角。

中国工程院院士

2020 年 11 月

前言

微小的病毒被认为是最简单的生命体，它仅是由一个核酸分子（DNA 或 RNA）与保护性蛋白质外壳构成的非细胞形态的有机体，它无法自行表现出生命现象。为什么微小的病毒会导致人类发生快速致病，并传染、威胁大量人群？这是因为这些简单的有机体可以利用宿主细胞进行自我复制。病毒通过感染受体细胞，可以将其遗传物质（如 RNA）导入人体细胞内，这些病毒的 RNA“欺骗”人类细胞中的核糖体将病毒复制所需的大量蛋白质按照病毒的 RNA 信息制造出来，也就是说人类的细胞和病毒都是由同样的物理机制形成的。RNA 可以看作是制造蛋白质的图纸，制造蛋白质的核糖体通常无法分辨出 RNA 的来源，所以被感染的细胞会为病毒生产蛋白质，继而组装成大量新的病毒个体。病毒复制的速度是惊人的，这是因为人类细胞的核糖体制造病毒蛋白质的速度是惊人的，由此可以看到，几乎所有生物的繁衍都依赖某种相同的机制。

事实上，地球上几乎所有的生物物种都是由大量蛋白质组成的，制造蛋白质的原料只有“20 种氨基酸”，所有的蛋白质都是被核糖体通过将游离的氨基酸分子连接成多肽链的方式制造出来的。当然蛋白质的氨基酸序列是严格按照核酸的遗传信息进行排序的，这也就是为什么科学家只用染色体的数量和其中的遗传信息就可以对不同生物进行比较研究，正是 DNA 和 RNA 中的遗传信息记录了构成每个蛋白质的氨基酸序列信息。

地球生物物种的数量约有一千万种，这些生物物种中存在数万亿种蛋白质。有趣的是，蛋白质的生物学功能是通过其三维分子构型来表达和决定的，而蛋白质的三维分子构型是通过蛋白质折叠现象实现的，所以是“蛋白质折叠”造就了形态万千且种类多样的蛋白质世界。未折叠的蛋白质分子被称为多肽链(也就是氨基酸残基序列),多肽链折叠成蛋白质的过程非常快,通常可以在千分之一秒内完成。也就是说,地球上每秒钟都有无数个蛋白质通过折叠生成,这无数次的数万亿种蛋白质的折叠过程几乎不发生错误,而这个几乎不发生错误的蛋白质折叠现象伴随了生命演化的30亿年时间。在30亿年间,无数的蛋白质总是正确折叠才稳定地构成了物种万千的生命世界,可以说蛋白质折叠是生命演化中最重要的机制。

数万亿种蛋白质的折叠虽然总是不发生错误,但是每个蛋白质有着无数种可能的折叠构象,例如,由100个氨基酸组成的一个蛋白质大约有3 198种可能的折叠构象。蛋白质折叠现象中的准确性和可重复性是惊人的,蛋白质准确折叠的现象覆盖了数万亿种蛋白质并且跨越了数十亿年时间。至今蛋白质精确折叠的机制是未知的,被称为“蛋白质折叠问题”。作者系统研究了蛋白质折叠问题,并揭示蛋白质折叠的过程是受到一些以牛顿力学为基础的简单结构力学原理控制,蛋白质折叠问题存在以牛顿力学为基础的简单答案。

科幻作家刘慈欣曾经在一次访谈中这样描述生命存在的奇迹:“生命的存在是极其偶然的,这种偶然性就像一堆被飓风刮起的汽车零件落地后恰巧组装成一辆汽车一样偶然。”他所比喻的就是蛋白质折叠现象,蛋白质折叠现象对生命来说是一个至关重要的奇迹,因为每一个未折叠的蛋白质分子都能在剧烈的热运动中精确折叠成其唯一的天然构型,就像组装一辆汽车般精确。蛋白质准确折叠是生命存在的必要条件。

如果存在某种引导蛋白质精确折叠的物理机制,那么这个机制可能与牛顿力学密切相关。目前科学界流行的蛋白质折叠假说认为,随机热运动引起的“自由能降低”是蛋白质的折叠原理,也就是说蛋白质折叠问题被当成热力学和统计力学问题在研究。本书的结论指出,蛋白质折叠问题是自然科学留给牛顿力学的遗产,而不是留给热力学和统计力学的遗产。在数十亿年的岁月里,生命通过不断探索、掌握和拓展以牛顿力学为基础的折叠机理和机制,形成了大量的可以利用的折叠规律,促使生命的形态一次又一次地进化,达到更高级的形态。这些大量的信息被完整地保存在生物的遗传物质中,通过研究可以揭示生物多样性的力学原理,当然也包括生命系统由无序变为有序的自组织现象的密码。

本书每章内容独立性较强,可能给读者带来阅读上的障碍,深表歉意。但无论如何,作者希望通过本书能给读者揭示一个非常简单的生物多样性的力学原理,阐述一个简单的结论,即当多肽链从核糖体中诞生后,在水环境和温度的影响下,处于亚稳态的多肽链结构在简单的结构力学规律控制下发生了有规律的结构失稳现象,精确地形成了蛋白质二级结构,并引发二级结构间的疏水作用,继而形成了蛋白质的三级结构。用牛顿力学的观点看这一切是如此简单、有序和美妙。通过研究还发现，某些物种在进化中掌握了一些新的蛋白质折叠的结构力学规律，并因此为其蛋白质提供更多的功能、结构和生物竞争优势，这些优势最终体现在高等生命的体征上，也为蛋白质折叠提供更适宜的体内环境温度，阐明了爬行动物和恒温哺乳动物的产生机制，当然这一切是在经历漫长的物种优胜劣汰的过程后才形成的。我们戏谑地将控制蛋白质折叠的结构力学行为的原子间作用力称为《星球大战》电影中的“原力”。

作 者

2020 年 10 月

目 录

第1章

基因、蛋白质与物种多样性

蛋白质是组成生命的物质基础，并表达了几乎所有的生物学功能。本章主要介绍基因、蛋白质结构、蛋白质折叠与物种多样性之间的内在关系，简要介绍蛋白质的功能和分类、蛋白质分子结构的基本形式和构成，以及基于达尔文进化论的生物物种多样性理论等。

1.1 蛋白质与生命的进化

人类探索宇宙的进程在最近三百多年的时间中有了巨大的飞跃，人类已经初步了解宇宙，也掌握了大量的自然规律，这使人类可以较清晰地刻画出宇宙的轮廓和上百亿年的时间简史。而当人类探索生命的奥秘时，总会蓦然发现人类自己才是宇宙中最大的未解之谜。是哪些自然规律和物理条件让宇宙诞生了人类这样的智慧生命来探索宇宙的奥秘？人类的天性中包含了某种欲望促使人类不断探索宇宙的奥秘，这是否反映了某种刻画在人类基因中的规律或使命？是什么自然规律和原动力确保地球生命能历经40亿年的演化和进化，经历了无数物种的出现、灭绝、变异和竞争后，诞生了地球上至今唯一的高等智慧生物——人类，并赋予了人类灵巧的身体、复杂的感知功能和意识？至今，生物进化和物种多样性的物理原理依然是科学界的未解之谜。

科幻作家刘慈欣曾经在一次访谈中这样描述生命存在的奇迹："生命的存在是极其偶然的，这种偶然性就像一堆被飓风刮起的汽车零件落地后恰巧组装成一辆汽车一样偶然。"他所比喻的就是蛋白质折叠现象，蛋白质折叠现象对生命来说是一个至关重要的奇迹，因为每一个未折叠的蛋白质分子都能在剧烈的热运动中精确折叠成唯一的天然构型(图1.1)，蛋白质折叠的准确性是生命存在的必要条件。蛋白质错误折叠是十分罕见的，阿尔茨海默症、帕金森病和疯牛病等都是某种蛋白质错误折叠导致的。地球生物中存在数千亿种不同的蛋白质，每种蛋白质的生物学功能和活性都是通过其特有的三维形状表达的。未折叠的蛋白质称为多肽链，多肽链的本质只是类似树脂分子的长链聚合物分子，往往不具有复杂生物学功能。蛋白质折叠实现了多肽链的功能化，例如，蛋白质折叠赋予了蛋白质作为配体和受体相互对接和作用的能力。为什么蛋白质总是能准确和快速地折叠？蛋白质形成天然三维结构的过程被称为蛋白质折叠现象，蛋白质准确快速折叠的原理和机制是未知的，该原理和机制是解释一切生物能繁衍、进化、存在和具有多样性最重要的基础，蛋白质折叠现象正是本书研究的重点。

蛋白质是组成生物体一切细胞、组织的最重要成分。一般来说，蛋白质约占人体全部质量的20%，脂肪、水分、无机盐和矿物质等占据人体其余80%的质量。可见，蛋白质是生命活动的主要承担者，具有重要的生理功能。

伴随结构生物学和分子生物学的发展，人们知道可追溯的生命演化历程几乎与基因和蛋白质有关。除了病毒，现在已知的生命几乎由细胞组成，每个细胞大约由一亿个蛋白质分子组成，所以可以笼统地认为生命是由蛋白质分子组成的。地球生命包含的蛋白质分子种类可能多达数亿种。粗略地估算已灭绝物种

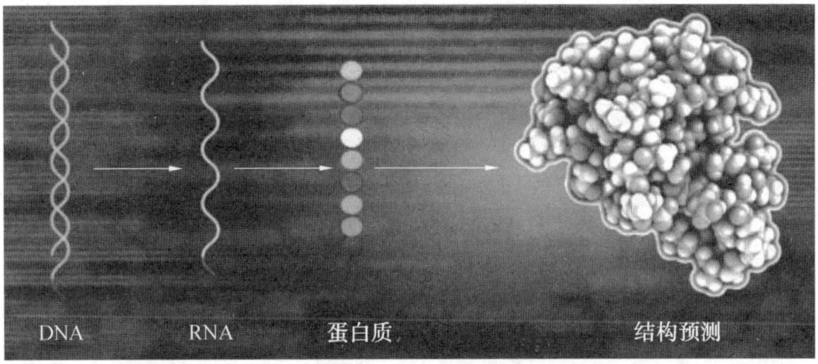

图 1.1　蛋白质链准确地折叠成天然 3D 结构流程(图片来源:profacgen.com)

包含的蛋白质种类,人们会发现地球上出现过的蛋白质种类可能多达上万亿种。令人惊讶的是,所有的蛋白质分子都是由 20 种氨基酸分子排列组成的,氨基酸分子经过缩合反应形成多肽分子,多肽分子经过折叠形成种类万千的蛋白质分子。基因信息实际上只是氨基酸序列信息,它确保了蛋白质分子按照精确的氨基酸序列信息而生成。生命在分子尺度的繁衍和复制完全依赖基因,基因信息隐藏在核酸分子中,也就是 DNA(脱氧核糖核酸)和 RNA(核糖核酸)分子中。病毒也含一种核酸 (DNA 或 RNA),病毒必须通过寄生于活细胞内将其遗传信息表达为特定的蛋白质进行复制和增殖,才能使其繁衍生存。这样看来,生命的密码可以看作是由 20 进制的数字组成的字符串,这些字符串表明了如何用 20 种氨基酸分子组成生命的蓝图。当然,用来构成一个生物的氨基酸分子的数量通常是天文数字。从这个角度看,生命世界似乎也是数字化的,只不过使用的是"20 进制"。事实上,目前已经知道还有超过 140 种的天然氨基酸,但只有 20 种氨基酸参与生命的构成的原因尚不清楚。在介绍基因、蛋白质和生物多样性的关联之前,首先回顾生命进化过程中的几个里程碑事件和时间节点(图 1.2)。

生命遗迹最早出现在大约 38 亿年前,原核单细胞生物则出现在大约 33 亿年前,真核单细胞生物最早出现在大约 22 亿年前。前藻类与软体无脊椎动物出现在大约 6 亿年前。6 亿年前的年代称为前寒武纪。大多数现代动物出现在大约 5 亿年前的寒武纪生物大爆发时期,海中藻类大量出现,而且植物与节肢动物开始登上陆地。最早的维管束植物在大约 4 亿年前出现,同时期出现的还有硬骨鱼类、两栖类与昆虫。大约 3.6 亿年前,维管束植物开始发展成大型森林,同时最早的种子植物与爬虫类出现,随后爬虫类开始发展,并分化出类似哺乳类的爬虫类,随后发生二叠纪物种灭绝事件,古生代结束。中生代开始于大约 2.45 亿年前,这时期以恐龙为主的爬虫类与裸子植物逐渐成为地球生命的主体。1.4 亿年前,开花植物出现。6 500 万年前之后则称为新生代,哺乳类、鸟类与能够为开花

图 1.2　物种进化图解

植物授粉的昆虫开始发展。开花植物与哺乳动物在这一时期取代了裸子植物与爬虫类，成为支配地球的生物。可能是人类祖先的类人猿出现在 360 万年前的非洲，直到 10 万年前，现代人(Homo Sapiens)才诞生。可见，新的具有进化优势的物种出现后并不会快速地淘汰原有的具有统治地位的物种，高等物种的竞争优势可能更多地体现在环境适应性方面，高等物种可能更加适应自然环境的变迁，在漫长的时间中逐渐占据了食物链的各个环节和顶端，并取得了栖息地的统治地位。和低等动物相比，人类进化出高度发达的视觉、听觉、触觉、神经和具有思考能力的大脑，现代人的长途迁徙的能力、力量、耐力、操控力和维持身体恒温的能力也明显优于低等动物。人类是如何获得这些功能并在生物进化的历程中脱颖而出的？这个问题的答案应该就隐藏在基因和蛋白质中。为什么生命的进化要历经 40 亿年的漫长过程才产生了现代人？从基因和蛋白质的生物大分子层面来看，生命进化的历程是否充满了曲折和不确定性？想获得这些问题的答案，需要人们能够清楚地解释蛋白质折叠现象。遗憾的是，至今科学家并没有找到关于蛋白质折叠现象的完备的物理解释，至今仍无法解释蛋白质是如何在极短时间内规避了无数的错误折叠路径而实现精确折叠的。从普遍的意义上讲，高等动物比低等动物在生物功能方面有明显的优势。例如，在速度、力量、耐力、环境适应能力、感知能力等方面，哺乳动物比爬行动物有明显的优势，这些优势使得较小的哺乳食肉动物可以捕猎较大的爬行食肉动物。哺乳动物相比爬行动物的明显优势还在于哺乳动物可以维持较高的体温，这使得哺乳动物可以适应寒冷的环境，以占领更广泛的地域和更多的生存资源，并在地球经历寒冷的冰河期时生存和延续下来。必须指出的是，低等生命对地球生态系统来说非常重要，尤其是植物通过光合作用为地球生命提供了几乎所有的氨基酸来源，食物链中高等动物因此能获得更充足且稳定的氨基酸来源。

综上，如果生命进化的方向存在某个确定的方向，那么这个方向必然会反映在蛋白质的结构上和基因序列的变化上，本书将通过解释蛋白质折叠的奥秘来探索生命进化的线索。

1.2　蛋白质的功能和分类

尽管不同物种的生物在形态上有明显的差异，但不同物种在生物功能上是十分相似的。几乎所有的生物功能都是由不同的蛋白质分子实现的。在不同种类生物体内执行近似功能的蛋白质明显存在亲缘关系，也就是说生命的进化可以看作是蛋白质的进化和指导蛋白质合成的基因的优化。结构生物学的证据证明了不同的生物体内存在近似的蛋白质，这些近似的蛋白质为不同物种的生命活动提供近似的功能。蛋白质的近似主要表现在不同蛋白质的氨基酸序列和蛋白质分子三维结构的近似。例如，牛胰岛素蛋白质(图 1.3)曾经用来替代人胰岛素治疗糖尿病等疾病，但牛胰岛素分子结构中有 3 个氨基酸，与人胰岛素的分子结构不同。

1. 蛋白质的功能

几种重要的蛋白质及其功能介绍如下：

核糖体蛋白质——是细胞内一种蛋白颗粒，主要功能是将 mRNA 的遗传密码转换成氨基酸序列，也就是将氨基酸单体构建成未折叠的蛋白质。

催化蛋白质(酶)——是生物新陈代谢的催化剂，生物体内几乎所有的化学反应都需要酶的参与，酶的催化效率很高。

调节蛋白质——具有调节其他蛋白质的功能，使这些蛋白质行使相应的生理功能。调节蛋白质包含很多激素类蛋白，如胰岛素、生长激素等。

运输蛋白质——参与物质运输，能使物质在细胞和生物体内自由、准确地转移。典型的运输蛋白质有血红蛋白和血清蛋白等。

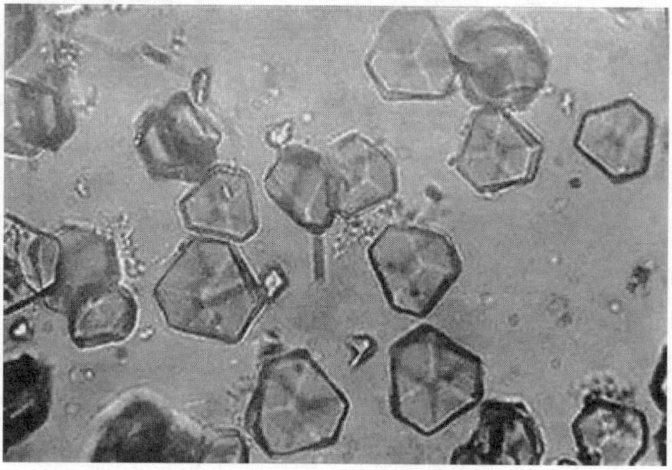

图 1.3 牛胰岛素蛋白质晶体图

储存蛋白质——许多不同物种都存在形似的储存蛋白质。其原理是利用氨基酸中的氮素进行生长调节。

免疫蛋白质——参与免疫应答反应，能使生物体有效地抵御有害生物或物质的入侵。主要为各种抗体等。

胶原蛋白质——占身体蛋白质的 1/3，可生成结缔组织，构成身体骨架、血管和韧带等。

肌原纤维蛋白质——构成负责肌肉收缩的肌原纤维的蛋白质，占肌肉蛋白质的 50%～55%。

结构蛋白质——是构成细胞和生物体结构的重要物质。它使得原本液体状态的生物体组分具备一定的硬度和刚性。

视觉蛋白质——是感光物质的主要组成部分，包括视觉系统中的视觉蛋白质和非视觉系统中的视觉蛋白质两大类，在视觉成像和生物钟昼夜节律同步调节方面起至关重要的作用。

显然，生物体内蛋白质的种类、数量、性质、功能各异。令人惊讶的是，所有的蛋白质都是由 20 多种氨基酸按不同排列方式组合而成的。核糖体将氨基酸分子相互连接的方式是由一个氨基酸分子的氨基（—NH_2）和另一个氨基酸分子的羧基（—COOH）结合，同时脱去一分子水，也就是人们熟知的缩合反应。组成多肽的氨基酸在相互结合时，由于其部分基团参与了肽键（CO—NH）的形成而失去一分子水，因此把多肽中的氨基酸单位称为氨基酸残基。连接两个氨基酸分子（—NH—CO—）的 4 个原子所在的平面被称为“肽平面”，其中连接碳原子和氮原子的共价键称为肽键，肽键具有部分双键性质，所以肽键无法像单键一样旋转，这也是这 4 个原子始终位于“肽平面”内的原因。由多个氨基酸分子缩合而成的，含有多个肽键的化合物，称为多肽，也就是未折叠的蛋白质分子。多肽通常呈链状结构，称为肽链。肽链能折叠，形成一定空间结构，也就是蛋白质分子。许多蛋白质分子含有几条肽链，它们通过氨基酸支链间的氢键和经典相互作用结合。在动物细胞内，存在大量的来源于食物的氨基酸分子，氨基酸形成肽链时，不同种类氨基酸的排列顺序千变万化，所以肽链的折叠方式及蛋白质的空间结构也是千变万化的，这就是蛋白质种类繁多的原因。

蛋白质的大小差别不大，一般为200～380个残基。蛋白质包含残基的数量可从40个残基到上千个残基，蛋白质的平均氨基酸数量在不同的物种中有所区别，真核生物的蛋白质平均长度约比原核生物长55%。为了方便理解，可以把氨基酸组成蛋白质的过程比喻成一个制造“珠链”的过程。可以把20种氨基酸看作是20种不同颜色的“单色珠子”，蛋白质的形成过程，就是将这些“珠子”串起来形成“珠链”的过程。当然，不同颜色珠子的排列顺序是基因信息决定的，“珠链”的长度也是基因信息决定的。考虑到肽链的长度差别和氨基酸序列上的差别，蛋白质种类的数量可能是一个天文数字，所以蛋白质可继续进化的可能性也很大。

组成蛋白质的最主要的20种氨基酸和这些氨基酸之间的差异介绍如下。20种氨基酸是指甘氨酸、丙氨酸、缬氨酸、亮氨酸、异亮氨酸、蛋氨酸、苯丙氨酸、脯氨酸、色氨酸、丝氨酸、酪氨酸、半胱氨酸、天冬酰胺、谷氨酰胺、苏氨酸、天冬氨酸、谷氨酸、赖氨酸、精氨酸和组氨酸。为了方便阅读，本书采用国际惯用的大写英文字母代表不同的氨基酸(图1.4)。不同的氨基酸之间的主要差别是氨基酸支链的物理化学性质不同，图1.4中可以看到氨基酸分子的下端是不同的，也就是支链端不同。按照氨基酸支链的性质，氨基酸可以分成几类：疏水氨基酸、亲水氨基酸等。其中，疏水氨基酸有8种，分别是丙氨酸(Ala)、缬氨酸(Val)、亮氨酸(Leu)、异亮氨酸(Ile)、脯氨酸(Pro)、苯丙氨酸(Phe)、色氨酸(Trp)、蛋氨酸(Met)；极性不带电荷的氨基酸有7种，分别是甘氨酸(Gly)、丝氨酸(Ser)、苏氨酸(Thr)、半胱氨酸(Cys)、酪氨酸(Tyr)、天冬酰胺(Asn)、谷氨酰胺(Gln)；极性带正电荷的氨基酸有3种，分别是赖氨酸(Lys)、精氨酸(Arg)、组氨酸(His)；极性带负电荷的氨基酸有2种，分别是天冬氨酸(Asp)、谷氨酸(Glu)。

一条多肽链上众多的支链存在物理性质上的明显差异，这些差异可能就是蛋白质精确折叠的关键。

2. 测量蛋白质结构的试验方法

至今人类通过试验研究解析了约14.5万个蛋白质分子的结构。测量蛋白质结构的试验方法有三种，包括电子显微镜成像法、蛋白质分子晶体衍射法和溶液磁共振法。其中，冷冻电子显微技术在近几年有了显著进步。2017年诺贝尔

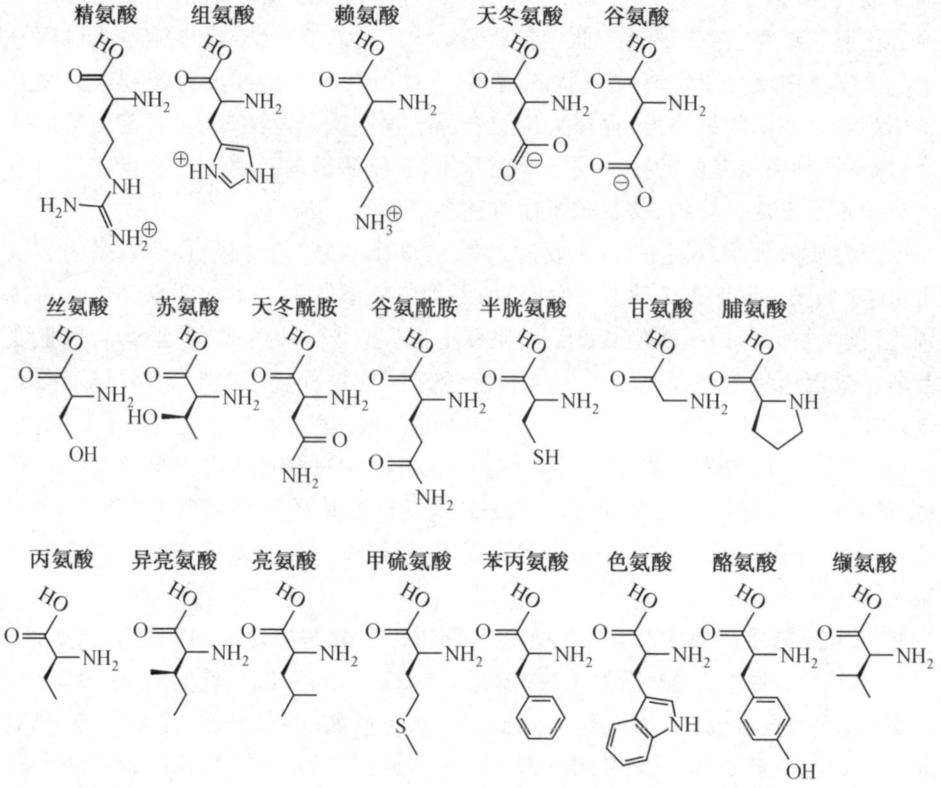

图 1.4　氨基酸分类

化学奖授予了 Jacques Dubochet、Joachim Frank 及 Richard Henderson 三位教授，因其发明了对溶液中生物分子获取高分辨率结构的冷冻电子显微技术。冷冻电子显微技术利用了蛋白质分子和水分子的玻璃化，在此过程中，蛋白质溶液迅速冷却，而水分子未能结晶，从而形成对样品结构几乎没有破坏的非结晶固体。将获得的蛋白质非结晶固体样品按照颗粒浓度、分布和取向进行筛选。通过电子显微镜，将获取一系列图像。图像数据经过重构软件的处理，生成准确、详细的分子级复杂生物结构三维模型。

冷冻电子显微镜（冷冻电镜）相对于常规结构生物学技术的最大优势在于它能够分析大型、复杂和柔性的结构。通常，这些结构无法结晶以用于 X 射线晶体学（XRD）分析，或体积过大且十分复杂，导致难以进行磁共振（NMR）光谱分析。这些结构包括很多在生物学上很重要的蛋白质，特别是具有膜蛋白质等可变或柔性结构的蛋白质。现在，一些成熟的结构测定方法（XRD 和 NMR）经常与冷冻电镜密度图集成，以便得到由复杂、动态分子组装的原子级分辨率模型。自从 1997 年第一个基于冷冻电镜重构的模型存入蛋白质数据库以来，存入的结构数量呈现快速增长的趋势。

X 射线晶体衍射是一门利用 X 射线来研究蛋白质晶体中蛋白质分子结构的方法。X 射线衍射的原理是古老的，并已于 1915 年获得诺贝尔物理学奖。直到很久以后，该方法才被充分开发，用于测定生物大分子的结构。马克斯·佩鲁茨(Max Perutz)和约翰·肯德鲁(John Kendrew)因通过 X 射线衍射研究蛋白质结构而获得 1962 年诺贝尔化学奖。

该方法利用电子对 X 射线的散射作用获得晶体中电子密度的分布情况，再从中分析获得原子的位置信息，即晶体结构。X 射线晶体衍射可以为蛋白质分子结构提供具体可靠的答案。X 射线晶衍射法可以了解大分子，如蛋白质与 DNA 的结构和功能。X 射线晶体衍射的基本原理是利用了所有的原子都含有电子的特性，X 射线的波长范围与成键原子之间的距离近似，因此 X 射线可用于研究各类分子的结构。蛋白质晶体中含有数量巨大的方位相同的分子，X 射线将这些分子的衍射叠加在一起就能够产生被探测的信号。蛋白质晶体就是一个 X 射线的信号放大器。X 射线晶体学将 X 射线与蛋白质晶体学联系在一起，从而可以对各类蛋白质晶体结构进行分析。为了获得可供衍射的单晶体，就需要将纯化后的生物样品进行晶体生长。晶体生长的方法有很多，如气相扩散法、液相扩散法、温度渐变法、真空升华法、对流法等，而目前应用最广泛的晶体生长方法是气相扩散法。在获得晶体之后，要进行衍射数据收集，即用 X 射线打到晶体上，产生衍射，并记录衍射数据。

X 射线的来源主要有两种，一种是在常用 X 射线仪上使用，通过高能电子流轰击金属靶，产生多个特征波长的 X 射线；另一种就是利用同步辐射所产生的 X 射线，其波长可以变化。欧洲同步辐射加速器位于法国东南城市格勒诺贝尔，是世界上首座第三代同步辐射加速器。同步加速器属于大型科研设备，建造、运行的投资都很高。欧洲 12 个国家于 1988 年达成协议，共同投资建造第三代同步辐射加速器，共耗资 2.2 亿法郎。该加速器于 1994 年开始启用，电子束能量为 60 亿电子伏特，为欧洲乃至世界的科学研究及工业研究提供了强有力的科研手段。同步辐射光源对科学技术发展的影响力已得到科技界和各国政府的广泛认同和高度重视，其数量持续增长，性能不断提升。迄今，全世界有 50 余台同步辐射装置在运行，表征数千个蛋白质的分子结构，但是这远远无法满足蛋白质结构解析的需求，因为蛋白质的结构是确定其功能和药理性能的基础。

溶液磁共振(Solution NMR)光谱在表征生物分子的结构和功能方面经历了很长的一段路。通过溶液磁共振进行结构确定涉及测量结构约束并找到满足约束的结构解。尽管 NMR 方法在物理意义上不太直接，但多年来已证明其能够以高精度从头确定结构。该方法还可用于研究蛋白质折叠中间体、构象变化及固有的未折叠蛋白质。近年来，溶液 NMR 与 X 射线和冷冻电镜一起进入了快速增长的状态，随着硬件的快速发展，特别是在具有更高灵敏度的低温探针中，溶液 NMR 研究所需的样品浓度正在下降。

3. 蛋白质结构的分级

通过上述试验，人类对蛋白质分子结构有了全面的了解，并将蛋白质的结构分为四级。

蛋白质的一级结构(Primary Structure)，就是蛋白质多肽链中氨基酸残基的排列顺序(Sequence)，也是蛋白质最基本的结构。它由基因上遗传密码的排列顺序所决定。各种氨基酸按遗传密码的顺序，通过肽键连接起来，成为多肽链。

蛋白质二级结构(Secondary Structure)，是指多肽主链骨架的原子沿一定的，但规律折叠而形成的特定的构象，氨基酸残基侧链的空间构象不被考虑。这是因为维持二级结构的主要是主链骨架原子间形成的氢键。氨基酸残基侧链从未参与蛋白质二级结构的形成，但这些侧链也未干扰蛋白质二级结构的形成。一些氨基酸残基侧链有很强的电极性，甚至比肽链主链骨架原子的电极性还要强，但这些强极性的氨基酸残基侧链是如何被屏蔽，从而没有参与蛋白质二级结构的折叠过程依然是未知的。

蛋白质的三级结构，是指蛋白质的多肽链在各种二级结构的基础上再进一步折叠，形成具有一定规律的三维空间结构。

蛋白质的四级结构，是几个蛋白质分了通过对接形成的复合体结构，如三聚体、四聚体等。

1.3 蛋白质的结构形式

蛋白质二级结构的主要形式包括 α—螺旋、β—折叠和 β—转角等，如图 1.5 所示。一个蛋白质分子的不同肽片段形成了不同形式的二级结构，所以蛋白质的二级结构通常不大。通常，一个蛋白质的二级结构并非单纯的 α—螺旋或 β—折叠结构，α—螺旋或 β—折叠结构在不同蛋白质中占据的比例是不同的，有些蛋白质都是由 α—螺旋组成的，有些蛋白质都是由 β—折叠组成的，但多数蛋白质结构都包含不同类型的二级结构。必须强调的是，蛋白质的二级结构是由一段或几段肽链主链的骨架原子通过相对空间折叠形成主链的骨架原子间的氢键形成的，它并不涉及氨基酸残基侧链的构象。也就是主链骨架原子中的酰胺氢(NH)和羰基氧(CO)形成的氢键构建了蛋白质的二级结构。

1. α—螺旋

蛋白质分子中多个肽平面通过氨基酸 α—碳原子的旋转，使多肽主链各原子

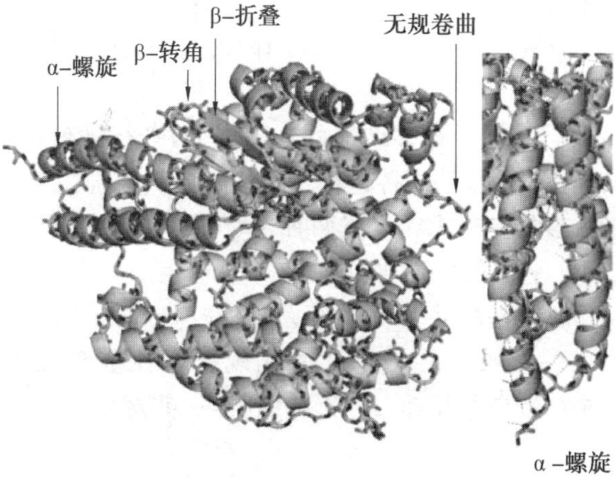

图 1.5 各种蛋白质二级结构

沿中心轴向右盘曲形成稳定的 α—螺旋(α—helix)构象。α—螺旋具有下列特征。

(1)多肽链以肽单元为基本单位,以 C_{α} 为旋转点形成右手螺旋,氨基酸残基的侧链基团伸向螺旋的外侧。

(2)每 3.6 个氨基酸旋转一周,螺距为 0.54 nm,每个氨基酸残基的高度为 0.15 nm,肽键平面与中心轴平行。

(3)氢键是 α—螺旋稳定的主要次级键。相邻螺旋之间形成链内氢键,即每个肽单位 N 上的氢原子与第四个肽单位羰基上的氧原子生成氢键,氢键与中心轴平行。若氢键破坏,α—螺旋构象即被破坏。

α—螺旋的形成和稳定性受肽链中氨基酸残基侧链基团的形状、大小及电荷等影响。如多肽中连续存在酸性或碱性氨基酸,由于带同性电荷而相斥,阻止链内氢键形成,而不利于 α—螺旋的生成;R 侧链较大的氨基酸残基(如异亮氨酸、苯丙氨酸、色氨酸等)集中的区域,因空间位阻的影响,也不利于 α—螺旋的稳定;脯氨酸或羟脯氨酸残基的 N 原子位于吡咯环中,C—N 单键不能旋转,并且其 α—亚氨基在形成肽键后,N 原子上无氢原子,不能生成维持 α—螺旋所需的氢键,故不能形成 α—螺旋。显然,蛋白质分子中氨基酸的组成和排列顺序对 α—螺旋的形成和稳定性具有决定性的影响。

α—螺旋是蛋白质二级结构的主要形式,肌红蛋白和血红蛋白分子有许多肽段呈 α—螺旋,毛发的角蛋白、肌肉的肌球蛋白以及血凝块中的纤维蛋白,它们的多肽链几乎是 α—螺旋。数条 α—螺旋状的多肽链缠绕在一起,可增强其机械强度和伸缩性(弹性)。

2. β—折叠

β—折叠是指多肽链以肽单元为单位,以 C_{α} 为旋转点形成伸展的锯齿状折叠构象,具有下列特征。

(1)肽链折叠成伸展的锯齿状,肽单元间的夹角为110°,氨基酸残基的R侧链分布在片层的上下。

(2)两条以上肽链(或同一条多肽链的不同部分)平行排列,相邻肽链之间的肽键相互交替形成许多氢键,是维持这种结构的主要次级键。

(3)肽链平行的走向有顺式和反式两种,肽链的N端在同侧为顺式,不在同侧为反式,反式较顺式平行折叠更加稳定。

能形成β—折叠的氨基酸残基一般不大,而且不带同种电荷,这样有利于多肽链的伸展,如甘氨酸、丙氨酸在β—折叠中出现的概率最高。β—折叠常见于蛋白质的二级结构,蚕丝蛋白几乎是β—折叠结构,一些球状蛋白中也含有β—折叠。

3. β—转角

多肽链中出现的180°回折的结构称为β—转角(β—bend)或β—回折(β—turn),即U型转折结构。它是由4个连续氨基酸残基构成的,第2个氨基酸残基多为脯氨酸,甘氨酸、天冬氨酸、天冬酰胺也常出现在β—转角结构中,第一个氨基酸残基的羰基与4个氨基酸残基的亚氨基之间形成氢键以维持其稳定。

常见的转角含有4个氨基酸残基,有两种类型。转角Ⅰ:第1个氨基酸残基羰基氧与第4个氨基酸残基的酰胺氮之间形成氢键;转角Ⅱ:第3个氨基酸残基往往是甘氨酸。转角Ⅰ和Ⅱ中的第2个氨基酸残基大都是脯氨酸。

4. 无规卷曲

除上述有规则的构象外,多肽链中肽平面的一些无规则排列的无规律构象,称为无规卷曲(Random Coil)。无规卷曲通过主链间的氢键或主链与侧链间的氢键稳定其构象,是蛋白质结构中的基本构件。卷曲的柔性构象可使肽链改变走向,利于连接结构相对刚性的α—螺旋和β—折叠,在蛋白质肽链的卷曲、折叠过程中起重要作用。

5. 超二级结构

超二级结构(Supersecondary Structure)是指在多肽链内顺序上相互邻近的二级结构常常在空间折叠中靠近,彼此相互作用,形成规则的二级结构聚集体。已发现的超二级结构有三种基本形式:α—螺旋组合(αα)、β—折叠组合(βββ)和α—螺旋β—折叠组合(βαβ),其中以βαβ组合最为常见。

结构域(Domain)也是蛋白质构象中二级结构与三级结构之间的一个层次。在较大的蛋白质分子中,由于多肽链上相邻的超二级结构紧密联系,形成二个或多个在空间上可以明显区别它与蛋白质亚基结构的区别。一般每个结构域由100～200个氨基酸残基组成,各有独特的空间构象,并承担不同的生物学功能。

如免疫球蛋白(IgG)由12个结构域组成,其中2个轻链上各有2个结构域,2个重链上各有4个结构域;补体结合部位与抗原结合部位处于不同的结构域。一个蛋白质分子中的几个结构域有的相同,有的不同;而不同蛋白质分子之间肽链中的各结构域也可以相同。如乳酸脱氢酶、3－磷酸甘油醛脱氢酶、苹果酸脱氢酶等均属于以NAD^+为辅酶的脱氢酶类,它们各自由2个不同的结构域组成,但它们与NAD^+结合的结构域构象则基本相同。

6. 三级结构

蛋白质的多肽链在各种二级结构的基础上再进一步盘曲或折叠形成具有一定规律的三维空间结构,称为蛋白质的三级结构(Tertiary Structure)。蛋白质三级结构的稳定主要靠次级键,包括氢键、疏水键、盐键以及范德瓦耳斯力(Van der Waals Force)等。这些次级键可存在于一级结构序号相隔很远的氨基酸残基的R基团之间,因此蛋白质的三级结构主要指氨基酸残基的侧链间的结合。次级键都是非共价键,易受环境中pH、温度、离子强度等的影响,有变动的可能性。二硫键不属于次级键,但在某些肽链中能使远隔的两个肽段联系在一起,这对于蛋白质三级结构的稳定起重要作用。

现也有人认为蛋白质的三级结构是指蛋白质分子主链在折叠盘曲形成构象的基础上,分子中的各个侧链所形成的一定构象。侧链构象主要是形成微区(或称结构域)。对球状蛋白质来说,形成亲水区和疏水区。亲水区多在蛋白质分子表面,由很多亲水性侧链组成。疏水区多在分子内部,由疏水性侧链集中构成,疏水区常形成一些"洞穴"或"口袋",某些辅基就镶嵌其中,成为活性部位。

具备三级结构的蛋白质从其外形上看,有的细长(长轴比短轴大10倍以上),属于纤维状蛋白质(Fibrous Protein),如丝心蛋白;有的长短轴相差不多,基本上呈球形,属于球状蛋白质(Globular Protein),如血浆白蛋白、球蛋白、肌红蛋白、球状蛋白的疏水基多聚集在分子的内部,而亲水基则多分布在分子表面,因而球状蛋白质是亲水的,更重要的是,多肽链经过如此盘曲后,可形成某些发挥生物学功能的特定区域,例如,酶的活性中心等。

7. 四级结构

具有两条或两条以上独立三级结构的多肽链组成的蛋白质,其多肽链间通过次级键相互组合而形成的空间结构称为蛋白质的四级结构(Quarternary Structure)。其中,每个具有独立三级结构的多肽链单位称为亚基(Subunit)。四级结构实际上是指亚基的立体排布、相互作用及接触部位的布局。亚基之间不含共价键,亚基间次级键的结合比二、三级结构疏松,因此在一定的条件下,四级结构的蛋白质可分离为其组成的亚基,而亚基本身构象仍可不变。

1.4 生物物种多样性的既有理论

1859 年出版的达尔文的《论依据自然选择即在生存斗争中保存优良族的物种起源》一书中给出了基于经验和推理的生物多样性的解释，指出生物起源于共同祖先的演化，成为对自然界多样性的一项重要科学解释。到了 19 世纪 30 年代，达尔文的理论成为对演化机制的主要诠释，并成为现代演化思想的基础，在科学上可对生物多样性进行一致且合理的解释，是现代生物学的基石。

达尔文认为生命这样一个复杂系统的进化能力是基于一个简单的优胜劣汰的规则。进化论指出，进化本身就是建立在简单规则基础上和反馈优化基础上的自发行为。这个简单的规则就是生物体伴随着环境的反馈，以偶尔的变异不断进行复制，其中最适合环境的变异结果会被保留，经过多代繁衍得到强化，然后进一步接受环境反馈，进一步适应环境，造就出由简单规则生成的更加适应环境的越来越多的复杂性。这个过程没有经过思考和设计。

达尔文的进化论已经创立 140 余年，在其诞生之初，是作为一种假说被提出来的。事实上，今天科学研究已经可以在生物大分子层面研究生物进化。达尔文的《物种起源》一书并不涉及分子生物学和结构生物学的概念。达尔文对自己理论的最终评价是："如果可以证明任何复杂的器官不能通过无数的、持续的、微小的改变形成，我的理论将失败。"寒武纪生物大爆炸恰恰提供了一个极好的例证。大约在 5 亿 3 千万年前，在短短的几万年内，几乎现在所有生物的门同时出现在地球上。从海洋中巨大的管状蠕虫、甲壳类到较为高级的脊索动物并存。如果进化确如达尔文所言由点滴的、渐进的方式进行，那么数百万年的时间也不足以完成这一历程。虽然寒武纪之前的多细胞生物化石也有发现，但按进化论的观点，它们与寒武纪生物并无传承关系。现代达尔文主义者亦无法解释，称为"迷中之迷"，事实上寒武纪生物大爆炸是进化论不可逾越的障碍。

达尔文的进化论不能完整解释生物多样性的来源，至少无法解释作为生物多样性基础的蛋白质折叠的原理。在缺少蛋白质精确折叠的原理和机制的情况下，无从确定不同物种在蛋白质折叠策略上的差异和随之带来的蛋白质功能上的差异，因此只能看到物种多样性在生物大分子层面的表象。不同物种生物在基因方面的差异研究已经广泛开展，但是基因的差异无法直接反映在生物功能的差异上，如果蛋白质精确折叠存在对环境和温度的依赖关系，那么最有利于蛋白质折叠的环境条件可能同样有利于蛋白质的进化和功能复杂化，这有可能为生物带来进化的优势。哺乳类、鸟类以及其他的温血动物都具有恒定的体温。生物学上把动物分成"恒温动物"和"变温动物"两种，比如寒带的南极企鹅和热带撒哈拉沙漠的骆驼，它们的体温同样是 37 ℃左右。这些迥然不同的动物为什么都是体温恒定的生活方式？恒温动物为了维持 37 ℃左右的体温，会比变温动物多消耗 10 倍左右的能量，为什么恒温动物依然选择维持这个体温？是否37 ℃意味着对蛋白质折叠是最有利的温度条件？本书将在后续的几个章节中研究蛋白质折叠和物种多样性的秘密。

第2章 蛋白质折叠之谜与地球环境

本章主要介绍经典蛋白质折叠问题的来历、内涵和意义，近代与蛋白折叠问题直接相关的诺贝尔化学奖研究成果，蛋白质折叠问题的极端复杂性和理论研究的障碍，现有的蛋白质折叠的理论假说以及人工智能技术在解决蛋白质折叠问题方面的尝试，并讨论了几个关键的核心问题。

诺贝尔奖获得者 Anfinsen 最重要的理论贡献是:“蛋白质分子的一级结构决定其三级结构,即多肽链中氨基酸残基的排列顺序决定了蛋白质的三维结构。”Anfinsen 的研究结果意味着有可能根据蛋白质一级结构预测蛋白质的三级结构。蛋白质的功能取决于其分子立体结构,目前的试验技术可以较容易地破解基因信息,也可以根据基因序列翻译获得对应蛋白质的氨基酸序列,即蛋白质的一级结构。如果从蛋白质的一级结构就能知道立体结构,那么可直接从基因信息获得蛋白质所对应的生物学功能。目前研究者无法准确地根据氨基酸序列预测蛋白质结构,基本无法得到准确的三维结构。因此,研究蛋白质折叠的过程,可以说是破译“第二遗传密码”——折叠密码(Folding Code)的过程。

蛋白质折叠之谜是 *Science* 杂志公布的 125 个最具挑战性的科学问题之一,该问题的一般表述为:“未折叠的蛋白质是如何以快速和可重复的方式折叠成其天然三维结构的?”。A. Dill 和 L. MacCallum 将蛋白质折叠问题细化为不同层面的三个经典问题:①存在于蛋白质氨基酸序列中的决定蛋白质三维结构的物理折叠密码是什么? ②导致蛋白质快速折叠的物理驱动力和机制是什么? ③是否能通过计算机算法准确预测蛋白质的三维结构? 此外,为什么蛋白质折叠现象只发生在水溶液环境中并需要特定的温度范围也是蛋白质折叠的一个核心问题。

1. 蛋白质折叠问题的研究进展

蛋白质折叠问题早在 60 年前就被提出。在 1955 年,Frederick Sanger 将胰岛素的氨基酸序列完整地定序出来,同时证明蛋白质具有明确构造。他利用新发现的桑格试剂,也就是 2,4－二硝基氟苯(2,4－dinitrofluorobenzene)将胰岛素降解成小片段,并与专门水解蛋白质的胰蛋白酶混合在一起,再将一部分混合物的样本放置于滤纸的一面,并利用一种色层分析方法来进一步试验。首先他将一种溶剂从单一方向通过滤纸,同时又让电流以相反方向通过。由于不同的蛋白质片段有不同的溶解度与电荷,因此在电泳后,这些片段会各自停留在不同的位置,产生特定的图案。Sanger 将此图案称为“指纹”;不同的蛋白质拥有不同的图案,成为可供辨识且可重现的特征。之后 Sanger 又将小片段重新组合成氨基酸长链,进而推导出完整的胰岛素结构。因此得出结论,胰岛素具有特定的氨基酸序列。这项研究使他因“对蛋白质结构组成的研究”获得了 1958 年的诺贝尔化学奖。Sanger 推翻了原本蛋白质是无序高分子的推论,证明了蛋白质其实是氨基酸的特定序列。这项研究极大地推进了生命科学的发展

1962 年的诺贝尔化学奖授予给 Max Perutz 和 John Kendrew,以表彰他们在“对球形蛋白质结构的研究”方面所做的开创性工作。Max Perutz 1951 年首次用 X 射线衍射法证实了 Pauling 等人提出的蛋白质的 α－螺旋结构模型。

1953年 Max Perutz 创立了用于测定晶态生物大分子结构的同晶置换法的原则。Kendrew 和同事于1957年解出了第一个蛋白质——肌红蛋白的低分辨率空间结构。两年后 Perulz 和同事得到了血红蛋白的三维图像。他们的工作奠定了结构生物学的基础，从蛋白质和其他生物分子的角度解释了分子层面上的生物学机制。当看到6 Å(1 Å$=10^{-10}$ m)分辨率下肌红蛋白的结构时，Kendrew 等人指出，或许这种分子最引人注目的特征就是复杂性和缺乏对称性。这种排列方式缺少人们本能会期望的那种规则性，它比任何一种蛋白质结构理论所预测的都要复杂。

蛋白质的氨基酸序列决定蛋白质的三维结构，这一学说由美国科学家 Anfinsen最早提出并通过试验证明，为此 Anfinsen 获得1972年的诺贝尔化学奖。Anfinsen 纯化得到了天然的牛胰核糖核酸酶，之后通过加入高浓度的尿素和还原剂二硫苏糖醇打开了该蛋白质。还原剂断开了核糖核酸酶分子内部4对二硫共价键，尿素破坏了维系蛋白质结构的疏水相互作用，从而将该蛋白质从其稳定的三维结构变性为打开的多肽链。蛋白质的结构是确保其活性和功能存在的必要条件，所以打开的核糖核酸酶多肽链丧失了其催化活力。当 Anfinsen 从反应体系中去除尿素和还原剂后，发现该酶恢复了催化活力，这说明该核糖核酸酶的多肽链发生了重新折叠，恢复了蛋白质的天然的结构。在这个蛋白质复性试验中，该核糖核酸酶分子的8个半胱氨酸残基必须准确配对形成其天然构象中原有的4对二硫键。在 Anfinsen 经典试验中，多肽链没有依靠任何其他辅助因素就找到了其天然构象，说明尿素破坏的蛋白质分子内部的弱相互作用对二硫键的正确形成以及天然构象的实现至关重要。正是基于这一经典试验，Anfinsen 提出了“一级结构决定三级结构”的著名论断。Anfinsen 的工作开创了近代蛋白质折叠研究的新时代。由此可以总结出基因、蛋白质和物种多样性之间存在明显的关联。Anfinsen 的论断是分子生物学中的一种假设，该假设指出至少对于其标准生理环境中的小球形蛋白质而言，其天然结构仅由该蛋白质的氨基酸序列决定。某些蛋白质需要另一种伴侣蛋白质的帮助才能正确折叠。许多分子伴侣并不影响蛋白质的最终状态，它们主要是通过防止几种蛋白质分子在蛋白质最终折叠前聚集而起作用。但是，至少需要一些分子伴侣才能正确折叠其目标蛋白质。

Aaron Klug 因发展了晶体电子显微技术，并且研究了具有重要生物学意义的核酸一蛋白质复合物的结构的卓越贡献，获得1982年诺贝尔化学奖。Klug 证明，看似缺乏对比度的生物体的电子显微技术图片通常包含大量的结构信息，可以通过对原始图片进行数学处理来获得这些信息。他的方法可以以非常低的辐射剂量获得高质量的电子显微镜照片，而无须使用重金属。通过这种方式，样品中的变化被最小化，因此高分辨率的电子显微镜图片真实地代表了原始生物结构。该方法仅给出了样本的二维投影，Klug的研究表明，可以通过在多个投影方向上收集图片来获得对象的三维重建，这推动了人类精确解析蛋白质三维结构的进程。

Johann Deisenhofer、Robert Huber和Hartmut Michel因成功阐明“膜结合蛋白如何构建”的完整细节获得1988年的诺贝尔化学奖。这种蛋白质是从细菌中提取的，就像绿色的植物和藻类一样，它利用来自太阳的光能来构建有机物质。有机物质可为动植物提供营养，它们利用空气中的氧气，通过细胞呼吸来消耗这些营养物质。光合作用和细胞呼吸作用中的能量转换是通过一系列蛋白质的电子传输而发生的，这些蛋白质结合在特殊的膜中。在1982年Hartmut Michel成功地通过结晶方式获得这些膜结合蛋白，并确定了这些蛋白的结构。在1982年至1985年与Johann Deisenhofer和Robert Huber合作进行了结构确定。这三位科学家首次揭示了原子级别分辨率的蛋白质分子结构。

Stanley B. Prusiner因“发现朊病毒——传染的一种新的生物学原理”获得了1997年的诺贝尔生理学或医学奖。Prusiner揭示了朊病毒是特定蛋白质结构变异引起的疾病。朊蛋白并不是有毒的，当朊蛋白在特定条件下发生二次折叠转变为朊毒体蛋白，朊毒体蛋白相互作用而形成线状结构和聚集体最终破坏神经细胞的结构而变得有毒性。病毒蛋白聚集的机理基础及其累积的破坏机理仍未得到很好的理解。

Venkatraman Ramakrishnan、Thomas A. Steitz和Ada E. Yonath因试验解析了“核糖体的结构和功能”的研究而获得2009年诺贝尔化学奖。这是解析蛋白质结构的试验研究成果时隔11年后再次获得诺贝尔化学奖。Martin Karplus、Michael Levitt和Arieh Warshel因“为复杂化学系统创造了多尺度模型”共同获得2013年诺贝尔化学奖，这三位科学家的工作为模拟研究蛋白质的折叠问题提供了理论基础。得益于这三位科学家的研究成果，今天蛋白质模型的建模可以在计算机上进行。早在1970年，Martin Karplus、Michael Levitt和Arieh Warshel就奠定了用计算机程序预测化学过程的工作基础，这些计算机程序模型对于今天化学领域的大多数重要变革都有显著的推进作用。在多数情况下，化学反应的速度是非常快的，传统的试验方法很难描绘化学过程中每个步骤情况。Karplus、Levitt和Warshel的工作具有突破性，因为他们设法使牛顿的经典物理学与量子物理学工具同时工作。经典物理学的优势在于计算简单，可以用来模拟大规模的大分子模型。经典物理学的缺点是无法模拟化学反应。为此，化学家不得不使用量子物理学。但是，这种量子计算需要巨大的计算能力，因此只能对小分子进行研究。2013年诺贝尔化学奖获得者从两方面都取得了最好的成绩，并设计了同时使用经典物理学和量子物理学的方法。

Jacques Dubochet、Joachim Frank和Richard Henderson因“研制用于溶液

内生物分子的高分辨率结构测定的低温电子显微镜技术(图 2.1)”共同获得了 2017 年诺贝尔化学奖。该方法简化且改善了生物分子的成像技术，将生物化学带入了一个新时代。长期以来，人们一直认为电子显微镜仅适用于对死物成像，因为强大的电子束会破坏生物材料。但是在 1990 年，Henderson 成功地使用电子显微镜以原子分辨率生成蛋白质的三维图像。这一突破证明了该技术的潜力。

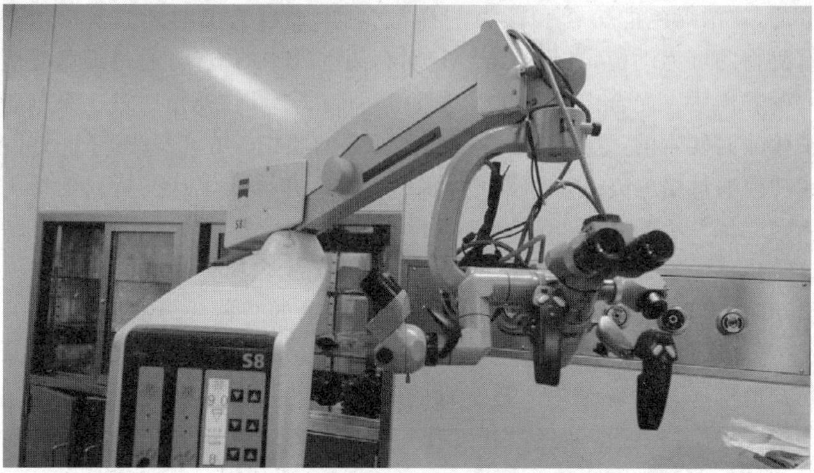

图 2.1　低温电子显微镜(来自网页 https://vibaike.com/102568/)

在 1975 年至 1986 年，Frank 开发了一种图像处理方法，其中分析并合并了电子显微镜的模糊二维图像，以显示清晰的三维结构。Dubochet 将水加入电子显微镜。液态水在电子显微镜的真空中蒸发，使生物分子崩溃。在 1980 年，Dubochet 成功地将水玻璃化，使水在生物样品周围以液态形式固化，从而使生物分子即使在真空中也能保持其自然形状。

2. 蛋白质折叠问题的研究难点

回顾人类研究蛋白质折叠 60 年的历程，尽管许多蛋白质折叠相关的研究成果多次获得诺贝尔奖，但是蛋白质折叠问题本身并没有被解决。蛋白质折叠现象中最不可思议的是蛋白质总是规避无数种错误折叠的可能，准确折叠成其唯一的天然结构。每个未折叠的蛋白质的主链和支链上遍布着大量的亲水基团，也就是大量的羟基和氨基等，蛋白质折叠的主要化学驱动力是这些亲水基团之间生成了大量的氢键。一个蛋白质分子结构中通常包含一些氢键，蛋白质折叠过程中这些氢键的配对关系不会发生任何错误，这是蛋白质正确折叠的必要条件。同样，未折叠的蛋白质侧链存在大量的疏水基团，剧烈的热振动会导致这些基团随机相遇形成疏水键并由此导致错误的折叠。在生命世界中，每时每刻都有无数的蛋白质通过精确折叠产生，周而复始不计其数的蛋白质折叠过程中几乎不发生任何氢键和疏水键的错误配对，这体现了蛋白质折叠现象具有极端的准确性和可重复性。生命世界存在数千亿种蛋白质，这数千亿种蛋白质的氨基酸序列组合都能在其细胞的生理环境下完成蛋白质的准确折叠。激光温度跳跃试验的结果表明，温度激发了蛋白质折叠，但很难相信蛋白质折叠的这种不可思议的准确性和可重复性都仅仅是随机热运动主导的。蛋白质快速精确折叠的现象伴随了生命演化的数十亿年时间，热力学和统计力学很难解释蛋白质折叠的不可思议的精确性和可重复性。激光温度跳跃方法使试验人员能够研究非常快速的溶液相过程的动力学，包括生物分子在纳秒和微秒时间尺度上的构象动力学。

必须强调的是，蛋白质精确折叠需要苛刻的环境条件保障。蛋白质只有在水溶液中才能正确折叠，人类已知的非水溶剂有上千种，包括各种脂类、醇类、烷类、烃类以及其他的无机溶剂等，蛋白质无法在任何的非水溶剂中正确折叠，这使得以氨基酸为基础的生命形态几乎不可能在无水的星球上存活，这也是科学家用存在水作为类地行星判断标准的重要依据。蛋白质准确折叠在地球生命中的普遍性的原因是地球上到处都存在水。影响蛋白质折叠的因素还有盐的浓度、pH、温度等。蛋白质折叠的另一个必要条件是适宜的温度范围，蛋白质能正确折叠的温度范围不大，一般蛋白质不能在超过－43 ℃的条件下正确折叠。蛋白质能正确折叠的温度范围为 15 ℃左右，来自不同生物的蛋白质能正确折叠的温度范围可能是不同的。

在合适的环境和温度条件下，蛋白质总能准确快速地折叠成其唯一的天然结构，如图 2.2 所示。在人类的知识范畴内，似乎只有经典的牛顿力学原理在解决宏观物体的低速运动问题时才能体现出这样的高度准确性。蛋白质精确折叠的现象是否也可以被经典的牛顿力学原理解释？本书在后几章中，将尝试用经典力学的一些普遍原理来破解蛋白质折叠之谜。

1687 年，英国物理学家牛顿发表了划时代的巨著《自然哲学的数学原理》，提出了运动物体的受力、质量、加速度、动能和动量之间的确定性关系，从而奠定了经典力学的框架，也标志着近代物理学走向成熟。经典牛顿力学的确定性几乎渗透到了近代科学的各个领域，机械决定论的思想很自然地在牛顿力学的引领下支配和引导着人类的科学实践和工程实践，可以说人类所使用的所有机械设备和交通工具都是经典牛顿力学实践的产物。牛顿力学的逻辑和表达在 18 世纪被进行了重构和优化，得到了更为严密的“分析力学”形式。到 18 世纪末 19 世纪初，一些科学家开始认为经典力学的物理原理和机械原理可以给世界以终极的解释。遗憾的是，牛顿力学的原理并没有被运用到蛋白质折叠的研究中，这是因为多肽分子非常小且存在于水溶液和温度环境中，蛋白质分子的构型受到随机热运动的影响很大，因此，蛋白质折叠现象往往被纳入统计力学的研究范畴。

蛋白质折叠研究的一个著名难点被称为利文索尔佯谬（Levinthal's Para-

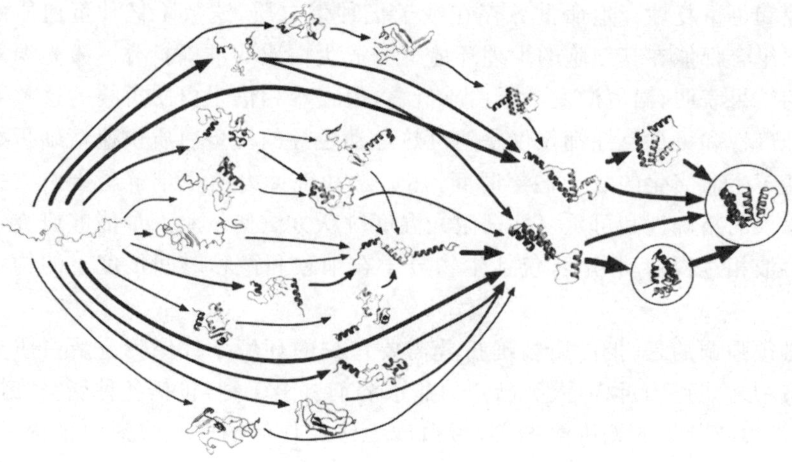

图 2.2　蛋白质折叠的构象(见彩图)

dox)。利文索尔佯谬是一个思想试验,也是蛋白质折叠理论中的一个自指(Self-reference)。1969 年,美国分子生物学家 Cyrus Levinthal 指出,由于在未折叠的多肽链中非常大的自由度,分子之间具有天文数量的可能构象。在一篇论文中,他估计了蛋白质可能的构象数量。例如,一个由 100 个氨基酸残基组成的多肽,具有 99 个肽键,并且因此具有 198 个不同的 ψ 和 φ 键角(即 198 个可旋转的单键)。如果这些键角中的每一个可以选择三个稳定构象之一,则蛋白质可错误折叠成最多达到 3 198 种不同构象。因此,如果蛋白质是通过连续搜索所有可能的构象而获得其正确折叠的构象,则需要比宇宙的年龄更长的时间才能找到其天然构象。事实上,激光温度跳跃等试验已经证明大多数蛋白质能在毫秒甚至微秒时间尺度上完成折叠过程,这导致了"悖论"的产生。科学家广泛开展的蛋白质折叠机理的试验研究尝试解释利文索尔佯谬,这些试验的目的是为了表征蛋白质折叠动力学的特征,寻找"折叠途径"上部分结构化的状态。科学家希望能够捕捉到多肽链在折叠过程中的照片,并由此破解蛋白质折叠的"机制"。这类试验研究的挑战不仅在于需要测量多肽分子内所有氢键形成的过程,还在于需要在微秒时间尺度内进行实时测量。这推动了新试验方法的发展,包括突变研究、氢氘交换、荧光标记、激光温度跃变和单分子方法等应运而生,但是蛋白质折叠问题并未被这些试验观察结果所解答。

3. 折叠漏斗假说的提出与发展

蛋白质分子折叠主要导致蛋白质分子内部形成大量的氢键和疏水键,这些氢键和疏水键的形成过程释放了大量的自由能并降低了蛋白质分子结构的势能,一些研究认为可以将蛋白质折叠的过程看作是分子结构的自由能释放过程或结构松弛过程。这些研究认为蛋白质的快速折叠可以被归因于分子随机热运动导致的未折叠蛋白质分子的构象变化，分子随机热运动会导致蛋白质分子的自由能下降并使分子结构向着势能最小的天然结构变化。因此，目前流行的蛋白质折叠的理论假说被称为漏斗形能量景观理论(The Folding Funnel Hypothesis)。在这个假说中，蛋白质能快速、准确折叠被归因于随机热运动导致的分子构象变化和自由能快速下降，并向着具有最小分子结构势能的天然结构变化，其核心是多肽分子的自由能最小化是蛋白质折叠的核心驱动力。如图2.3所示描绘了折叠漏斗假说中蛋白质折叠成其天然结构的过程。折叠漏斗假说是蛋白质折叠能量全景图理论(Energy Landscape)的一个版本，其核心是假设蛋白质的天然结构状态对应多肽在细胞内的溶解条件(即非团聚状态)下的最小自由能状态。自由能是指在某一个热力学过程中，系统减少的内能中可以转化为对外做功的部分，它衡量的是在一个特定的热力学过程中，系统可对外输出的“有用能量”可分为亥姆霍兹自由能和吉布斯自由能。

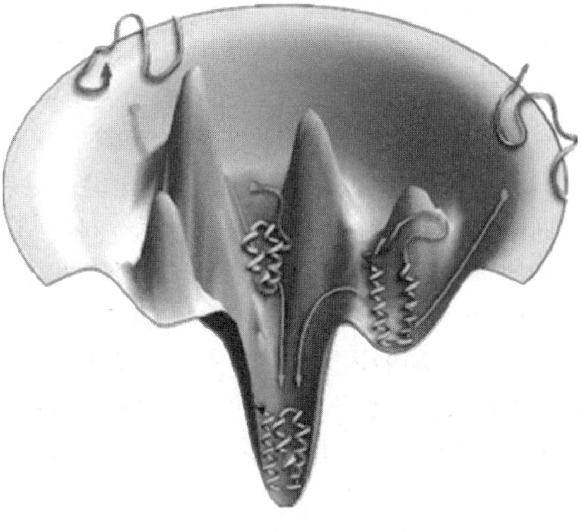

图2.3　蛋白质折叠漏斗

折叠漏斗假说与疏水性折叠假说紧密相关，这两个假说都认为蛋白质折叠的主要驱动力是疏水性氨基酸在折叠过程中彼此接近，使疏水区域彼此贯通，形成更大的和更稳定的疏水核心区域。疏水核心区域的形成可使水溶剂的熵最大化，从而降低系统总自由能。从蛋白质的角度来说，折叠漏斗假说认为蛋白质通过形成大量的分子内氢键、疏水作用、静电作用和盐桥等进一步降低蛋白质结构的自由能。

折叠漏斗假说为科学家使用统计热力学工具来预测蛋白质结构提供了某种指导思想，但是科学家并没有找到解决蛋白质折叠问题的原则性解决方法，解决预测蛋白质结构的问题依然如大海捞针般困难。计算机模拟蛋白质折叠的研究表明，为了找到更紧密、能量更低的构象，需要比较和搜索大量可能的蛋白质分子构象，如果大量模拟表明蛋白质折叠的能量形状呈漏斗状，才有可能通过分子模拟找到蛋白质的天然构象。为此科学家不得不将超级计算机和人工智能算法引入到蛋白质折叠的模拟研究中，尽管如此，通过计算机模拟获得蛋白质结构的研究工作并未获得满意的结果。Google 公司旗下的 Deepmind 公司利用其强大的计算资源也仅仅在蛋白质结构预测关键评估竞赛(CASP)中领先了其他的研究团队。

CASP 是在 1994 年发起的，Moult 及其同事推进了基于计算机的蛋白质结构预测。每两年一次在夏季举行的 CASP 是一个全球的蛋白质结构预测竞赛，来自全世界的 150 多个研究组通常会得到 100 多个不同的“目标序列”(相应蛋白质的结构已知，但尚未公布)。每个参赛小组运用一些算法方案来预测这些目标蛋白质的三维结构。每次 CASP 结束后，会公布这些蛋白质真正的试验结构，并评估所有小组的表现，出版评估结果。

Deepmind 公司最出名的人工智能案例是用 AlphaGo 围棋战胜了韩国棋手李世石。下围棋的人工智能算法和预测蛋白质折叠的人工智能算法有着异曲同工之处。下围棋是一步一步下的，每下一步后，只能预测下一步在哪落子最终胜率更高，不能“悔棋”；当蛋白质折叠算法预测了一个氢键形成后，也只能预测下一氢键在哪对原子间生成，才对最终的结构稳定性更有利，也不能“悔棋”。蛋白质的天然结构是唯一的，因此如果计算机预测蛋白质折叠最开始出现了错误的氢键或疏水键产生，其后续的预测都将是错误的。事实上使用超级计算机也无法准确地预测蛋白质的天然结构，因为大量的蛋白质是天然无折叠蛋白质，追求蛋白质结构稳定性的算法是无法预测无折叠结构的蛋白质的。当前，许多成功的结构预测算法都基于相似序列有相似结构的假设，也就是将要预测的蛋白质氨基酸序列分成许多小段，通过在蛋白质数据库(Protein Data Bank，PDB)中找寻到近似的氨基酸序列来预测蛋白质的局部结构。“片段拼接”方法非常依赖于 PDB 数据库中的 14 万多个已知的蛋白质结构。

解决蛋白质折叠问题的核心就是破解关键的“折叠机制”。所谓“折叠机制”，是指如何根据蛋白质的氨基酸序列及其所处的溶液环境的相互作用关系，推导出蛋白质折叠到天然结构的时间演化历程。学术界尚未掌握适用于广泛蛋白质的通用折叠原理，该通用原理需要在试验数据出现之前能解释折叠途径的差异和相似性，以及不同蛋白质的折叠速率差异。蛋白质“折叠机制”研究的困难之一是科学家很难沟通在试验研究中所获得的蛋白质折叠动力学的“宏观”理解与在计算机模拟中每种蛋白质构象的埃米尺度上的“微观”理解。但是，可以肯定的是蛋白质以二级结构为单位折叠，蛋白质的稳定性随着其局部结构折叠的不断进行而增加。蛋白质折叠过程遵循着首先产生局部二级结构(例如，螺旋和转角)，然后再形成整体的三级结构。"折叠机制"必须能够解释不同蛋白质折叠途径和折叠速率的差异与相似性。目前还没有一个能够适用于大部分蛋白质的普遍折叠原理。折叠机制必须能解释为什么蛋白质链中的局域结构(例如，螺旋和转角)首先形成，更完整的结构在二级结构形成之后才形成。折叠机制也必须能解释为什么蛋白质只能在水溶液环境中正确折叠。

值得注意的是，蛋白质折叠需要水溶液环境和适宜的温度，许多蛋白质折叠所需的温度高于室温，室温环境引起的纳米尺度的未折叠蛋白质分子的热运动是非常剧烈的，甚至可以认为未折叠的蛋白质分子是在剧烈热振动中完成准确折叠的。在热运动如此剧烈的环境中，蛋白质的快速折叠几乎不能完全由分子结构所决定。因为未折叠的蛋白质侧链存在大量的亲水基团和疏水基团，剧烈的热振动会导致这些基团随机相遇形成氢键和疏水键并由此导致错误的折叠。由此可以推测，未折叠的蛋白质分子可能存在某种热力学亚稳态，这种亚稳态可以避免未折叠的蛋白质在热运动中发生随机的折叠。蛋白质的折叠可能是利用分子热振动来精确破坏某些氨基酸序列片段的亚稳态来实现蛋白质二级结构的精确折叠，这解释了为什么许多蛋白质折叠需要特定的温度范围。因此，寻找未折叠的蛋白质的热力学亚稳态可能是解答蛋白质折叠问题的关键。

4. 蛋白质折叠过程的关键问题

总体看来，蛋白质折叠问题非常复杂，从理论上解决该问题难度非常大。但是，似乎可以寻找一系列的"小问题"的答案来接近蛋白质折叠问题的答案。

(1)未折叠的蛋白质(也就是多肽链)是在宏观时间尺度上存在的一个状态吗？

答：大量试验研究表明，当多肽链从核糖体上脱离后并没有发生蛋白质折叠，大量的天然无折叠蛋白质不发生蛋白质折叠，激光温度跳跃试验结果表明，多肽可以在10 ℃温度下保持未折叠状态。所以，未折叠的蛋白质(也就是多肽链)是在宏观时间尺度上存在的一个分子状态。

(2)在温度较低的条件下，未折叠蛋白质可以保持未折叠状态一段时间吗？

答：激光温度跳跃试验证明这是可能的。

(3)蛋白质折叠的过程是起始于一个蛋白质完全不折叠状态的吗？

答：激光温度跳跃试验证明，蛋白质折叠过程中，最先生成的是二级结构。所以，蛋白质折叠的过程应该是起始于一个蛋白质完全不折叠状态的。

(4)是否可以给未折叠蛋白质的状态进行一个更精确的描述？

答：试验证明了蛋白质折叠先生成了二级结构，未折叠蛋白质的定义应该是指没有二级结构生成的状态。蛋白质的二级结构的形成方式是主链间形成氢键，可以认为蛋白质的未折叠状态是蛋白质主链间没有氢键形成的状态，蛋白质折叠的模拟工作都应是从主链间没有氢键形成的状态开始[除了主链上紧邻的羰基氧原子(C—O)和酰胺氢原子(N—H)间发生可能的弱氢键链接状态]。

(5)未折叠蛋白质的亲水支链是否和水分子生成了氢键，也就是说亲水支链的亲水性是否呈饱和状态？

答：蛋白质周围水合层(Hydration Shell)的形成在生物化学上是很重要的。蛋白质和周围水分子的交互作用，常被称为蛋白质的水合，这也是蛋白质活性的基础。水合层对于蛋白质的结构稳定性至关重要。因为水溶剂通常会溶解蛋白质，一些试验研究已发现蛋白质周围的水合层具有不同于自由水的动力学特性，在距离蛋白质表面 1 nm 范围内的水分子遇到蛋白质时会大幅减慢速度。水分子单独运动时速度很快，当与蛋白质相互作用时，速度会降到毫微秒和皮秒之间。钟东平等提取一种葡萄球菌蛋白，利用超快脉冲激光(Ultra-fast Laser Pulses)跟拍水分子围绕蛋白相互作用。试验的创新点在于：将一种光学探针(Optical Probe)在蛋白表面进行准确定位。将一个色氨酸分子插入蛋白中作为探针，测量水分子在其周围的速度。通过激光研究“浸没”在水中的蛋白质，发现远离蛋白的区域——被称为“Bulk Water”的区域中，水分子以其经典的速度流动，每运动一下只需百亿分之一秒。在蛋白质周围的水分子形成不同的层级，最外面的一层中，水分子的速度比“Bulk Water”中水分子的运动速度稍慢；最里面的一层是最慢的，水分子与蛋白相互作用需要一亿分之一秒，是“Bulk Water”中的100 倍。所以，可以肯定未折叠蛋白质的亲水支链是和环境中的水分子生成了氢键。

(6)未折叠蛋白质的状态是否可以被定义？

答：从多肽链产生到折叠开始之前，未折叠的蛋白质应该能保持未折叠状态一段时间。一些试验结果表明，未折叠的蛋白质普遍处于相邻肽平面被氢键连接的状态，这可能就是一个相对稳定的状态。因为生成氢键意味着势能的降低，任何相邻 C—O 和 N—H 间氢键破坏的状态势能都比该氢键存在的状态能量更低。相对于其他可能的未折叠蛋白质状态，相邻肽平面近似平行的状态是一个更稳定的状态。因为该状态维系了大量相邻肽平面间的氢键，相邻肽平面间的单键不会发生旋转，除非该氢键被破坏，所以这是一个未折叠蛋白质的稳态，是未折叠蛋白质的一个可以被描述的能量最小的稳定状态。

(7)蛋白质折叠可以被看作是由热运动导致的未折叠蛋白质逃逸出某个亚稳态触发失稳的折叠现象吗？

答：激光温度跳跃试验证明了当温度跃升到合适的温度后，蛋白质可以在万分之一秒的时间内完成折叠，这表示蛋白质折叠可能是热运动导致的未折叠蛋白质逃逸出某个亚稳态后的连锁反应。

综上，可以得到某种启示：在水的作用下，未折叠的蛋白质很可能处在某种热力学亚稳态的状态下，未折叠蛋白质的普遍初始热力学亚稳态预示着蛋白质折叠过程不完全由随机热运动主导，蛋白质折叠问题可能存在以牛顿力学为基础的答案，蛋白质折叠问题可能是基础科学留给牛顿力学的遗产。

水环境是生命诞生必不可少的条件，这是当今科学界的一个共识。木卫二(Europa，木星第四大卫星)是太阳系中除了地球最有可能存在自然生命的星球，木卫二被冰层覆盖的白色表面下可能是一个温和的海洋世界。哈勃太空望远镜的照片证据指出，木卫二的表面可能有巨大的间歇泉喷发，这可能是木卫二冰冻表面下隐藏着一个巨大海洋的最好证据。

自地球生命诞生的38亿年前，地球环境中就充斥着大量的水，水是蛋白质分子产生和运作的必需的溶剂，处于液态的大量的水分子间不停地进行着快速变化的氢键结合，也就是说每个水分子都在不停地和其他的水分子产生氢键链接又断开氢键链接，构成了焓值较大的混乱系统。令人惊讶的是，蛋白质分子只有在水环境的混乱系统中才能正确折叠、对接和相互作用。液态水环境是地球生命延续繁衍至今的重要条件。

第3章

蛋白质折叠的牛顿力学诠释

本章主要介绍蛋白质折叠的牛顿力学诠释和热力学诠释，总结了蛋白质折叠很可能是由热运动导致的未折叠蛋白质逃逸出某个热力学亚稳态触发失稳的力学现象。通过理论分析推测出了未折叠蛋白质的普遍初始的热力学亚稳态，并基于试验数据揭示了一些蛋白质二级结构的折叠规律，最后总结了水分子对亲水性残基侧链的屏蔽作用的证据。

3.1　蛋白质折叠问题的研究进展

本书第 2 章的结尾给出了一系列问题的答案：未折叠的蛋白质是在宏观时间尺度上存在的一个状态，在温度较低的条件下，未折叠蛋白质可以保持未折叠状态一段时间。蛋白质折叠的过程起始于蛋白质完全不折叠状态，蛋白质的未折叠状态是蛋白质主链间没有氢键形成的状态。未折叠蛋白质的亲水支链和溶液环境中的水分子生成了大量的氢键，相邻肽平面近似平行的状态维系了大量相邻肽平面间的氢键，因此是一个更稳定的未折叠状态，蛋白质折叠可以被看作是由热运动导致的未折叠蛋白质逃逸出某个亚稳态触发失稳的折叠现象。

探索和理解蛋白质折叠问题一直是分子生物学、结构生物学和生物物理学的终极挑战。未折叠的蛋白质应该存在一种初始的热力学亚稳态，否则无法解释蛋白质是如何在剧烈的热振动干扰下完成快速精确折叠的。通过分析水溶液环境和蛋白质折叠的相关性，本章揭示了一种由水分子屏蔽效应引起的未折叠蛋白质的普遍初始热力学亚稳态，该亚稳态的存在是由水分子的物理性质决定，并赋予未折叠蛋白质抵抗热扰动和避免错误折叠的能力。通过研究已发表的试验数据和建立分子模型，作者找到了该初始热力学亚稳态存在的相关证据，并推测了该亚稳态导致蛋白质精确折叠的相关物理学机制。该研究揭示的未折叠蛋白质的普遍初始热力学亚稳态预示着蛋白质折叠过程不完全由随机热运动主导，蛋白质折叠问题可能存在以牛顿力学为基础的答案，蛋白质折叠问题可能是基础科学留给牛顿力学的遗产。

蛋白质是组成生命的物质基础，行使着几乎所有的生物学功能。每个蛋白质内禀的生物学功能都是由蛋白质折叠形成的三维结构表达和决定的，也就是说蛋白质的天然结构决定了蛋白质的功能。蛋白质折叠被认为是自然界的奇迹之一，因为几乎所有生物学意义上的生命存在、功能化、多样性和进化都将蛋白质折叠视为最重要的机制、原理和动力。蛋白质折叠问题的表述是：蛋白质是如何以快速且可重现的方式将未折叠的多肽链准确地折叠成其唯一的天然三维结构的？蛋白质折叠问题可以被归纳为四个更宽泛的问题。①隐藏在氨基酸序列中描述蛋白质天然结构的物理折叠密码是什么？②蛋白质是如何快速折叠的？③是否可以通过计算机算法准确预测蛋白质的三维结构？④为什么蛋白质折叠同时需要水性环境和特定温度环境？蛋白质折叠问题在 60 多年前就被提出，特别是安芬森（Anfinsen）因揭示氨基酸序列与蛋白质天然构象之间的联系而获得了 1972 年诺贝尔化学奖后，对蛋白质序列和结构关系的理解成为分子生物学和结构生物学最核心的任务。如果可以揭示蛋白质折叠的控制机制，将显著促进分子生物学、结构生物学、病理学、遗传学和药物研究的科学研究进展。蛋白质折叠问题的探索已被广泛开展，其他与蛋白质折叠相关的研究成果多次获得了诺贝尔化学奖和生理学或医学奖。但是，目前科学界仍然无法解释自然界中蛋白质是如何快速、可重复和准确地折叠的，所以该问题成为基础科学的一个遗留的难题。

目前，科学家已经用激光温度跳跃技术和单分子试验技术等试验方法揭示了蛋白质折叠动力学的一些重要规律，例如：蛋白质折叠首先导致二级结构的形成，而三级结构是在二级结构的基础上进一步折叠形成的。有些蛋白质可以在微秒的时间尺度上快速折叠成其准确的天然结构。考虑到一条多肽链具有天文数量的可能折叠构象(即分子的三维结构)，那么蛋白质如何在不寻找折叠路径的情况下迅速折叠成其天然结构的？目前，该领域中普遍接受的假说是设想蛋白质折叠是在漏斗形景观能量图中完成的，其中每个可能的构象都由一个自由能数值表示在能量图中。在这个假说中，蛋白质的快速折叠被归因于随机热运动，热运动导致分子构象变化和自由能快速下降，并向着具有最小分子结构势能的天然结构变化。但必须强调的是，一些蛋白质的天然结构很有可能不是其能量上最稳定的状态(附录 1S1)。一些蛋白质需要“折叠伴侣”(Chaperones)才能正确折叠。类似地，某些蛋白质会发生错误折叠，如朊毒体蛋白质，表明最稳定的蛋白质结构可能是某种错误折叠的状态。如果蛋白质的天然结构是具有最低势能的最稳定的分子结构，则蛋白质的二级结构也应该是最稳定的局部结构且具有最低的局部结构势能，因为蛋白质折叠首先会导致二级结构的形成，生成的二级结构也应是最稳定的二级结构。实际上，蛋白质折叠本质上并不遵循每个氨基酸序列片段折叠成稳定二级结构的折叠路径。二级结构中，只有 α－螺旋实现了其主链上形成氢键数量的最大化，即每个主链上的 C ═O 和 N—H 基团都生成了氢键，α－螺旋的形成可以有效地降低其分子结构的势能。然而，其他二级结构的稳定性明显低于 α－螺旋的稳定性(α－螺旋的氢键数量密度明显大于其他的二级结构)，很难解释蛋白质折叠是如何通过放弃二级结构的稳定性来追求三级结构的稳定性。因此，不能将蛋白质折叠简单地视为自由能最小化或结构松弛。尤为重要的是，液体磁共振试验发现，存在有大量天然无折叠的蛋白质，而且许多蛋白质存在天然未折叠的部分，试验结果表明，蛋白质的天然未折叠部分并不是最稳定的分子结构。这些具有不紧凑结构的蛋白质可以通过形成更多的蛋白质内部氢键和疏水键释放更多的自由能。显然，蛋白质分子的天然结构是最稳定的分子构型，并具有最小的自由能的假说对于这些天然未折叠的蛋白质来说是不成立的。因此，仅用分子结构的自由能释放或分子结构松弛来解释蛋白质折叠现象是不充分的(附录 1S2)。

蛋白质的折叠过程主要由六种物理作用力引导：①疏水作用；②静电作用

力；③范德瓦耳斯力；④分子内氢键的形成；⑤热运动；⑥蛋白质的链熵。这些物理力可以通过“力场函数”和统计系统来近似描述，从而使分子动力学（MD）模拟方法成为解决蛋白质折叠问题最可行的方法之一。然而，即使科学家使用性能最高的超级计算机来模拟蛋白质折叠，蛋白质折叠问题仍然没有得到解决。主要原因是现有的模拟算法无法按照明确的折叠路径来模拟蛋白质折叠，模拟会导致寻找折叠路径时模拟错误折叠，不得不进行大量的模拟来比较模拟结果，这是蛋白质折叠现象存在明显的随机性所决定的。此外，疏水键的形成需要离散的疏水区域相互接近才会发生作用，因为只有多个相邻的疏水区域的表面张力彼此相互作用才会发生疏水塌缩。因此，疏水作用也不能主导蛋白质折叠的整个过程。当蛋白质多肽链分子中疏水基团与水接触时，因不能被水溶解而形成疏水区域，疏水区域界面处的水分子整齐地排列，导致系统熵值降低，能量增加，产生表面张力。为了克服表面张力，疏水基团会塌缩和相互结合，将原来规则排布于表面的部分水分子排挤出该区域，使疏水表面减少，脱离疏水区域的水分子呈无序状态，熵值回升，焓变值减少，从而降低系统能量。

一个未折叠蛋白质可能折叠成无数个不同的分子结构，但事实上蛋白质总是快速折叠成其唯一的天然结构，这一事实与理论之间的明显矛盾被称为利文索尔佯谬。利文索尔佯谬在几乎所有非水溶液环境中都不成立，因为没有任何试验证据表明在非水溶剂中存在蛋白质精确折叠的现象，也就是说蛋白质几乎无法在非水溶剂中正确折叠。蛋白质折叠仅发生在水性环境中，而且只在特定的温度范围内能正确折叠，这使蛋白质折叠问题显得愈发扑朔迷离。许多蛋白质折叠所需的环境温度接近正常人体温度，嗜热细菌的存在意味着某些蛋白质可以在较高温度下准确折叠。考虑到正常体温环境下，一滴墨水会在水中迅速扩散，因此初始未折叠蛋白质（即多肽链）会在水性环境中发生较剧烈的热运动并迅速移动和振动。体温环境下溶液分子热运动的激烈程度很高，应该可以随机旋转未折叠蛋白质主链中那些可旋转的单键，由此可能产生数百万种可能的蛋白质原子间相互作用，例如蛋白质分子内氢键、疏水作用和静电相互作用等。对于微小的蛋白质分子来说，蛋白质折叠发生在“像风暴一样”的热环境中，这样看来“遍布可旋转单键”的未折叠蛋白质几乎不可能准确而迅速地折叠成有完美定义的天然结构。此外，试验证实了一些明显可折叠的氨基酸序列在室温下保持了未折叠状态，这是很难解释的。最可能的解释是水性环境中未折叠的蛋白质（即多肽链）可能不像 Levinthal 想象的那样灵活和容易折叠。

3.2 蛋白质的热力学亚稳态(UITMS)

可以推测,未折叠的蛋白质在水性环境中可能存在某种初始的热力学亚稳态(UITMS),这可以抵抗热运动并避免错误折叠的发生。未知的初始热力学亚稳态的存在可以很好地解释蛋白质折叠对温度的要求。蛋白质的正确折叠几乎不可能在非水溶液环境中发生,已发表的试验研究只发现在水环境中蛋白质才能正确折叠。这表明水环境可能对于未折叠蛋白质的普遍初始热力学亚稳态的形成是必不可少的,也许就是水环境导致蛋白质能够正确折叠。

3.2.1 水分子对亲水性侧链的屏蔽作用

一些研究表明,在水性环境中水分子和多肽基团之间存在形成氢键的持续竞争关系,因此未折叠蛋白质的初始热力学亚稳态可能源自这种竞争。水分子非常小,极性非常强,使其可以挤入未折叠蛋白质相邻侧链之间的缝隙中,并且与每个亲水性侧链的氢键受体基团和氢键供体基团形成氢键。因此,环境中的水分子能够屏蔽饱和亲水性侧链,使其彼此之间不发生氢键键合(图 3.1)。从许多方面可以证明,水分子对亲水性侧链的屏蔽作用是存在的。有关水分子屏蔽作用的直接证据是折叠的蛋白质很少在细胞质中聚集。折叠的蛋白质表面通常是完全亲水的,试验中经常发生的蛋白质聚集和结晶意味着蛋白质之间可以通过氢键结合在一起,当然这往往是在水溶剂减少的过饱和状态下发生的。

所以,可以肯定是水分子的屏蔽作用阻止了蛋白质在水性环境中的聚集。其次,一些试验结果表明,蛋白质的天然结构中相邻的亲水性侧链之间通常不存在氢键连接(附录 1S3)。这意味着溶液环境中的水分子可阻止多肽链中的亲水性侧链与其他相邻亲水性侧链产生氢键连接,从而防止了亲水性侧链干扰二级结构的形成。这也解释了为什么二级结构(如 α—螺旋和 β—折叠)都是通过主链的 N—H 基团和 C ═O 基团之间的氢键键合来形成的。再者,许多蛋白质的天然结构是松散的,也就是蛋白质的局部结构是展开的(附录 1S1 和 S2)。这些具有不紧凑结构的蛋白质可以通过形成更多的蛋白质内部氢键释放更多的自由能,并使结构更紧凑且更稳定,但是这些蛋白质天然结构包含了部分展开的结构,这与折叠漏斗假说是矛盾的。几乎所有部分未折叠的天然蛋白质结构都是通过使用溶液磁共振(Solution-NMR)试验方法在水溶液环境中解析的。这些部分展开的蛋白质的存在证实了水分子屏蔽作用是存在的,否则热运动会导致这些蛋白质进一步折叠成更紧凑的结构。最后,水分子具有非常强的极性。根据 CHARMM 力场函数,分子模型中水分子的氢原子具有电荷为 0.417e,该电荷明

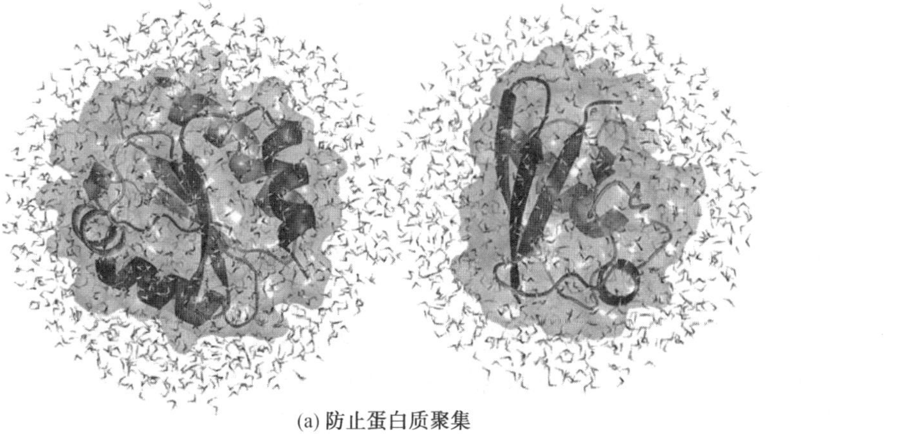

(a) 防止蛋白质聚集

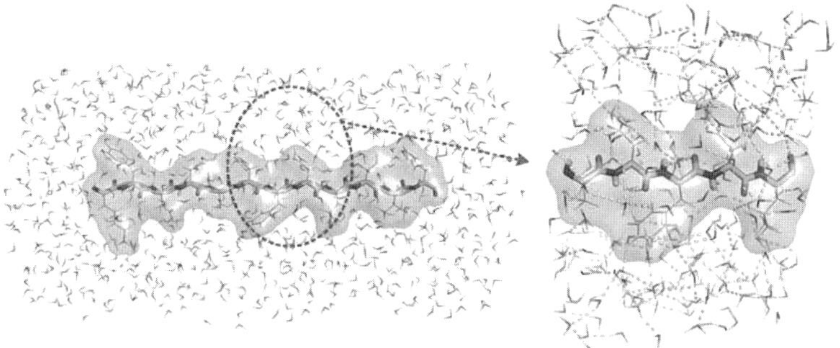

(b) 防止亲水性侧链发生氢键键合　　(c) 亲水性侧链与水分子氢键键合

图 3.1　水分子对蛋白质亲水性侧链的屏蔽作用(见彩图)

显大于蛋白质亲水性侧链中任何带正电的原子的电荷(附录 1S4)。因此,带负电的亲水性侧链更可能与水分子发生氢键键合而不是带正电的亲水性侧链。由于相同的原因,带正电的亲水性侧链更可能与水分子发生氢键键合而不是带负电的亲水性侧链。为了进一步证明水分子对亲水性侧链的屏蔽作用,本研究尝试使用 CHARMM 力场和微正则系综松弛算法(NVERE)进一步最小化几种天然蛋白质结构的势能,模拟环境分别选择了水溶液环境和无水环境。仿真结果表明,这些天然蛋白质结构的势能可以在无水的环境下进一步地最小化,模拟结果生成了更多的分子内氢键改变了蛋白质的天然结构,而在水溶液环境下蛋白质的结构势能不能被最小化。

综上所述,溶液环境水分子确实对亲水性侧链具有屏蔽作用。

3.2.2　水分子屏蔽作用的温度依赖性

考虑到溶液环境中的水分子会阻止亲水性侧链的亲水性主导未折叠蛋白质的状态,因此未折叠蛋白质的普遍初始的热力学亚稳态最有可能由主链原子的带电性质决定。在主链中，每个残基中的每个羰基氧原子及其相邻的酰胺氢原子分别带负电和正电，水分子由于体积太大无法屏蔽它们之间的静电吸引。因此静电吸引导致多肽中的每个羰基氧原子趋于与相邻肽平面中的酰胺氢原子形成氢键连接，导致每个氨基酸中 C ═O 基团和 N—H 基团彼此趋于平行（图 3.2）。肽键具有双键性质，所以肽平面是具有刚性的平面结构，其上的 4 个原子始终保持在一个平面内，该静电吸引还应导致相邻肽平面趋于彼此平行。由此推测，相邻肽平面近似平行的状态应是未折叠蛋白质的普遍初始热力学亚稳态。该状态已被广泛用于多肽结构的介绍，但是相邻的肽平面间可能存在氢键连接的发现并没有被重视。未折叠蛋白质的普遍初始热力学亚稳态中相邻肽平面之间的氢键连接意味着一个肽平面的旋转会导致其相邻的肽平面也发生旋转，也就是说，扭转波可以沿着主链传播，如图 3.2(a)所示。所以，在温度较低的条件下，未折叠蛋白质的肽平面的旋转和蛋白质折叠可以被其初始热力学亚稳态抑制。这是因为该亚稳态可以将多肽链的热运动限制为肽平面的小幅度旋转振动的方式，这样亚稳态就阻止了肽平面的翻转和蛋白质折叠。初始热力学亚稳态的存在很好地解释了为什么蛋白质折叠速率高度依赖于温度。要启动蛋白质折叠，热运动的强度必须要足够大，不仅需要破坏残基的亚稳态，而且还需要翻转肽平面以触发主链中非相邻的 N—H 基团与 C ═O 基团之间形成新的氢键键合，这样才能生成二级结构。分子动力学模拟结果表明，处于亚稳态的未折叠多

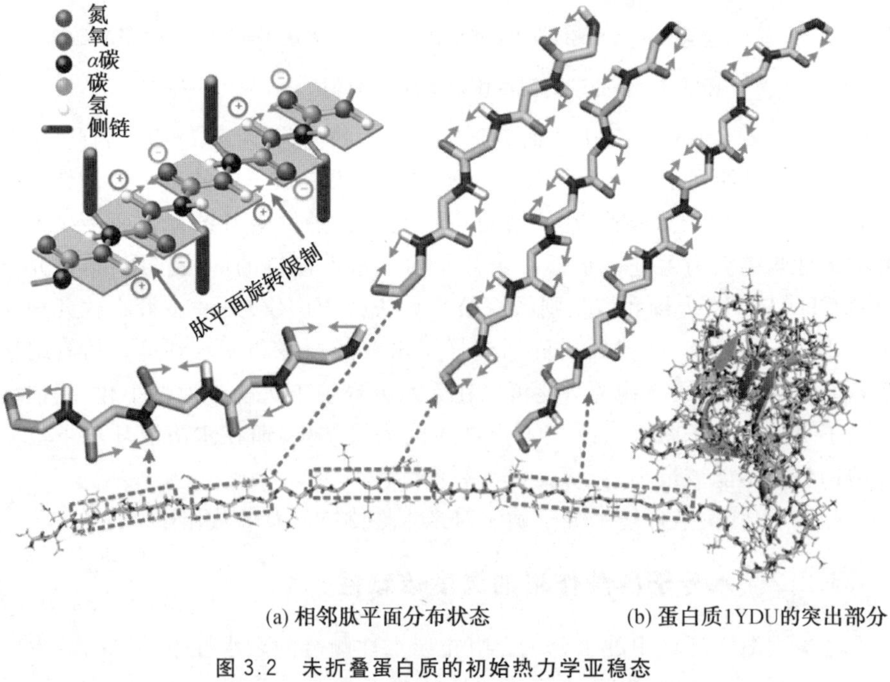

(a) 相邻肽平面分布状态　　(b) 蛋白质1YDU的突出部分

图 3.2　未折叠蛋白质的初始热力学亚稳态

肽链不仅能够抵抗弯曲载荷而且能够抵抗扭转载荷(图 3.3(a)和 3.3(b))。因此可以推断在温度较低的情况下，未折叠的蛋白质可以维持其初始的热力学亚稳态一段时间而不发生折叠，如图 3.3(c)所示。普遍初始热力学亚稳态的存在可以很好地解释为什么有试验发现了可折叠的氨基酸序列在室温水溶液中能保持未折叠状态。

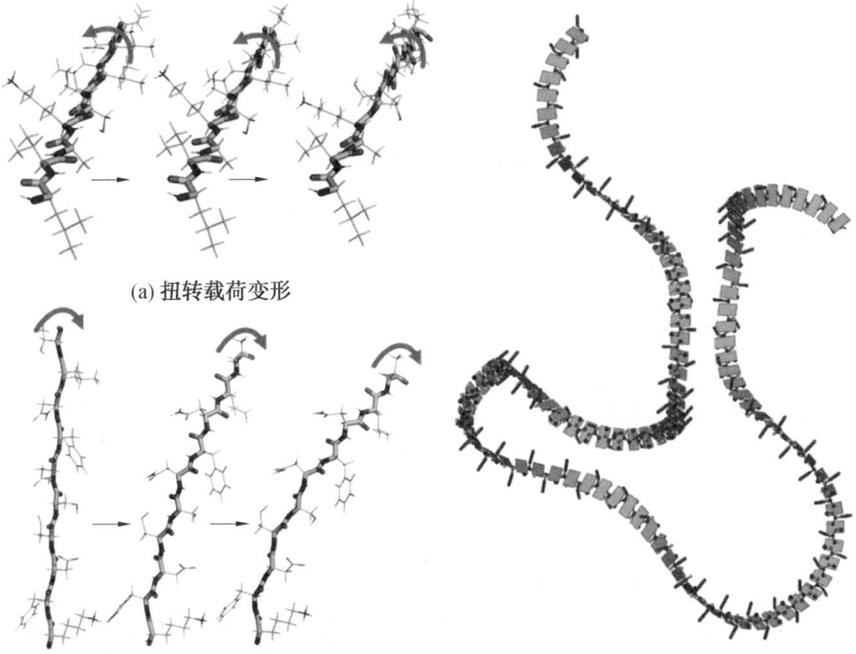

(a) 扭转载荷变形

(b) 选弯曲载荷变形

(c) 选水溶液环境变形

图 3.3　未折叠蛋白的初始热力学亚稳态

3.2.3　存在初始热力学亚稳态的理论依据

许多试验证据和理论可以证明，未折叠蛋白质存在初始热力学亚稳态。初始热力学亚稳态的存在最直接的试验证据是β—折叠的分子构型恰巧是典型的初始热力学亚稳态，因为β—折叠的特征正是相邻的肽平面相互平行，如图 3.2(a)所示。β—折叠的存在证明未折叠蛋白质的初始热力学亚稳态可以被保留在蛋白质天然结构中，并构成了重要的蛋白质二级结构。值得注意的是，许多试验解析的β—折叠结构不仅由β—转角连接的连续β—折叠链组成，而且还包括很长的孤立的β—折叠(图 3.3(d))。这些孤立的β—折叠通常位于多肽链的末端，很有可能来自未折叠蛋白质结构的初始热力学亚稳态，否则很难解释孤立的β—折叠如何能插入多个β—折叠结构中。相邻肽平面的平行分布在蛋白质天然结构中很常见,这表明初始热力学亚稳态广泛存在。此外,大量试验结果表明,许多蛋白质有天然未折叠的端部结构,这些未折叠的端部结构突出在蛋白质的球形主体上之外(附录1S2)。这些突出的未折叠结构的特征也是"相邻肽平面保持平行分布",即保持了初始热力学亚稳态,这与水中的未折叠的多肽链非常相似(图3.2(b)和附录1图S2)。通过从蛋白质数据库(PDB)中选择了少量未折叠的蛋白质展示给读者,可以判断蛋白质天然结构的未折叠部分存在初始热力学亚稳态的标准是超过6个连续残基保持相邻的肽平面近似平行。识别每个残基是否保持初始热力学亚稳态的标准是相邻的羰基氧和酰胺氢原子之间的距离小于3.4 Å。进一步分析表明,蛋白质天然结构中的几乎所有的转角和α—螺旋都以相邻肽平面相互不平行为特征,这意味着蛋白质折叠是从这些残基的亚稳态被破坏开始的。此外,一些理论研究表明,在水性环境中,游离氨基酸中存在羰基氧原子和酰胺氢原子之间的强静电吸引,因此普遍初始热力学亚稳态可能是在多肽被合成的时候就存在了,也就是亚稳态源自游离的氨基酸。通过对蛋白质PDB数据库中蛋白质结构的分析,可以发现β—折叠中的羰基氧原子与其相邻的酰胺氢原子之间的距离约为2.3 Å,用于确定该特征距离的200种蛋白质都是从蛋白质数据库中随机选择的(附录1S5)。

在此距离下,两个原子之间的静电吸引力应被认为是由氢键连接,因此这个状态应该是稳定的。本研究做了相关的分子动力学模拟,模拟结果显示,未折叠蛋白的热力学亚稳态仅可存在于水性环境中(附录1S6)。同时,用一个简便的方法模拟蛋白质在非水环境中的状态,也就是消除了周围水分子的原子电荷,这样水分子就可以被近似看作是某种不带电的有机溶剂分子。在模拟了温度为300 K的正则系综(NVT)下水分子原子带电和不带电情况下,未折叠蛋白质片段的分子模型在水溶液环境下的构象变化结果表明,未折叠的蛋白质可以在水环境中维持初始热力学亚稳态,而当水分子的屏蔽作用缺失后,未折叠的蛋白质会迅速失去初始热力学亚稳态。因此,初始热力学亚稳态的存在可以很好地解释蛋白质折叠对水环境的要求。

3.2.4 蛋白质折叠机制

显然,蛋白质折叠机制可以被看作是未折叠蛋白质初始热力学亚稳态的破坏机制,这些破坏机制是由随机热运动触发的。初始热力学亚稳态的破坏应该是受控于某些基于牛顿力学原理的结构动力学机制,由此导致了二级结构的精确折叠。由折叠引起的某些氨基酸残基的初始热力学亚稳态的破坏必然对应蛋白质天然结构中这些残基的C═O基团和N—H基团之间平行状态的破坏。通过分析PDB数据库中的蛋白质结构可以找到蛋白质折叠的路径,每个氨基酸残基的主链二面角ψ和φ及相邻的羰基氧和酰胺氢原子之间的距离(DBOH)这3

个关键指标可以用作判断哪些氨基酸残基在蛋白质折叠过程中丢失了热力学亚稳态(图 3.4)。本研究从 PDB 数据库中随机选择 200 个小蛋白质中16 482个氨基酸残基的 ψ、φ 和 DBOH,发现大约 50%的氨基酸保留了初始热力学亚稳态(附录 1S6)。此外,通过分析这 200 个蛋白质结构发现,PDB 数据库中 α—螺旋和 β—转角的所有氨基酸均具有初始热力学亚稳态破坏的特征。这一发现意味着蛋白质折叠可以被认为是未折叠蛋白质的初始热力学亚稳态被破坏和主链上的单键旋转导致的。

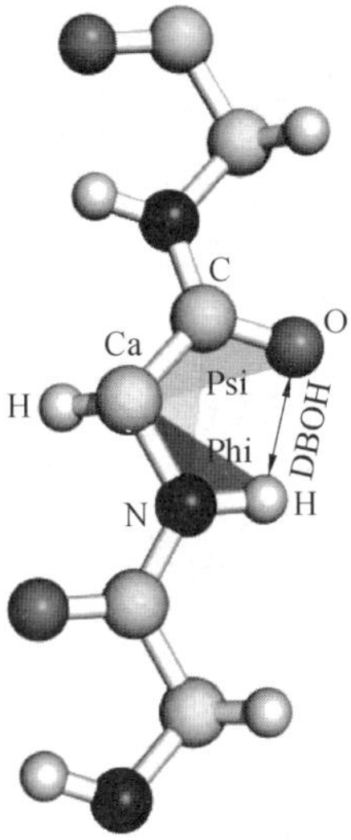

(a) 氨基酸残基

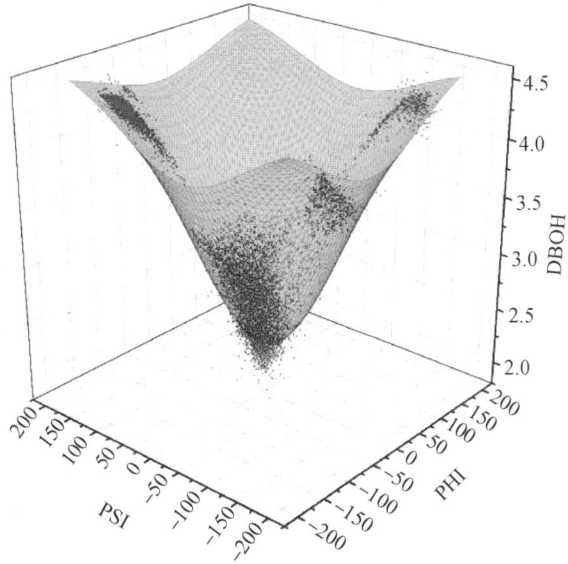

(b) 氨基酸残基PSI、PHI、DBOH分布

图 3.4　未折叠蛋白质的初始热力学亚稳态(见彩图)

考虑到蛋白质折叠需要特定的温度范围,很可能是 C ═O 基团和 N—H 基团的热振动破坏了氨基酸残基的初始热力学亚稳态(即相邻的肽平面的热振动),从而使这两个基团摆脱两者之间的静电吸引力并导致折叠(图 3.5)。值得注意的是,氢键连接的 C ═O 基团和 N—H 基团的热振动会不可避免地引起位于二者之间的侧链振动,侧链的振动会抑制 C ═O 基团和 N—H 基团的热振动,侧链因此起到了阻尼器的作用,如图 3.5(a)所示,氢键键合的相邻 C ═O 基团和 N—H 基团之间长亲水性侧链可以被认为是热振动的阻尼器。然而在水溶液环境下,较长的亲水性侧链(如精氨酸的侧链)在水中的旋转阻力明显较短的疏水性侧链(如甘氨酸的侧链)的旋转阻力大得多。这意味着具有长亲水性侧链的氨基酸的初始热力学亚稳态在热环境中应比具有短疏水性侧链的另一个氨基酸的初始热力学亚稳态稳定得多,因为较长的亲水性侧链提供了较大的旋转阻力,可提供给主链 C ═O 基团和 N—H 基团更大的阻力来抑制热振动。显然,氨基酸

残基侧链的旋转阻力可以通过其转动惯量和氨基酸的亲水指数来估计(附录1S5)。18种氨基酸可根据其旋转阻力大小被分为四类:强旋转阻力(R_s)、弱旋转阻力(R_w)、甘氨酸(G)和脯氨酸(P)。精氨酸、赖氨酸、谷氨酰胺、谷氨酸、组氨酸、天冬酰胺和天冬氨酸由于其长亲水性侧链而被归类为 R_s(附录1S7)。丙氨酸、缬氨酸、亮氨酸、异亮氨酸、苯丙氨酸、色氨酸和蛋氨酸由于包含疏水性侧链而被分类为 R_w。丙氨酸、缬氨酸、亮氨酸、异亮氨酸由于其短的侧链和更强的疏水性而被归类为极弱的旋转阻力(R_{vw})。G被单独分类的原因是G的侧链只有一个疏水的氢原子,因此G的侧链的旋转阻力可忽略不计。

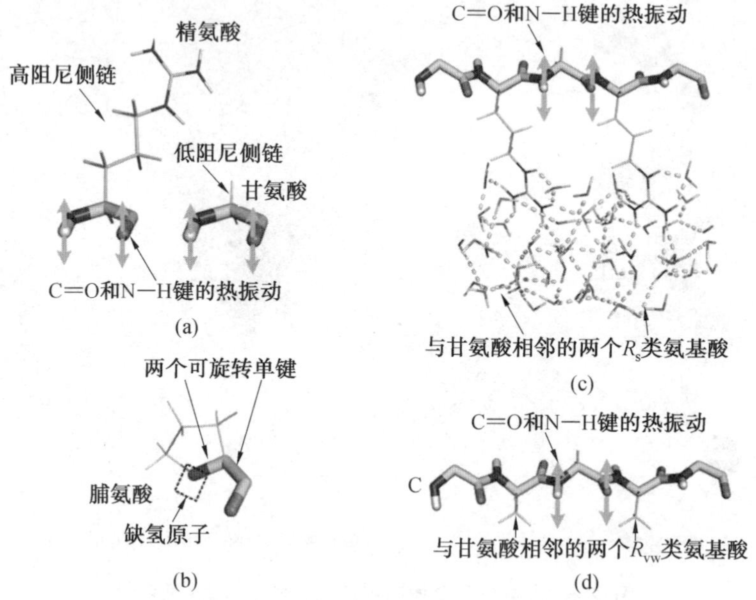

图3.5 氨基酸残基的C═O和N—H基团的热振动阻尼作用

值得注意的是,脯氨酸(Pro或P)不具有初始热力学亚稳态,残基P因不包含N—H基团所以导致主链上的两个单键都是可旋转的,如图3.5(b)所示,脯氨酸没有初始热力学亚稳态。由于没有C═O基团和N—H基团间的静电引力,与其他氨基酸相比,残基P无法维持其初始热力学亚稳态。根据初始热力学亚稳态理论,由于初始热力学亚稳态的缺失,残基P会导致蛋白质二级结构中转角的形成。为了证明这一点,作者从PDB数据库中随机选择80种已知结构的蛋白质中存在的383个残基P,发现这些蛋白质中约99%的残基P都处于蛋白质结构中的转角位置(附录1S8)。

(1)残基G的作用。

在20种不同的氨基酸残基中,残基G的初始热力学亚稳态具有最低的热稳定性,这是因为残基G的疏水性侧链太小(侧链只是一个氢原子),无法有效抑制

C ═O 基团和 N—H 基团的热振动(图 3.5(a))。分子动力学模拟结果证实,室温下热运动引起的残基 G 的 C ═O 基团和 N—H 基团的扭转振动幅度明显大于其他氨基酸的扭转振动幅度(附录 1S9)。相比于其他的氨基酸残基,残基 G 的初始热力学亚稳态更容易被热振动破坏,并因此导致折叠发生在残基 G 处。通过分析大量的 PDB 数据库的试验结果发现,残基 G 确实经常出现在蛋白质结构的转角位置上。这一发现在某种程度上验证了初始热力学亚稳态的失效机制的存在。但是,蛋白质序列中的残基 G 并不总是导致产生蛋白质天然结构的转角。通过分析 PDB 数据库中 200 种蛋白质的结构发现,大约 38%的残基 G 在蛋白质天然结构中保持在初始热力学亚稳态(附录 1S6)。如果可以根据初始热力学亚稳态理论清楚地解释残基 G 不总是导致形成转角结构的原因,就可以从侧面证明氨基酸残基的初始热力学亚稳态很可能是由氢键键合的相邻的 C ═O 基团和 N—H 基团的热振动引起的,并由此破解蛋白质折叠机制的答案。

如图 3.5(a)所示,根据初始热力学亚稳态理论,残基 G 的 C ═O 基团和 N—H 基团的热振动等同于相应的两个肽平面的热振动。由于初始热力学亚稳态的存在,肽平面的热振动会引起其相邻的肽平面发生扭转振动,也就是说热振动会引起扭转波沿多肽的主链传播。残基 G 的振动能量可以通过引起相邻的肽平面转动的方式被扭转波传播释放,这些扭转波的传递应被看作是另一种热振动的阻尼方式,从而抑制了残基 G 的 C ═O 基团和 N—H 基团的热振动。当蛋白质氨基酸序列中残基 G 与两个 R_s 残基相邻的情况出现时,这些 R_s 残基的强大旋转阻力将阻止其所包含的肽平面发生剧烈的振动,也就是说残基 G 的振动无法导致相邻的 R_s 残基的肽平面发生受迫振动。如图 3.5(c)所示,残基 G 有两个相邻的 R_s 残基的情况,这些 R_s 残基的旋转阻力很大,阻止了 R_s 残基发生受阻振动,R_s 残基因此不能成为残基 G 的振动阻尼器。换言之,就是因为残基 G 的 C ═O 基团和 N—H 基团的转动惯量远低于 R_s 侧链的转动惯量。因此残基 G 的热振动不会被相邻的 R_s 残基抑制,这是由 R_s 残基的侧链的旋转阻力决定的。因此,序列片段 R_s—R_s—G 应被看作是未折叠蛋白质的一个折叠起始位置,原因是 R_s—R_s 无法起到阻尼器的作用,这会导致残基 G 的初始热力学亚稳态被破坏。如果折叠码 R_s—R_s—G 广泛存在于蛋白质的天然结构,就可以证明该折叠码存在且有效。在 PDB 数据库中随机挑选的 139 种蛋白质中能够找到了 300 个R_s—R_s—G 折叠密码,这些折叠码中约有 90%位于蛋白质结构的转角位置,并参与了转角结构的形成(附录 1S8)。

R_w—R_w—G 或 R_w—G—R_w 的氨基酸序列可能也是一种典型的折叠规律,这个折叠码中残基 G 的振动能量可以被扭转波传递和释放到相邻的残基中。残基 R_w 侧链的旋转阻力很低,如图 3.5(d)所示,残基 G 有两个相邻的 R_{vw} 残基的情况,由于 R_{vw} 的低旋转阻力,R_{vw} 的受迫振动可以抑制残基 G 的振动,残基 G 的振动可以导致相邻的 R_w 残基受迫振动，所以残基 G 的振动将因 R_w 的受迫振动而被衰减。在 PDB 数据库中随机选择的 156 种蛋白质的结构中可以找出 200 个含有残基 G 的 β－折叠结构，发现其中约 65％的 β－折叠结构包含 R_w-R_w-G 或 R_w-G-R_w 代码(附录 1S8)。因此，可以证明该代码在某种程度上是存在的。R_w-R_w-G 或 R_w-G-R_w 的代码有时也可能导致在残基 G 处形成转角。这很可能是因为在折叠过程中某些 R_w 被其他的氢键固定，从而导致 R_w 失去振动能力和阻尼功能。因此初始热力学亚稳态的破坏机制就是重要的折叠机制。

综上，残基 G 的振动可能被两侧相邻的残基抑制。当 R_s-R_s-G 的序列片段与低旋转阻力的氨基酸残基相邻时(例如，与 R_s-R_s-G-P、R_s-R_s-G-G、$R_s-R_s-G-R_w-R_w$ 相邻)，这些相邻的肽基团可以减弱残基 G 的振动。通过进一步分析本章附录 S8 中的那些没有位于转角处的 R_s-R_s-G 代码样本(约占 R_s-R_s-G 样本的 10％)，发现大多数失效的 R_s-R_s-G 代码都和 P 或 G 或 R_w-R_w残基相邻(附录 1S8)。这也解释了为什么 R_s-R_s-G 代码的成功率不是 100％。当排除具有 P 或 G 或 R_w-R_w 与 R_s-R_s-G 相邻的情况时，R_s-R_s-G 代码的准确率上升到 97％(附录 1S8)。

(2)静电吸引的作用。

热振动有可能触发未折叠蛋白质中一些相邻的侧链之间发生静电吸引作用，从而破坏这些氨基酸残基的初始热力学亚稳态，并启动蛋白质折叠。例如，天冬氨酸(D)的侧链带有较强的负电，精氨酸(R)和赖氨酸(K)的侧链带有较强的正电。在 PDB 数据库中随机选择的 201 种蛋白质中可以找出 300 个 R－D 或 K－D 折叠码(R 和 D 在序列中相邻，或 K 和 D 在序列中相邻)，这些蛋白质中约有 62％的 R－D 或 K－D 折叠码在蛋白质结构中显示出了这些侧链间的静电吸引(附录 1S8)。值得注意的是，几乎所有依然保持初始热力学亚稳态的 R－D 或 K－D 片段都紧邻蛋白质结构中的转角。这表明 R－D 或 K－D 折叠码的优先级可能低于其他的折叠码。R－D 或 K－D 折叠码很可能需要较长的时间才能被热运动激活并启动折叠，这也许是因为热振动的幅度足够大才能触发相邻的带电侧链被静电作用吸引到同侧。当排除了 R－D 或 K－D 折叠码与转角结构相邻的情况后，R－D 或 K－D 折叠码的准确率上升到 99％(附录 1S8)。

3.2.5 蛋白质二级结构的折叠原理

基于初始热力学亚稳态理论，一段 α－螺旋的形成可以被认为是一段未折叠的多肽链片段同时经历扭转和压缩过程导致的。疏水作用可以驱动对多肽片段的压缩作用，疏水相互作用很可能促使多肽片段中的两个相邻疏水区域融合，从而提供了压缩载荷使多肽片段失去初始热力学亚稳态且有助于形成短螺旋。当两个 R_{vw}残基在序列中连接在一起时，由于其较强的疏水性，这两个 R_{vw}残基可以形成不规则形状的疏水区域。精氨酸、赖氨酸、谷氨酰胺、谷氨酸、组氨酸、天冬酰胺、天冬氨酸、丝氨酸和苏氨酸由于其亲水性侧链而可归为亲水性氨基酸(H_y)(附录1S7)。$R_{vw}-R_{vw}-H_y-R_{vw}-R_{vw}$的序列片段可能是导致短螺旋形成的折叠密码,因为两个$R_{vw}-R_{vw}$疏水区域之间存在疏水作用。亲水的氨基酸残基H_y将两个$R_{vw}-R_{vw}$的疏水区域分开,促使两个疏水区域之间通过形成螺旋方式实现疏水蹋缩并将两个疏水区域融合。处在热力学亚稳态下,氢键连接的C═O基团和N—H基团的热振动和上述疏水作用可能协同作用破坏这些残基的初始热力学亚稳态,然后疏水区域的塌陷很可能形成了α—螺旋结构。如果该代码广泛存在于蛋白质结构的螺旋中,就能够证明该代码存在并且有效。在PDB数据库中随机选择的180个蛋白质中找到了200个$R_{vw}-R_{vw}-H_y-R_{vw}-R_{vw}$折叠码,发现这些折叠码中约有94%存在于α—螺旋中(附录1S8)。H_y残基的侧链往往带负电或正电。$R_{vw}-R_{vw}-H_y-R_{vw}-R_{vw}$折叠码中的$H_y$的侧链在形成螺旋的过程中可能与相邻的其他残基的侧链之间产生静电排斥作用,有可能会破坏α—螺旋的形成。在排除了现有样本中H_y引起的上述的强电排斥的情况后,$R_{vw}-R_{vw}-H_y-R_{vw}-R_{vw}$折叠码的成功率上升到了97%(附录1S8)。

已发表的试验证据和理论研究均表明蛋白质折叠首先形成了局部结构(例如,短螺旋结构和转角结构)。短螺旋结构或转角的形成很可能导致主链间其他部分连续形成氢键,因为每形成一个氢键都可以使另一对C═O基团和N—H基团彼此接近,产生静电吸引,进而形成一个新的氢键。值得指出的是,水分子的屏蔽作用阻止了残基的侧链干扰二级结构的形成。已发表的试验证据表明,蛋白质折叠首先导致一些局部二级结构形成(例如,螺旋和转角),蛋白质的三级结构是在二级结构的基础上通过进一步折叠形成的。可以推测,蛋白质二级结构形成的过程会积累折叠能量,也就是将二级结构彼此拉近,引发更多的后续的疏水作用和蹋缩,从而导致三级结构的形成,这解释了为什么蛋白质的折叠过程可以在很短时间内完成,如图3.6所示。

蛋白质的二级结构(例如,α—螺旋和β—折叠)稳定通过主链的N—H基团和C═O基团之间的大量氢键来实现。已发表的激光温度跳跃试验结果表明了α—螺旋和β—折叠的形成非常迅速,这些结构可以在微秒时间尺度上完成折叠。这意味着在α—螺旋和β—折叠的形成过程中,未折叠蛋白质主链的N—H基团和C═O基团在几微秒内形成了大量氢键。没有试验证据表明在蛋白质二级结构形成之前,未折叠蛋白质主链的非相邻N—H基团和C═O基团之间存在氢键。因此α—螺旋和β—折叠结构应该在完全未折叠蛋白质的基础上形成(即主链的非相邻N—H基团和C═O基团之间没有氢键),也就是说蛋白质折叠不是在蛋白质局部错误折叠的状态基础上开始折叠的,否则很难解释试验中激光使温度跳跃后的几微秒内局部错误折叠的蛋白质是如何快速折叠成α—螺旋和β—

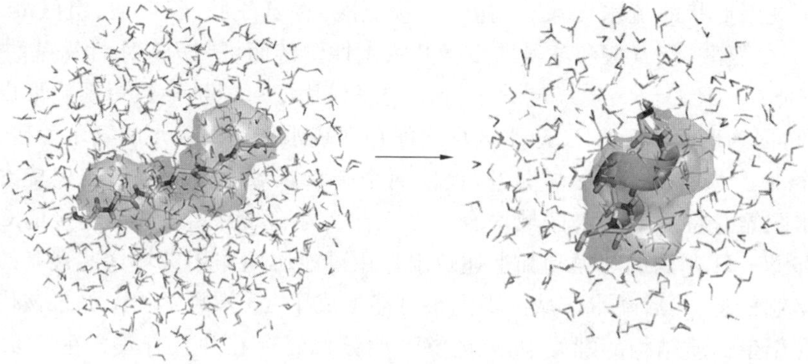

图 3.6 疏水作用导致的α—螺旋的形成

折叠结构的。考虑到未折叠的蛋白质在主链非相邻的 N—H 基团和 C=O 基团之间不存在氢键键合,因此相邻的 N—H 基团和 C=O 基团之间应不可避免地产生静电吸引,即存在未折叠蛋白质的初始热力学亚稳态是必然的。

3.3 水分子对亲水性侧链的屏蔽作用

1.存在水分子对亲水性侧链的屏蔽作用的证据

(1)正确折叠的蛋白质不会在水溶液环境中发生聚集。

(2)蛋白质纯化过程中,蛋白质在过饱和状态下的聚集和结晶证明蛋白质之间可以通过氢键连接结合在一起。

(3)水分子和多肽链亲水基团之间存在竞争性的氢键键合的关系,也就是说水分子和多肽链亲水基团之间生成氢键的关系是实时变化的。

(4)通常蛋白质天然结构中氨基酸序列中相邻的残基侧链之间不产生氢键键合。试验结果表明,在很多相邻的残基侧链之间明显产生了静电吸引但是没有产生氢键键合。

(5)水分子的极性比蛋白质侧链的极性强得多。

(6)许多蛋白质的天然结构并不紧凑。

(7)α—螺旋和β—折叠通过主链的 N—H 基团和 C=O 基团之间的氢键稳定,亲水性侧链从未参与蛋白质二级结构的形成过程。

(8)局部未折叠的蛋白质和天然未折叠的蛋白质只在水溶液环境中存在。

(9)几乎所有未折叠的天然蛋白质结构都是通过溶液磁共振试验方法解析的,而不是晶体射线衍射试验方法解析的。

2. 存在未折叠蛋白质初始热力学亚稳态的证据

(1)β一折叠结构是典型的初始热力学亚稳态状态。

(2)许多蛋白质天然未折叠部分的结构特征就是初始热力学亚稳态状态。

(3)在蛋白质天然结构中约50%的氨基酸残基维持了初始热力学亚稳态状态。

(4)蛋白质天然结构中的所有的转角和螺旋的特征都是相邻肽平面失去平行分布。

(5)在水性环境中,游离氨基酸中存在羰基氧原子和酰胺氢原子之间的氢键吸引。

(6)初始热力学亚稳态状态使未折叠蛋白质获得了抗弯刚度和抗扭刚度,这解释了为什么水环境中的蛋白质能在热运动的干扰下避免错误折叠。

(7)蛋白质折叠往往需要特定的环境温度。

(8)初始热力学亚稳态理论对蛋白质快速折叠现象给出了合理的解释。

(9)水分子的热运动强度与压力成反比,因此初始热力学亚稳态理论很好地解释了嗜热细菌经常生活在深海的热泉附近的原因。

(10)分子模拟结果显示,未折叠蛋白质的初始热力学亚稳态只存在于水溶液环境中。

(11)初始热力学亚稳态很好地解释了蛋白质的折叠速率高度依赖于温度的原因。

总体看来,蛋白质折叠问题存在明显的确定性和不确定性之间的矛盾。从物理角度看,蛋白质折叠充满不确定性。一条未折叠的多肽链可能的折叠构象数量是个天文数字。环境温度导致的热振动会对蛋白质折叠产生严重的干扰。此外,水溶液环境中的水分子与肽基团之间存在不断变换的氢键配对竞争关系。在蛋白质正常折叠的温度条件下,灵活的多肽链几乎不可能在热运动的干扰下精确且可重复地折叠成蛋白质的天然结构。然而,事实上蛋白质折叠现象表现出了惊人的准确性和可重复性,也就是利文索尔佯谬。Anfinsen 指出了蛋白质的天然结构主要由蛋白质的氨基酸序列决定。

本章的研究结果表明,是初始热力学亚稳态赋予未折叠蛋白质能够精确折叠的能力。在水溶液环境中,初始热力学亚稳态为未折叠蛋白质提供了抗弯刚度和抗扭刚度,从而导致未折叠蛋白质能够抵抗热运动的扰动。未折叠蛋白质的初始热力学亚稳态的形成依赖于水分子的屏蔽作用,该屏蔽作用为蛋白质折叠提供了天然的折叠路径。特定氨基酸的初始热力学亚稳态的破坏可被牛顿力学原理预测。鉴于牛顿力学的原则为人类解决了机械学和宇宙学中的重大确定性问题提供了理论基础,相信牛顿力学也能被用于解析蛋白质折叠问题,并帮助人们掌握蛋白质的折叠规律。破坏未折叠蛋白质序列中特定氨基酸的初始热力学亚稳态的几种基于牛顿力学的机制可以被理解为是蛋白质的折叠机制，通过进一步研究这些亚稳态的破坏机制，可以推导出蛋白质的物理折叠码。水环境和合适的温度条件协同工作才可以激活蛋白质的物理折叠密码，从而使蛋白质折叠呈现惊人的准确性和可重复性。初始热力学亚稳态和其破坏机理意味着蛋白质折叠问题可以通过牛顿力学来解决，蛋白质折叠问题可能是基础科学留给牛顿力学的遗产。初始热力学亚稳态理论很好地解释了利文索尔佯谬和蛋白质折叠对水溶液环境的要求，还解释了为什么蛋白质折叠的速率高度依赖于温度。

第4章

蛋白质折叠的密码

本章提出了经典的“蛋白质折叠问题”的解决方案，利用分子动力学模拟手段、力学分析、液体磁共振技术和大数据分析技术，解析处在热力学亚稳态的未折叠蛋白质在水溶液环境和热载荷作用下的力学响应；综合分析未折叠蛋白质在水溶液环境和热运动载荷作用下的力学行为、失稳机理和折叠机理等；重点研究未折叠蛋白质中氨基酸残基侧链的阻尼作用、相邻残基侧链间的疏水作用和静电作用等对蛋白质折叠启动的影响，破解导致蛋白质精确折叠的力学机制，进而获得预测蛋白质折叠的氨基酸序列密码。

4.1 蛋白质折叠问题的原理

探索蛋白质折叠问题一直是分子生物学领域的长期挑战。本章从另一个角度揭示蛋白质折叠起始于由水分子屏蔽作用和静电吸引作用导致的相邻肽平面平行分布的热力学亚稳态，这导致蛋白质在水溶液环境中可以遵循明确的物理折叠规则实现精确折叠。通过模拟发现，蛋白质的超快折叠是由大量氢键相继形成导致的，每个氢键的形成会为下一个氢键的形成提供动力。温度引起的肽平面和侧链振动选择性地破坏了特定氨基酸相邻肽平面的平行分布状态，这被认为是蛋白质折叠的开始。相邻侧链之间的电荷和侧链旋转阻力差异被用于解密物理折叠码，该折叠码可控制精确的二级结构的形成过程。笔者提出了一种强大的解码氨基酸序列以预测蛋白质天然结构的方法，通过比较文献中的试验结果验证了该方法。为了方便写作和强调本书的核心思想，本章会再介绍第3章的部分内容。

蛋白质及其产物是地球生命的基础，蛋白质承担了生命科学已知的几乎所有重要的生物化学功能。每个蛋白质的生物学功能由其天然的三维(3D)结构表达和确定，该天然结构由蛋白质折叠过程形成。因此，蛋白质折叠可以被认为是生物存在、功能化、多样性和进化的最重要的机制、原理和原动力。蛋白质折叠的实质是将多肽链(多肽是一种聚合物)功能化为具有“生命”的蛋白质分子的现象，它是数万亿种蛋白质存在的基础。基于蛋白质折叠的复杂性，蛋白质折叠问题被归纳为四个未解决的问题：

(1)氨基酸序列中的物理折叠代码是什么，它决定了特定的天然3D结构而不是任何其他无法理解的数字可能的构象？

(2)使蛋白质可以如此迅速折叠的折叠机制是什么？

(3)是否有可能设计一种计算机算法从氨基酸序列有效预测蛋白质的天然结构？

(4)为什么蛋白质折叠仅发生在水性环境并需要特定环境温度？本章采用微正则系综松弛算法(NVERE)和物理分析尝试解答以上四个问题。

蛋白质折叠被认为是自由能的最小化或分子结构松弛的过程，其主要由以下物理力引导：①分子内氢键的形成；②范德瓦耳斯相互作用；③静电相互作用；④疏水相互作用；⑤蛋白质的链熵；⑥热运动。由于分子动力学(MD)能够同时描述所有这些物理力并构建原子级分辨率的蛋白质模型，因此自20世纪80年代以来，分子动力学模拟方法在蛋白质折叠研究中变得越来越流行，使用分子动力学找到蛋白质折叠问题的答案成为了相关学科长期的研究热点。根据分子动力学中的热力学定律，分子系统趋向于进入最低自由能的状态。但是，到目前为止，对蛋白质天然结构的模拟预测需要大量的计算资源，且仅仅成功地模拟了有限的几十个小蛋白质的折叠。现有算法无法按照明确的折叠路径模拟蛋白质折叠，通常会导致在寻找折叠路径时出现错误折叠。这些模拟算法采用反复试错和反复采样的折叠策略，显然与自然界中蛋白质折叠的工作方式是不同的。考虑到许多蛋白质的折叠过程只需要几微秒，蛋白质不需要通过搜索折叠路径避免错误折叠的发生。因此，现有算法应被认为是蛋白质折叠的搜索优化策略，而不是基于蛋白质折叠机制的模拟。显然，蛋白质天然结构预测的挑战性在于获得蛋白质天然折叠路径的形成机理和导致蛋白质快速折叠的驱动机制。即使使用当今性能最高的计算机，对蛋白质天然结构的预测工作也不乐观。

蛋白质折叠首先导致主链上形成一些局部结构（例如，螺旋和转角等），然后折叠成更具体的结构。激光温度跳跃研究已通过试验确定，在微秒的时间尺度上，α一螺旋和β一折叠结构的形成非常迅速，说明可能是一些明确的折叠密码控制了蛋白质的折叠过程和折叠途径。值得注意的是，蛋白质折叠极少在非水环境中发生，而往往是在水环境中发现蛋白质折叠现象，并且蛋白质在大多数非水溶剂中会发生错误折叠（即失去其天然结构）。蛋白质折叠问题的答案很可能就隐藏在水分子与未折叠蛋白质相互作用的方式中。在液态水环境内大量的氢键不断地生成，水分子与多肽基团之间存在持续的生成氢键的竞争关系。水分子具有非常强的极性，很可能在蛋白质折叠过程中始终和亲水的氨基酸侧链形成氢键。水分子极小的体积使这些分子很容易挤入相邻的残基侧链之间的缝隙中，并且与未折叠蛋白质每个亲水性侧链的氢键受体基团和氢键供体基团形成氢键。因此，水分子能够使亲水性侧链的氢键形成能力饱和，即周围的水分子可能具有屏蔽作用，以防止亲水性侧链与其他亲水性侧链和主链产生氢键键合。关于水分子对亲水性侧链具有屏蔽作用的最有说服力的证据是：折叠的蛋白质在水性环境中很少聚集。自然界中折叠的蛋白质表面总体上是亲水的，蛋白质在过饱和状态下发生聚集和结晶现象意味着蛋白质可以通过氢键自发结合在一起。所以，一定是水分子对亲水性侧链起到了屏蔽作用，防止了蛋白质在水环境中的聚集。此外大量的试验表明，蛋白质的二级结构（例如，α一螺旋和β一折叠）都是通过主链的 N—H 基团和 C ═O 基团之间的氢键得以稳定，侧链都没有参与这些二级结构的构成。这也表明环境水分子的屏蔽作用可防止亲水性侧链干扰蛋白质折叠过程中二级结构的形成。

总之，由于缺乏对水分子的屏蔽作用重要性的认识，蛋白质折叠问题的关键可能仅仅是对在水环境中的未折叠蛋白质分子的性质缺乏了解。由于这方面信息的匮乏，未折叠蛋白质的一些重要的热力学状态可能会被忽略。在折叠之前，未折叠蛋白质分子结构很可能首先在水环境中进入某个热力学亚稳态，从而使其能够避免无数种可能的错误折叠构型。此外，激光温度跳跃试验表明，有些蛋白质可以在微秒的时间尺度上非常快速地折叠成精确定义的天然结构。这种极快的蛋白质折叠现象缺乏解释。因为蛋白质折叠所需的时间太短，以至于随机热运动无法完成未折叠蛋白质的构象搜索，并导致分子能量快速下降，并朝着天然结构变化。热力学亚稳态的存在可以很好地解释蛋白质为什么能非常快速地折叠和为什么对环境温度有一定要求。由于温度跳跃导致未折叠蛋白质的热力学亚稳态被破坏，可能会触发特定的肽平面翻转和氢键形成，从而使蛋白质迅速折叠。

通过进一步的研究发现，物理分析可以推断未折叠蛋白质的未知热力学亚稳态。未折叠蛋白质的肽平面平行分布状态如图 4.1 所示。构成所有主链共价键 1/3 数量的肽键(C—N，图 4.1(a))由于共振而具有某些双键特性，因此肽键不能自由旋转。需注意的是，每个氨基酸残基中的羰基氧原子及其相邻的酰胺氢原子分别带负电和正电，并且水分子太大而无法屏蔽它们之间的静电吸引。因此，由于肽平面中的每个羰基氧原子之间的静电吸引，它们倾向于与相邻肽平面中的酰胺氢原子键合，从而导致 C ═O 和 N—H 基团相互平行，导致未折叠蛋白质骨架中的所有单键的旋转都受到阻碍。相邻肽平面的平行分布状态可能是未折叠蛋白质在水环境中的热力学亚稳态，除非热运动破坏了主链相邻的 C ═O 基团和 N—H 基团之间的静电吸引，否则未折叠的蛋白质不会发生折叠，如图 4.1(a)所示。图 4.1(b)、(c)所示分别为 2LRG 蛋白和该蛋白 β—折叠肽平面的平行分布状态；图 4.1(d)所示为脯氨酸、甘氨酸和精氨酸的残基结构；图 4.1(e)、(f)所示分别为 2LSB 蛋白和该蛋白的无序结构中肽平面的平行分布状态。

4.2 水溶液环境的屏蔽效应

本章使用 NVERE 算法研究未折叠蛋白质在水溶液环境中的构象变化和力学行为。相邻肽平面的平行分布状态被确认为水溶液环境中未折叠蛋白质的重要亚稳态。本研究发现，温度引起的肽平面振动是导致亚稳态被破坏和二级结构形成的核心机制。评估在水溶液环境中氨基酸残基侧链的旋转阻力和相邻侧链之间的电荷差异是破解蛋白质物理折叠密码的关键。这些物理特性使得合适温度环境的热振动能够选择性地扭转破坏特定氨基酸残基的相邻肽平面的平行分布状态，从而激活物理折叠密码。本研究通过参数分析以识别几种类型的导致折叠的氨基酸序列代码(蛋白质的物理折叠代码)，这些类型的氨基酸序列代码会导致二级结构的折叠开始或停止。在此基础上，开发了一种解码氨基酸序列以预测蛋白质折叠过程的方法，并通过与试验结果进行比较来验证该方法。本章还使用正则系综(NVT)来模拟蛋白质二级结构的快速形成。结果发现，蛋

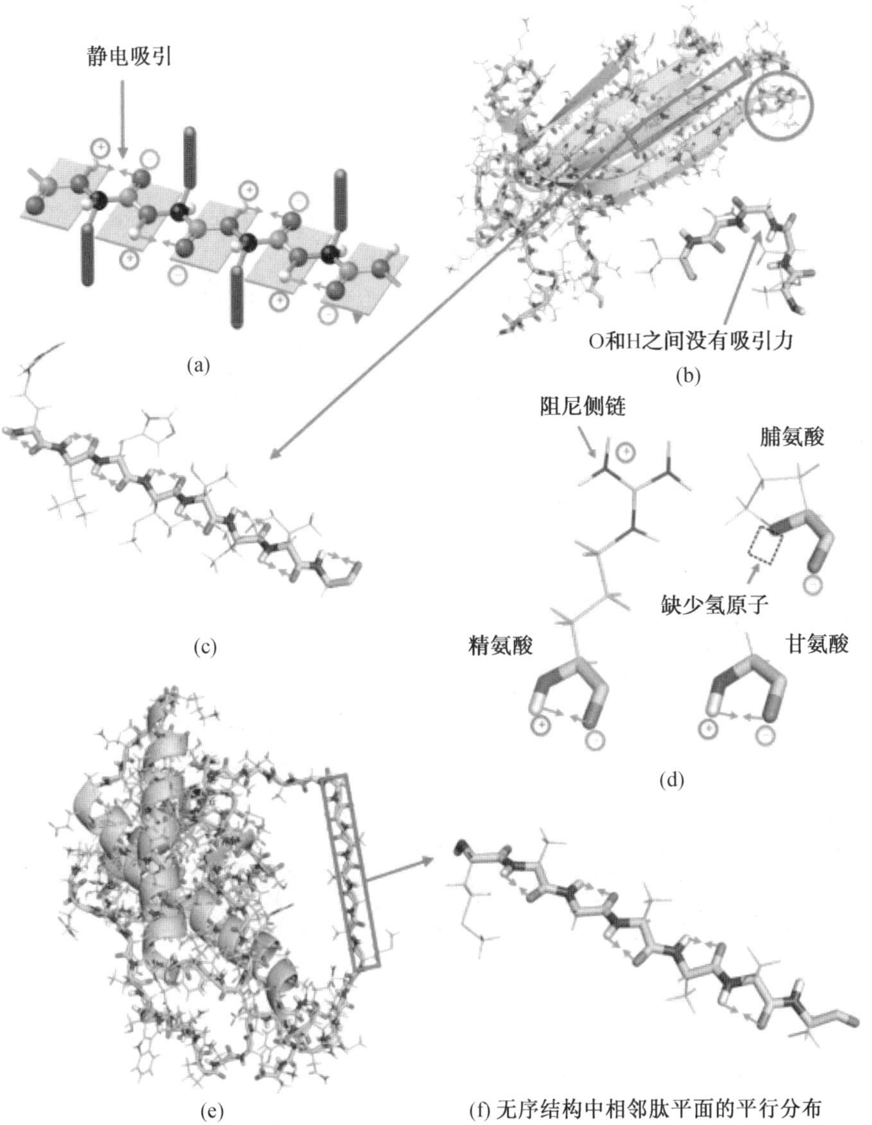

图 4.1 未折叠蛋白质的肽平面平行分布状态

白质超快折叠的机制是每个氢键的形成都可以促成下一个氢键的形成；水环境和适当的温度可以协同工作以激活蛋白质的显式物理折叠密码。

1. 蛋白质的势能最小化计算

为了证明水分子对亲水性侧链的屏蔽作用，首先尝试使用 CHARMM 力场和 NVERE 算法来对 30 个蛋白质的天然结构求解最小势能(附录 2T1)。NVERE 算法的优势在于能让分子结构通过很长的分子动力学轨迹大变形来搜索结构势能更小的分子构型。令人惊讶的是，所有这些非紧凑的蛋白质天然结构的势能都被 NVERE 算法大大降低了，通过形成更多的分子内氢键使这些分子结构更加紧凑(图 4.2)。NVERE 算法中蛋白质 1WHX 和 2H7A 的分子构型优化及势能优化曲线如图 4.2 所示。该结果表明，这些蛋白质的天然结构尚未充分利用其分子内氢键生成的能力，并且不是总体上能量最稳定的状态。这些天然结构是在水溶液中使用磁共振试验确定的，应该是水溶液中自由能最低的状态，而不是孤立的状态。这也表明水性环境能够保护亲水性侧链避免与其他亲水性侧链发生氢键键合。另一个分子动力学模拟结果表明，多个蛋白质在无水环境下可以通过氢键连接聚集，这个模拟也是使用 CHARMM 力场和 NVERE 算法完成的(图 4.3)。仿真结果表明，蛋白质在无水条件下可通过氢键结合在一起。

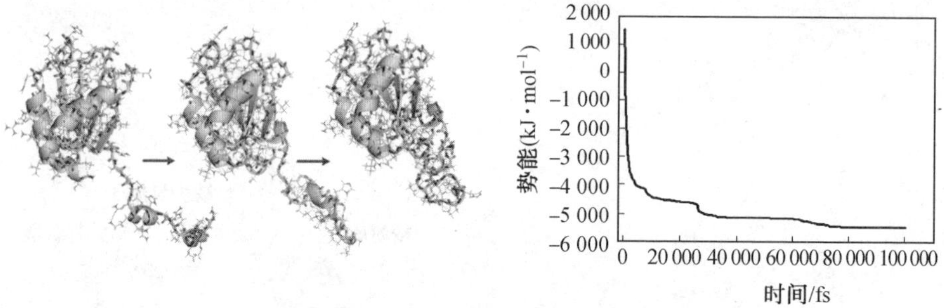

(a) 蛋白质1WHX分子构型优化及势能优化

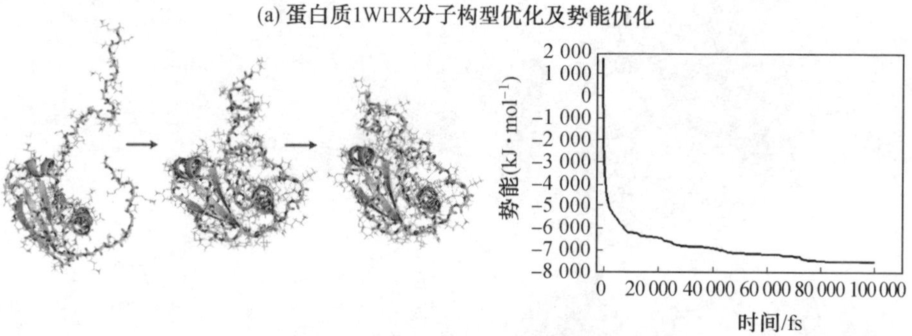

(b) 蛋白质2H7A分子构型优化及势能优化

图 4.2 NVERE 算法仿真试验结果

为了模拟水溶液环境的屏蔽效果，本研究在模型中删除了残基侧链的端部原子的电荷来近似地表达这种屏蔽作用。如图 4.4 所示为未折叠蛋白质(1B64)的势能优化模拟。使用 NVERE 松弛算法最小化这段未折叠蛋白质的势能并模拟未折叠蛋白质的构象发展(附录 2T2)。结果表明，由于主链中 C═O 基团和 N—H 基团之间的静电吸引，相邻的肽平面逐渐变得彼此平行(图 4.4(a))。相邻肽平面的平行分布还导致相邻的残基侧链分布在主链的两侧，并且每个侧链与其相隔一个残基的侧链平行，从而使整个松弛的未折叠蛋白质看起来像“蜈蚣

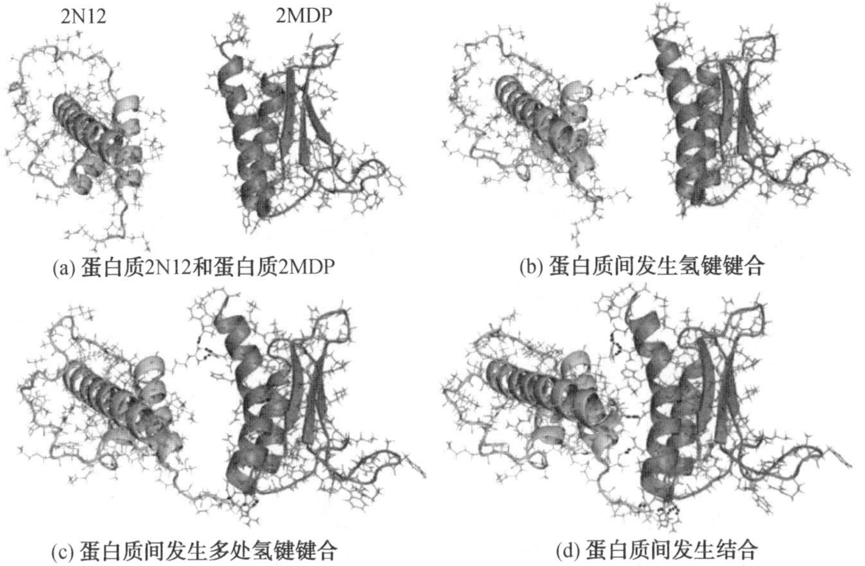

图 4.3　蛋白质 1WHX 和 2H7A 通过氢键连接产生聚集(见彩图)

风筝”(图 4.4(c)和附录 2T3)。值得注意的是,未折叠蛋白质的这种类似“蜈蚣风筝”的亚稳态与蛋白质天然结构中 β一折叠的分子构型非常相似。这种相似表明未折叠蛋白质的亚稳态可能很大一部分保留在蛋白质天然结构中。相邻肽平面的平行分布在蛋白质天然结构中的其他无序二级结构中也很常见,这表明热力学亚稳态是广泛存在的。特别是许多非紧凑蛋白质的展开部分的特征就是相邻肽平面保持平行分布,即亚稳态,这应该与水中的未折叠的多肽链非常相似。此外,蛋白质天然结构中的所有转角和螺旋的特征都是相邻肽平面不存在平行分布。这表明蛋白质折叠是从这些相邻肽平面相互平行的亚稳状态被破坏开始的。

为了测试未折叠蛋白质的亚稳态的稳定性,本研究在“蜈蚣风筝”状的亚稳态结构的一端施加了扭转载荷。在 NVE 系综中,在常见的扭转载荷作用下,未折叠的蛋白质发生了变形。未折叠的蛋白质能够沿自身传递扭转力矩而不会破坏“蜈蚣风筝”状态(脯氨酸除外),如图 4.4(b)、(c)所示。结果表明,除非热环境破坏某些特定氨基酸的 C ═O 基团和 N—H 基团之间的静电引力,否则水中未折叠的蛋白质不会自发折叠。为了揭示“蜈蚣风筝”状结构在水中热负荷下的变形行为,将该结构置于 5 ℃的 NVT(物质、体积和温度守恒)系综中,仿真结果表明,热环境主要引起肽平面的扭转振动和沿主链传播的扭转波。较高的温度会引起肽平面和侧链的振动更加剧烈。相邻肽平面的热振动可能导致氢键键合的 C ═O 基团和 N—H 基团从它们之间的静电吸引中逃逸出来并引发折叠。这很好地解释了为什么折叠速率高度依赖于温度。

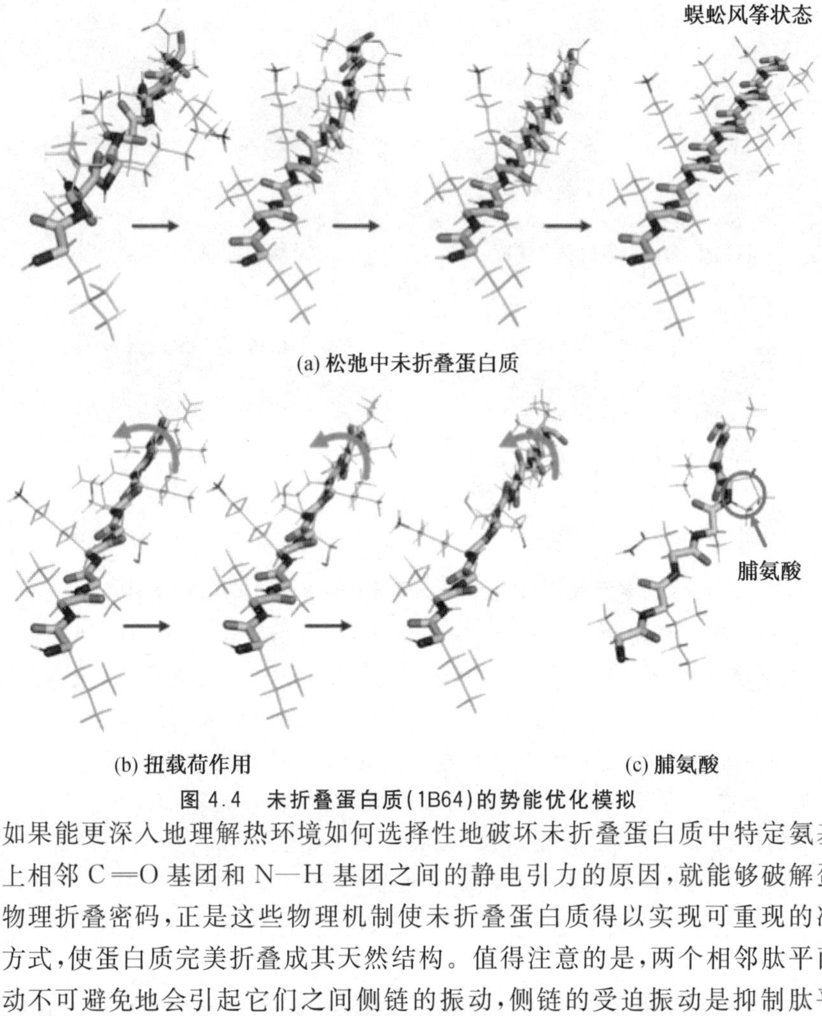

图 4.4　未折叠蛋白质(1B64)的势能优化模拟

如果能更深入地理解热环境如何选择性地破坏未折叠蛋白质中特定氨基酸残基上相邻 C═O 基团和 N—H 基团之间的静电引力的原因，就能够破解蛋白质的物理折叠密码，正是这些物理机制使未折叠蛋白质得以实现可重现的准确折叠方式，使蛋白质完美折叠成其天然结构。值得注意的是，两个相邻肽平面的热振动不可避免地会引起它们之间侧链的振动，侧链的受迫振动是抑制肽平面热振动的阻尼)。因此，由于侧链的旋转阻力不同，未折叠蛋白质中不同肽平面的热振动幅度也不同。这使得热环境能够选择性地破坏这些氨基酸残基的亚稳态。

2. 残基侧链的旋转阻力与静电作用

多肽链中相邻侧链之间的旋转阻力差异应视为破解物理折叠密码的关键。显然，在水溶液中长亲水性侧链(如精氨酸侧链)的扭转阻力应比疏水短侧链(如甘氨酸侧链)的扭转阻力大得多。长侧链围绕多肽链骨架轴线的旋转的转动惯量远大于短侧链的转动惯量。在水溶液环境中，亲水性侧链与周围水分子之间的氢键可显著增加这些侧链的旋转阻力。因此，如附录 2 表 T1 所示，可以通过侧链的转动惯量和氨基酸的亲水指数来评估残基侧链的旋转阻力。本章采用比第 3 章更细化的分类方法，其中根据残基侧链旋转阻力将 20 种氨基酸残基分为六类：强阻力(R_s)、中阻力(R_m)、弱阻力(R_w)、极弱阻力(R_{vw})、甘氨酸(G)和脯氨酸(P)。与其他氨基酸残基相比，G 的侧链的旋转阻力可忽略不计，因为 G 仅具有疏水性氢原子作为其侧链。因此，G 的侧链的受迫振动对其肽平面的热振动的阻尼力可以忽略不计。可以推测，G 的两个肽平面的热振动幅度应该大于其他氨基酸的幅度。因此，热振动可能会轻易破坏 G 的亚稳态并引发 G 处的折叠。

此外，如附录 2 表 T2 所示，侧链具有电荷的 9 个氨基酸被细分为另外的 3 个类别：负电类(N_e)、弱负电类(N_{ew})和正电类(P_o)。当扭转波通过多肽链时，相邻带电侧链之间的排斥力可能会导致两个侧链同步旋转。例如，当两个 P_o 氨基酸(P_o—P_o)相邻排列时，这两个侧链应彼此呈相反方向分布，并彼此排斥。当扭转波通过第一个 P_o 时，第二个 P_o 的侧链也会因两侧链之间的排斥而开始旋转，从而将两个氨基酸组合在一起并使旋转阻力增加一倍(图 4.5(a))。因此，可以将 P_o—P_o 视为具有超强旋转阻力的特征。本研究确定了可以提供超强旋转阻力的四种双氨基酸残基基团，并将其标记为 R_U，见附录 2 表 T3。

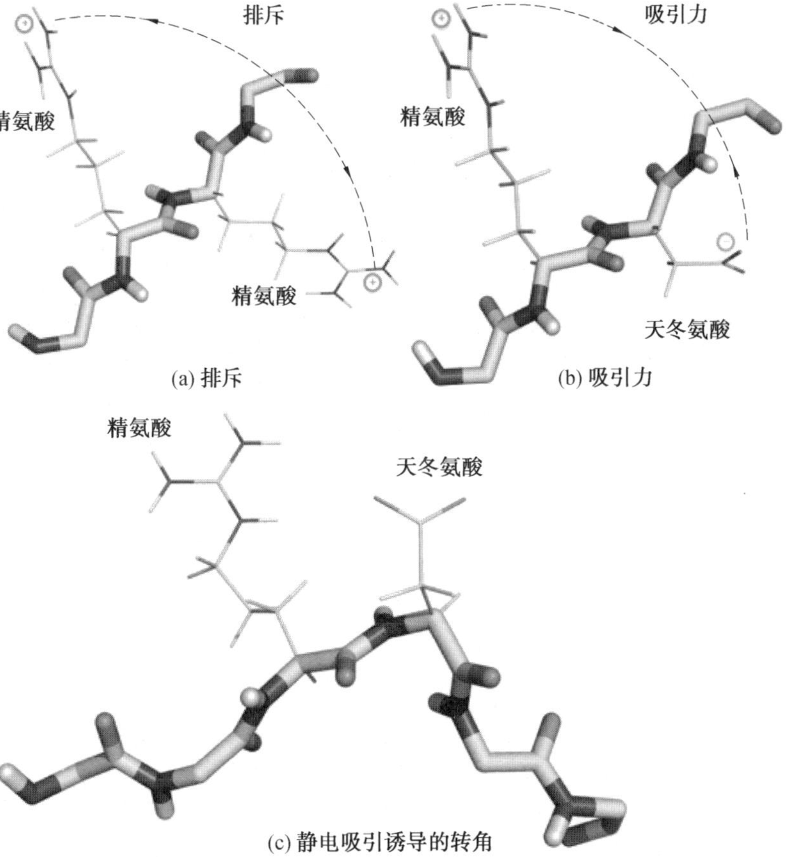

(a) 排斥　(b) 吸引力

(c) 静电吸引诱导的转角

图 4.5　相邻带电侧链之间的斥力和吸引力示意图

当在旋转阻力上具有很大差异的两个氨基酸残基相邻编码在多肽链中时，这两个相邻氨基酸残基可能触发肽平面翻转，并导致相邻肽平面平行分布的状态被破坏。例如，R_s/R_U－G的序列片段应该是未折叠蛋白质初始热力学亚稳态的典型弱点，由于热振动，这可能会导致相邻肽平面平行分布状态的破坏。G的旋转阻力显著低于R_s/R_U氨基酸的旋转阻力。在G的肽平面上引起的扭转振动的振幅显然会大于相邻的R_s/R_U氨基酸的振幅，可能导致破坏G和R_s/R_U残基的C═O基团和N—H基团之间的静电吸引，蛋白质折叠应在该区段开始。因此，序列中的R_s/R_U－G可用作简单的物理折叠码，用于预测二级结构中转角的形成。如果该折叠码广泛存在于蛋白质天然结构的转角处(包括蛋白质结构中的α－螺旋，因为螺旋可以被认为是连续的转角)，就能在一定程度上证明该折叠码存在并且具有普遍性。本研究使用蛋白质数据库(PDB)在124种蛋白质中找出了821个R_s/R_U－G编码，发现这些编码中约有93%存在于转角结构中(包括β－转角在内)(附录2T10)。此外还发现，蛋白质天然结构中大约60%的β－转角处会存在R_s/R_U－G码，这也表明该折叠码广泛存在。

值得注意的是，脯氨酸(Pro或P)不含N—H基团。由于缺乏静电引力，与其他氨基酸残基相比，P在维持亚稳态时的抗扭强度可以忽略不计，也就是说P几乎不存在亚稳态。P应该被认为是预测蛋白质二级结构转角的另一种简单的物理折叠码，因为热振动很容易使P的两个肽平面翻转形成转角结构。利用PDB数据库，可以在124种蛋白质中识别出存在的387个P编码，并发现这些蛋白质中约有99%的P编码导致了转角结构的产生(附录2T10)。从总体上来说，约有14%的转角结构处会存在P残基，这表明P折叠码也广泛存在。

此外，温度导致的残基侧链的热振动可能触发相邻的带电侧链间的某些静电吸引运动，从而破坏这些氨基酸的平行分布状态并引发折叠。当一个P_o残基和一个N_e残基被编码在一起(P_o－N_e)时，两个侧链会因电场作用相互吸引，这可能导致它们的旋转并破坏这两个氨基酸残基的亚稳态(图4.5(b)、(c))。当一个P_o残基与天冬氨酸残基(D)相邻(P_o－D)时，P_o－D应该是个典型的物理折叠密码，导致两者的侧链被它们之间的静电吸引驱动并发生运动。本研究在PDB数据库的124种蛋白质中找出了130个P_o－D编码，发现这些蛋白质中约有97%的P_o－D存在于蛋白质的转角结构处，并显示出相邻带电侧链之间存在明显的静电吸引，见附录1S10。这一发现表明，P_o－D折叠码可导致转角结构的产生。

α－螺旋的折叠过程很可能起始于一段短螺旋的形成，否则很难解释一个很长的α－螺旋是如何形成的。一段短螺旋的形成需要至少4～5个氨基酸残基参与(图4.6)。短螺旋的形成可以被认为是一段处于亚稳态的多肽片段发生扭转和收缩的过程。因此，本研究预测了4种会导致一小段多肽链被静电力压缩的模式，即 4 种远程静电吸引（LEA）模式，见附录 2 表 T4。LEA 最有可能通过压缩多肽片段来促进第一个螺旋的形成，使多肽片段塌陷成螺旋（图 4.6）。在短螺旋形成期间，由于静电吸引，带有 LEA 模式特征的带电侧链将逐渐彼此靠近，然后在螺旋中彼此相邻。此外，围绕主链的相邻带电侧链的静电吸引运动也可能有助于螺旋的形成，因为该运动会破坏这些氨基酸残基相邻肽平面的平行分布状态。本研究确定了 3 个由于静电驱动产生侧链旋转的代码（EDRC），它们可以导致围绕主链的侧链产生静电吸引运动，见附录 2 表 T5。一个 EDRC 码，一个或两个 R_{vw} 和一个 R_s/R_U 组成（EDRC－R_{vw}－R_U/R_s）的编码，以及在 EDRC 和 R_s/R_U 之间存在强 LEA 作用时，这个编码可能是一个螺旋结构的典型折叠码。由 EDRC 产生的静电驱动的扭转运动在通过 R_{vw} 后可以被 R_s/R_U 阻止。这种现象可能导致 EDRC－R_{vw}－R_s/R_U 中的所有 5 个氨基酸残基失去其亚稳态，然后由于 LEA 而塌缩成短螺旋。本研究在 147 个蛋白质中找到了 126 个 EDRC－R_{vw}－R_s/R_U 折叠码，发现这些蛋白质中 90％的 EDRC－R_{vw}－R_s/R_U 编码存在于 α－螺旋结构中，见附录 2T10。此外，这些蛋白质天然结构中约 29％的 α－螺旋中存在 EDRC－R_{vw}－R_s/R_U 折叠码，这表明 EDRC－R_{vw}－R_s/R_U 折叠码也广泛存在。

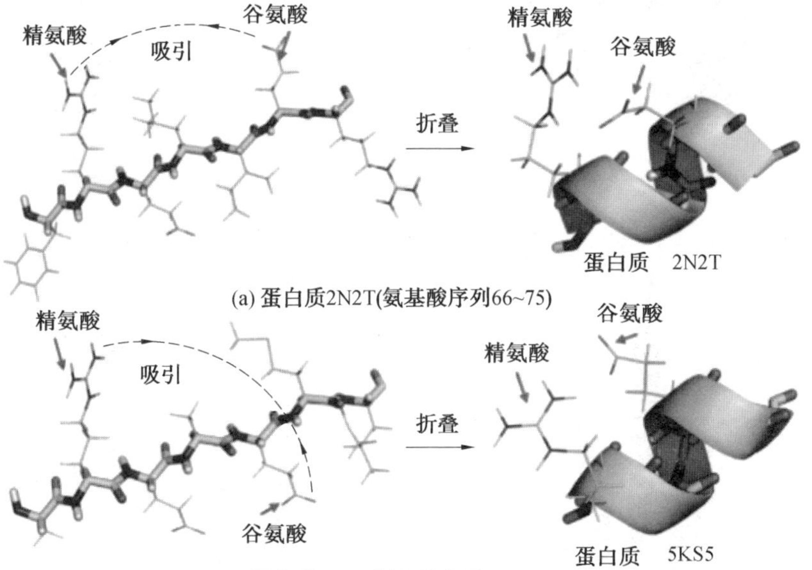

(a) 蛋白质2N2T(氨基酸序列66~75)

(b) 蛋白质5KS5(氨基酸序列669~675)

图 4.6　远程静电吸引（LEA）导致一段多肽收缩形成短螺旋结构

3. 蛋白质的物理折叠密码

通过分析 PDB 数据库中的蛋白质结构，确定了 6 个类型的导致生成转角结构的蛋白质物理折叠码。附录 2 表 T6 给出了简化的 6 种类型的折叠码及其必要条件。本研究还确定了 3 种类型导致 α－螺旋的形成的物理折叠代码。附录 2

表 T7 给出了简化的 3 种折叠码类型及其必要条件。

将 416 种蛋白质的预测结果与 PDB 数据库中的试验结果进行了比较。结果表明，这些折叠码在预测 α—螺旋的成功率约为 80%，在预测转角结构的成功率约为 90%（包括 α—螺旋结构），这些折叠码的预测成功率较高。其中，两种蛋白质的二级结构预测结果如图 4.7 所示。本研究的初步研究结果表明，以残基侧链在水环境中的旋转阻力性能和侧链的电荷性能为基础推导的物理折叠码在预测二级结构方面非常有效。这些蛋白质折叠密码的成功率可以通过进一步考虑这些折叠码的优先级来提高。

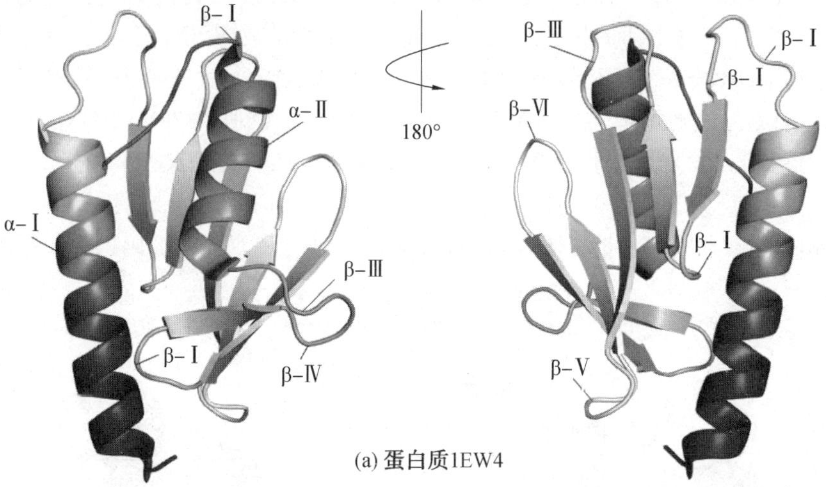

(a) 蛋白质1EW4

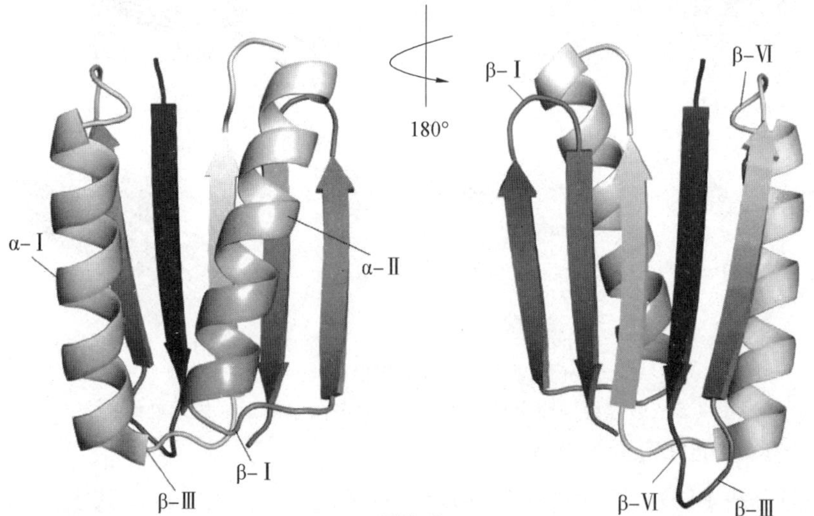

(b) 蛋白质1QYS

图 4.7 两种蛋白质的二级结构预测结果(α 表示 α—螺旋，β 表示转角)

已发表的试验结果表明，蛋白质折叠始于局部结构（例如，螺旋或转角）的形成。本研究分别基于一个转角和一节短螺旋来尝试模拟 β－折叠和 α－螺旋的折叠过程（图 4.8），模拟是在正则系综（NVT 系综）下完成的。模拟结果表明，自发的蛋白质折叠过程主要由氢键的相继形成所控制。每个氢键的形成可以使另一对 C＝O 基团和 N—H 基团逐渐接近以彼此激发静电吸引，从而进一步促进下一个氢键的形成。本研究表明，蛋白质分子内氢键的相继生成增加了 β－折叠和 α－螺旋形成过程中的折叠动力。模拟结果还表明，在二级结构形成过程中积累的折叠动力会将这些二级结构拉近在一起，从而导致三级结构的形成，即导致了整个蛋白质的超快折叠。

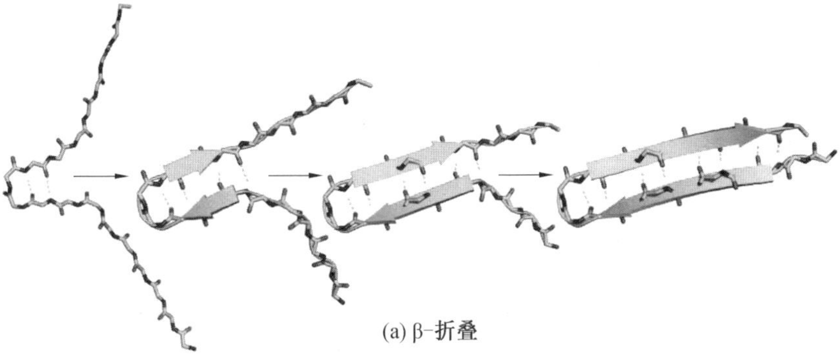

(a) β-折叠

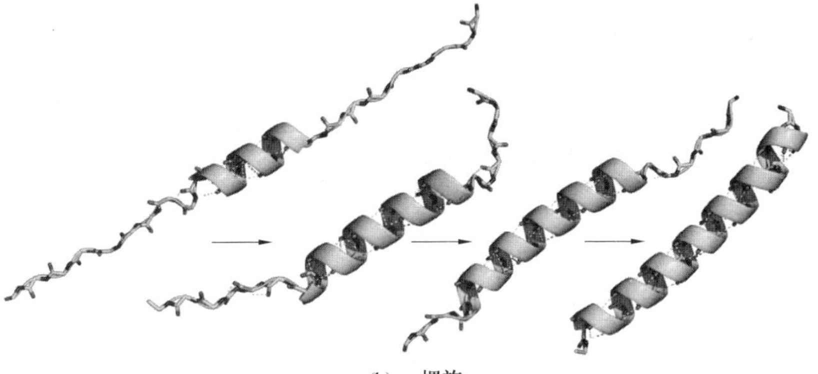

(b) α-螺旋

图 4.8　β－折叠和 α－螺旋的快速形成

4.3　蛋白质折叠问题的力学“解”

综上所述，基于物理分析可以给出了蛋白质折叠问题的基本答案，从而肯定水分子对亲水性侧链的屏蔽作用防止了蛋白质在细胞质中的团聚。同样，蛋白质正确折叠也取决于水分子的屏蔽作用，这可能是形成蛋白质天然折叠路径的机制，也就是导致未折叠蛋白质形成相邻肽平面平行分布的状态。未折叠蛋白质的这种亚稳态广泛地保留在蛋白质天然结构中，例如β－折叠和一些无序的结构都是标准的亚稳态。温度引起的肽平面和侧链热振动，及由此引起的扭转波沿着未折叠蛋白质“蜈蚣风筝”状结构传递，被认为是打破未折叠蛋白质的热力学亚稳态并激活物理折叠密码的关键。可以通过评估相邻侧链的抗扭性和电荷差异破解部分蛋白质物理折叠码。将模拟结果与试验结果进行比较，可以确认这些折叠码是有效的。根据初步结果，在氨基酸序列中插入或删除关键氨基酸（例如，P、G、R_{vw}）可以改变二级结构并影响蛋白质三级结构。地球上数万亿种蛋白质的存在、功能化、多样性和进化源自其中的精细的氨基酸序列编码策略，该策略充分利用了氨基酸残基侧链的扭转阻力和侧链的电荷差异。本研究将有助于开发基于氨基酸序列预测蛋白质的结构和评估蛋白质的生物学功能，并可能有助于提高设计新药的成功率。这项研究为探索地球上蛋白质的进化提供了新的方向，有望在生物化学和分子生物学领域进行创新。

NVERE 算法介绍如下。

NVERE 算法是用来模拟未折叠蛋白质的构象势能最小化方法，通过消除侧链的原子电荷来模拟水溶液环境的屏蔽作用。通常，多肽链所采用的未折叠状态被认为是物理稳定的构型，这些结构的自由能/势能应是被最小化的。NVERE 算法运动轨迹较长的结构松弛算法对于模拟未折叠的蛋白质的较长链结构是非常合适的。至今理论学家已经发明了多种结构松弛算法方法（例如，共轭梯度法、Newton-Raphson、QM 和 FIRE 算法），这些算法能将分子系统的势能降低。但是，对于蛋白质折叠问题，这些算法通常不允许较长的分子动力学轨迹和通过较大的变形来搜索全局平衡状态，即这些势能最小化算法通常获得的是局域势能最小状态。NVERE 算法是一种简单利用 NVE 系综以非常快的速率获得分子系统静态平衡的方法。尤其是该方法能实现较长的分子动力学轨迹，找到很低的势能井的最低点并找到更稳定的结构平衡状态。在这项研究中，所有分子动力学模拟均以相同的时间步长进行（每个时间步长为 2 fs）。与普通的分子结构优化算法相比，NVERE 能够找到更稳定的平衡构型。使用 LAMMPS（大型原子/分子大规模并行模拟器）分子动力学仿真器和 CHARMM 力场进行仿真。使用 PyMOL 软件监测分子内氢键的形成，从而描述整个多肽中氢键分布和原子级分辨率。

4.4　蛋白质折叠问题的解决方案

本章提出了经典的“蛋白质折叠问题”的解决方案，利用分子动力学模拟手段、力学分析、液体磁共振技术和大数据分析技术，解析处在热力学亚稳态的未折叠蛋白质在水溶液环境和热载荷作用下的力学响应，综合分析未折叠蛋白质在水溶液环境和热运动载荷作用下的力学行为、失稳机理和折叠机理等，重点研究未折叠蛋白质中氨基酸残基侧链的阻尼作用、相邻残基侧链间的疏水作用和静电作用等对蛋白质折叠启动的影响，破解导致蛋白质精确折叠的力学机制，进而获得预测蛋白质折叠的氨基酸序列密码，并在此基础上开发基于牛顿力学的蛋白质天然结构预测算法，为系统解决蛋白质折叠问题奠定坚实基础。

本章旨在研究未折叠蛋白质的初始热力学亚稳态对蛋白质折叠过程的决定性作用，揭示蛋白质折叠机理并破解蛋白质折叠的规律。通过对蛋白质结构数据库(PDB)中的大量试验解析的蛋白质结构和相应的氨基酸序列进行力学规律研究，从而掌握相邻氨基酸残基侧链力学和物理性能差异导致未折叠蛋白质精确热振动失稳的能力和规律，并揭示控制蛋白质折叠的力学规律。为了深入研究蛋白质的折叠机理和折叠规律，具体研究内容包括以下几个方面。

1. 试验解析未折叠蛋白质的初始热力学亚稳态及失稳折叠过程

(1)磁共振试验解析未折叠蛋白质的初始热力学亚稳态。

未折叠蛋白质的初始热力学亚稳态的特征是主链上相邻的羰基氧原子和酰胺氢原子间的正负电吸引会导致相应的 C—O 键和 N—H 键趋于平行(图 4.1)。虽然 PDB 数据库中大量的蛋白质未折叠片段的结构都证明了未折叠蛋白质的热力学亚稳态的存在。但未折叠蛋白质的初始状态缺乏专门的试验研究。本研究通过盐酸胍溶液等变性剂获得未折叠的蛋白质结构，使用液体磁共振设备试验解析未折叠蛋白质的结构特征。磁共振方法能够在接近生理环境的水溶液状态下对蛋白质分子的动态结构进行解析和研究。通过对未折叠状态下的蛋白质结构进行磁共振解析，可以获得每个氨基酸残基的主链二面角 ψ 和 φ，进而获得未折叠蛋白质的热力学亚稳态的试验解析数据。通过在不同的温度环境下进行试验，获得 5～40 ℃的未折叠蛋白质的动态结构变化，获得温度驱动蛋白质折叠的直观证据。

(2)未折叠蛋白质初始热力学亚稳态的热振动分子动力学模拟。

首先，建立分子动力学模型，使用 CHARMM 势函数和 LAMMPS(Large-scale Atomic/Molecular Massively Parallel Simulator)分子动力学模拟器，模拟

研究在水溶液的屏蔽作用下未折叠蛋白质分子的结构状态，研究相邻肽平面间由于弱氢键连接导致的扭转载荷沿多肽链传递的热力学亚稳态的力学行为和失稳规律。构建各种类型的多肽链片段在亚稳态下的分子动力学模型，包括试验解析形成 α－螺旋、β－折叠、β－转角和弯曲等典型二级结构的多肽链片段的亚稳态模型。通过记录热载荷下多肽链片段的分子构型变化来描述特定氨基酸残基的失稳过程，总结多肽链片段在热载荷下精确失稳导致折叠的过程和诱因，并确认多肽链片段中每个氨基酸残基在触发特定氨基酸残基失稳的过程中起到的具体作用。通过对分子模拟结果的分析，总结导致蛋白质二级结构折叠产生的氨基酸序列排列和组合的规律，展示特定氨基酸残基侧链的物理性能对蛋白质二级结构折叠的决定性因素。

2. 基于残基侧链的力学性能、疏水作用、静电作用对氨基酸残基亲疏水性分类

氨基酸残基侧链的旋转阻力作为一项重要参数，对未折叠蛋白质在热环境下的失稳和折叠有很大影响。考虑到肽平面是刚性平面结构，在未折叠蛋白质的初始热力学亚稳态下，两个相邻肽平面的热振动不可避免地会引起它们之间侧链的振动，侧链的受迫振动是抑制肽平面热振动的阻尼。由于侧链的旋转阻力不同，未折叠蛋白质中不同肽平面的热振动幅度也不同。这使得热环境能够选择性地破坏某些氨基酸残基的亚稳态，从而启动蛋白质的精确折叠。较小的疏水残基侧链（如甘氨酸的侧链）在水溶液中转动阻力较小，意味着这些侧链对多肽链的热振动的阻尼作用很小，进而无法形成对多肽链的热振动的抑制作用。然而，在水溶液环境下，较长的亲水性侧链（如精氨酸的侧链）在水中的旋转阻力明显比较短的疏水性侧链（如甘氨酸的侧链）的旋转阻力大得多。这意味着具有长亲水性侧链的氨基酸残基的初始热力学亚稳态在热环境中应比具有短疏水性侧链的另一个氨基酸残基的初始热力学亚稳态稳定得多，因为较长的亲水性侧链提供了较大的旋转阻力，可提供给主链的 C═O 基团和 N—H 基团更大的阻尼力来抑制其热振动。显然，氨基酸残基侧链的旋转阻力可以通过其转动惯量和氨基酸的亲水指数来估计。因此，本研究深入研究残基侧链的旋转性能差异对未折叠蛋白质折叠启动的影响规律，从而发现天然蛋白质二级结构形成的相关力学机理。

相邻的氨基酸侧链发生静电作用，从而破坏这些氨基酸残基的初始热力学亚稳态，并启动蛋白质折叠。已发表的试验解析的蛋白质天然结构中存在大量的相邻的残基侧链间的静电作用的证据。本研究根据侧链带电的氨基酸的分类方法，通过将氨基侧链的带电性分类，有助于发现未折叠蛋白质相邻带电侧链之间的静电吸引和排斥导致的相邻侧链的运动协同作用及其对二级结构折叠启动的影响。

重要的二级结构 α－螺旋的形成可以被认为是多肽链片段同时经历扭转和

压缩过程导致的。疏水作用会促使多肽片段中的两个相邻疏水区域融合，从而提供了压缩载荷使多肽片段失去初始热力学亚稳态，且有助于形成短螺旋。氨基酸残基的亲疏水性差异会导致未折叠蛋白质的多肽链上形成多个相邻的不规则形状的疏水区域，多个疏水区域之间通过形成螺旋方式实现疏水蹋缩，将这些疏水区域融合。本研究主要阐述疏水氨基酸的精细分类方法，可为揭示形成 α—螺旋的疏水作用规律和氨基酸序列规律提供基础。

3. 导致折叠形成蛋白质二级结构的氨基酸序列密码

本研究将利用蛋白质结构数据库（PDB）中大量试验解析的蛋白质结构数据来破解和优化蛋白质折叠密码。通过氨基酸序列来准确预测蛋白质二级结构是解决蛋白质折叠问题的关键，本研究指出典型蛋白质二级结构的氨基酸序列排列规律，发现隐藏在氨基酸序列中的引起未折叠蛋白质失稳和折叠形成二级结构的要素及其组合规律，通过力学原理将这些规律总结成基于氨基酸分类的预测蛋白质二级结构的氨基酸序列密码。通过分析蛋白质二级结构预测密码中包含的残基侧链的旋转性能差异、亲疏水性差异和静电作用关系，进一步推测出更为广泛的二级结构预测密码。

利用 PDB 数据库中的大量蛋白质结构数据可以验证由力学规律推导出的蛋白质二级结构的物理折叠密码的准确率。本研究在 PBD 数据库中找出被验证的折叠密码的一些反例，通过大数据分析找出这些反例中导致折叠密码失效的原因，也就是确定折叠密码是受到相邻的哪些类型残基侧链的物理特性的影响导致折叠密码失效，通过大数据分析和力学分析总结出导致这些二级结构折叠密码失效的规律，进而优化和细化这些折叠码，使二级结构折叠密码的准确率不断提高。通过充分利用 PDB 数据库中的大量蛋白质结构数据进行数据挖掘和优化，实现编译的蛋白质二级结构预测密码可以准确预测 PDB 数据库中几乎所有的二级结构。

4. 基于氨基酸序列预测蛋白质三级结构的算法

目前，PDB 蛋白质结构数据库收录的蛋白质分子已经超过了 14 万个。这些数据库为使用人工智能算法解析预测蛋白质结构的密码提供了丰富的深度学习大数据，使得利用人工智能的方法结合牛顿力学来预测蛋白质三维结构成为可能。本研究利用试验测定的蛋白质二级结构中的疏水区域的形貌，通过人工智能算法将临近的疏水区域合并，逐步形成完整的疏水核心，获得蛋白质的三维结构。通过蛋白质的二级结构预测蛋白质的三级结构可以进一步揭示蛋白质天然折叠过程中疏水的作用规律。

第 5 章

蛋白质结构中的手性来源

本章从分子结构力学的角度诠释了蛋白质天然结构中的手性选择的物理机制，计算比较了不同手性 α—螺旋的结构势能；介绍了分子模拟揭示的 α—螺旋形成右手手性选择的过程和热力学亚稳态的决定性作用；最后介绍了蛋白质数据库中极少数的左手 α—螺旋的手性形成原因。

5.1　蛋白质折叠的手性问题

地球上存在许多对称的生物特征，构成了奇妙的生命对称形态和功能。人的双手拥有典型的“对称性”的特征，即左手和右手互为实物与镜像，彼此不能重合。学术界将这种实物与镜像不能重合的特征称为手性。手性（Chirality，源于希腊文“cheir”，手），又称对掌性，广泛存在于自然界中，在多种学科中表示一种重要的对称特点。这种特征在其他的生物特征中也普遍存在，例如，平均每十万个大海螺中会诞生一个“左旋螺”，其余的海螺都是右旋的。极为稀有的“左旋螺”曾被当作重要的佛教法器。手性及手性物质有两类：左手性和右手性，左手性用 L 表示，右手性用 D 表示。

一个手性分子与其镜像不重合，分子的手性通常是由不对称碳引起的，即一个碳上的 4 个基团互不相同，这导致众多的有机分子和化合物都具有手性特征，例如氨基酸。这些分子由于连接碳原子的基团的空间排列不同会形成相互镜像的两种分子结构，这类具有左、右手特征的分子通常称为手性分子，在有关分子概念的引用中也被称为对映异构体。

手性在生物学中尤为重要，所有已知的生命形式在化学结构以及宏观解剖、发育和行为方面均显示出特定的手性特性。在任何特定生物或其进化相关的集合中，单个化合物、器官或行为均以相同的单一对映体形式存在。可以在少量化合物、某些器官或行为中发现偏差（具有相反的形式），但该偏差严格取决于生物体的遗传组成。

构成生命体的有机分子中绝大多数都是手性分子，例如，组成生命最重要的生物大分子氨基酸和核酸都是手性分子。除甘氨酸不具有手性外，自然界中氨基酸有左手和右手两种对映异构体，如图 5.1 所示，而组成蛋白质的其他氨基酸几乎都是左手型的。天然糖类也有左手型和右手型之分，但是组成遗传物质脱氧核糖核酸（DNA）和核糖核酸（RNA）的核糖都是右手型。蛋白质和核酸的这一特性被称为分子的均一手性。

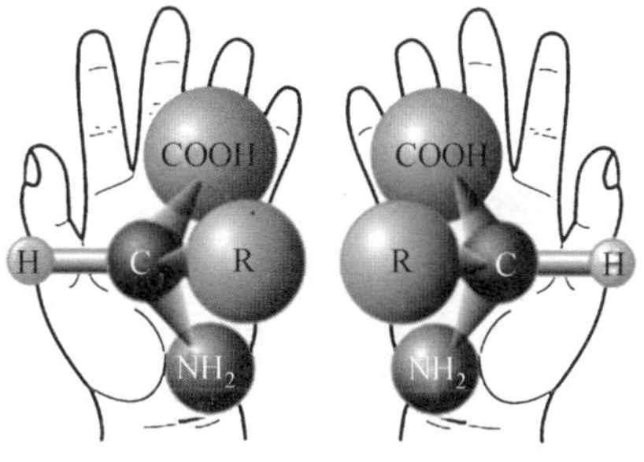

图 5.1　氨基酸的对映异构体

从化学水平（分子尺度）来看，生物系统在合成、吸收、传感和代谢过程中显示出特异性。生物体通常以完全不同的方式处理同一化合物的两种对映体。有时，当在生物体中发现一种化合物的两种对映异构体时，它们的气味和其他生物学作用会明显不同。例如，橙子中的柠檬烯（导致其气味）和柠檬中柠檬烯（导致其气味）由于人鼻中不同的生化相互作用而出现不同的气味。

同样，对于包括药物在内的手性人工化合物而言，两种对映异构体有时在生物学作用效果上也表现出显著差异。例如，右丙氧基苯是止痛药，而其对映异构体左丙氧基苯是止咳药。对于青霉素胺而言，L－异构体用于治疗原发性慢性关节炎，而D－异构体不仅无治疗作用，而且具有剧毒。同样，左旋萘普生是一种止痛药，但是其D－异构体会引起肾脏问题。

在植物界、动物界和所有其他生物体中都发现了手性的例子。一个简单的例子是任何攀缘植物的卷曲方向可以生长成左旋或右旋螺旋，但其中右旋螺旋占多数。腹足动物等生物在其盘绕的外壳中表现出手性，导致外观不对称。超过90％的腹足动物种类盘绕时具有右旋壳，但也有少数物种和属出现了左旋壳。手性也是人类的一种属性，这是由左右手之间精细运动技能的不均等分布所定义的。对于先天具有完全性内脏反位（Situs Inversus Totalis，SIT）的患者，如果需要肝脏或心脏移植，手性会带来一些问题，因为这些器官是手性的，因此，如果移植的是正常手性的器官，则需要重新排列供应这些器官的血管。

虽然手性对于地球上生物体至关重要，但是普遍存在和必须存在的生物手性均一（Biohomochirality），也就是自然界中的手性对称性破缺来源至今仍然是个谜。

蛋白质是生命的媒介，每种蛋白质的生物学功能都通过其独特的不对称三维形状来表达。因此，生物学中大规模不对称性很可能起源于分子尺度上蛋白质的结构不对称。就非对称性和手性而言，α－螺旋一直是最受关注的蛋白质二级结构。在α－螺旋中，平均每个螺旋周期包含3.6个氨基酸残基，残基侧链伸向外侧，同一肽链上的每个残基的酰胺氢原子和位于它后面的第4个残基上的羰基氧原子之间形成氢键，N－O距离是2.8 Å，这种氢键大致与螺旋轴平行。作为最常见的二级结构，α－螺旋在蛋白质生物学功能的发展中起着至关重要的作用。例如，α－螺旋在DNA结合中特别重要，这是因为α－螺旋可以轻松地定位一对相互作用的表面，以接触双螺旋DNA中常见的对称重复序列。α－螺旋也是跨生物膜（跨膜蛋白）的最常见蛋白质结构单元。由于螺旋结构可以在内部满足所有主链氢键，如果侧链是疏水的，则没有极性基团暴露在膜外。α－螺旋几乎完全是右手螺旋，而左手α－螺旋在自然界中很少见。有趣的是，α－螺旋应该是自然界中表现出右手手性偏好的最小生物结构。除此之外，还有少量其他右手性的蛋白质螺旋二级结构，例如，3_{10}－螺旋和π－螺旋。尽管自然界中左手α－螺旋仅占一小部分，但它在蛋白质的结构功能中也起着重要作用。例如，带有异常骨架构型的左手螺旋残基的片段通常出现在配体结合位点、蛋白质与蛋白质界面或其他功能位点。

然而，尽管有当今最先进的试验技术，但尚不清楚是什么决定了蛋白质折叠过程中 α一螺旋的手性。当前，该领域中普遍接受的假设认为右旋 α一螺旋比左旋 α一螺旋更稳定，即认为由 L一氨基酸组成的 α一螺旋在能量上右手构型比左手构型上更有利。但是，并没有试验或者计算的相关文献显示右手 α一螺旋在能量上比左手 α一螺旋更低。除此之外，试验证据表明许多部分未折叠蛋白质没有任何有序的二级结构，表明蛋白质的天然结构很可能不是总体上能量最稳定的状态。因此，很难解释蛋白质折叠是如何同时以右旋手性追求 α一螺旋的极端稳定性并放弃未折叠结构的稳定性的。这些部分未折叠蛋白质的折叠不能像漏斗假说那样简单地视为自由能最小化。所以，很可能是一种未被发现的机制控制了 α一螺旋的手性，从而使未折叠的蛋白质避免折叠成具有错误手性的螺旋。

蛋白质的三维结构是由其一级结构，也就是氨基酸的序列所确定的，Anfinsen 通过对蛋白质的 unfolding 和 refolding 过程的研究得出了这一重要结论并获得了 1972 年诺贝尔化学奖。蛋白质从一级结构折叠形成三维结构的过程称为"Protein folding"，蛋白质折叠首先导致二级结构的形成，进而在蛋白质的二级结构基础上通过折叠形成具有生物活性的三维结构。本研究发现，未折叠的蛋白质应该存在一种由水分子屏蔽效应引起的未折叠蛋白质的普遍初始热力学亚稳态（UITMS），该亚稳态的存在是水溶液环境中水分子的物理性质决定的，并赋予未折叠蛋白质抵抗热扰动和避免错误折叠的能力，有望以牛顿力学为基础解决蛋白质折叠问题。UITMS 源于从水分子对亲水性侧链（水合层）的屏蔽作用。未折叠蛋白质的 UITMS 的特征是相邻肽平面的 N—H 基团和 C═O 基团之间存在氢键，从而为未折叠蛋白质提供了弯曲和扭转抗性，限制了热运动并避免了无限可能的错误折叠配置。基于 UITMS 的蛋白质折叠理论很好地解释了为什么蛋白质折叠仅在水性环境中发生，为什么折叠速率高度依赖于温度和 Leventhal 佯谬。牛顿力学的一些原理已成功地用于预测特定氨基酸的 UITMS 的断裂（蛋白质折叠），这被认为是蛋白质二级结构预测的物理折叠机制和密码。UITMS 的相邻肽平面之间的静电键合意味着 α一螺旋的形成可以看作是一段未折叠蛋白质的收缩过程和旋转过程。因此，基于 UITMS 理论，很可能对自然界中 α一螺旋的手性选择性做出科学而完整的解释。

在本章中，首先通过比较右手 α一螺旋和其镜像左手 α一螺旋的势能，检验了 α一螺旋右手构象比左手构象在能量上更有利的假设。通过分子动力学（MD）方法模拟了 α一螺旋的折叠过程，揭示了 α一螺旋折叠过程中的中间状态和折叠驱动力。由于侧链原子和主链羰基部分之间的空间位阻，这个中间状态主导着 α一螺旋的折叠过程，并阻止了大多数 α一螺旋左手性的选择。

5.2 不同手性α-螺旋能量比较

首先,通过比较右手α—螺旋和其镜像左手α—螺旋的最小势能,检验了α—螺旋在右手构象比左手构象在能量上更有利的假设。针对PDB数据库中试验确定的蛋白质结构2N2U,选取其中处在α—螺旋的多肽链片段(残基10～23)和其镜像的左手α—螺旋作为模拟对象,计算其最小化势能。势能最小化采用NVERE方法进行,NVERE势能最小化方法可以利用NVE系综的动能和势能相互转化但是总能量不变的特点,通过不断抽取系统中的动能来迅速有效地实现结构的力学平衡状态。相比其他势能最小化方法,NVERE方法可以使分子模型更快和更精确地找到势能最小的状态。

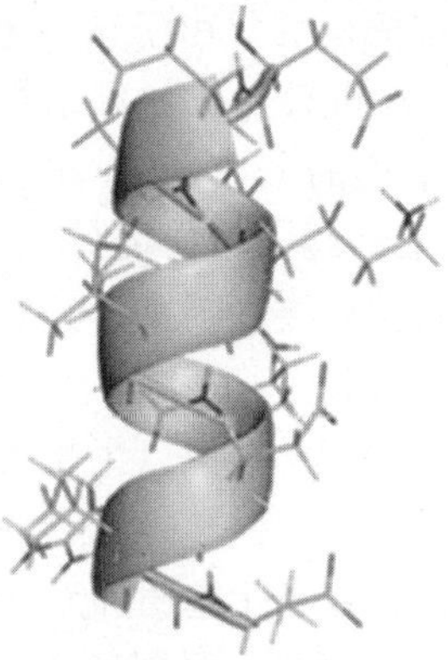

(a) 右手型α-螺旋

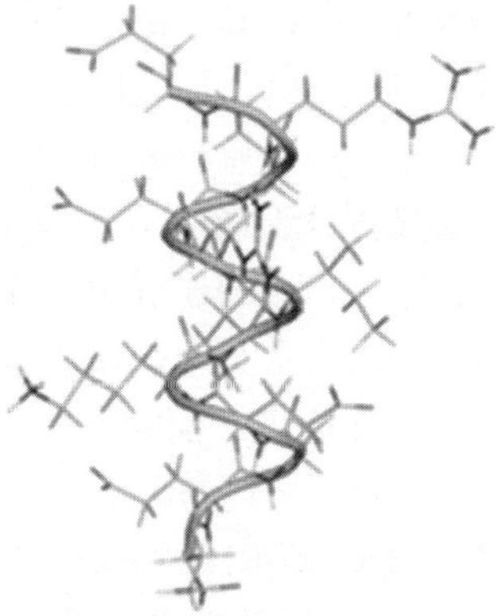

(b) 左手型α-螺旋

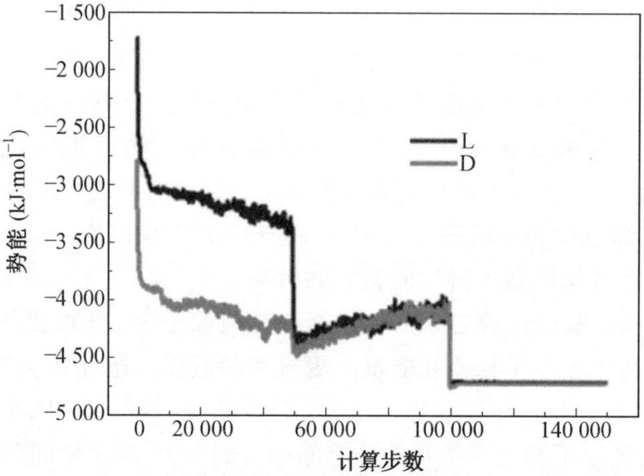

(c) 不同手性螺旋势能变化

图5.2 右手α—螺旋和镜像左手α—螺旋势能计算(见彩图)

如图 5.2 所示，右手 α—螺旋和其镜像左手 α—螺旋的最小势能差别很小（右手 α—螺旋最小化势能为 —4 892.88 kJ/mol，左手 α—螺旋最小化势能为 —4 879.41 kJ/mol）。此外，按照同样的方法，本研究从 PDB 数据库中随机选取了其他 10 个试验确定的右旋 α—螺旋，建立了 10 个镜像左旋 α—螺旋的分子模型进行了势能最小化计算。仿真结果表明，大约 50%的左旋 α—螺旋的势能低于其镜像的右旋 α—螺旋的势能。该结果与以下假设相矛盾：右手构型的 α—螺旋在能量上比左手构型更有利。因此，α—螺旋的形成不能简单地归因于随机热运动导致的分子的结构自由能朝着具有最小势能的右手性手性方向下降。

5.3　α—螺旋形成的 MD 模拟

基于 UITMS 理论，短螺旋的形成可以被认为是 UITMS 的多肽片段的收缩和旋转过程。通过 MD 模拟 UITMS 未折叠蛋片段的受压过程，很容易模拟 α—螺旋的折叠过程。当几个疏水性氨基酸通过链的形式连接在一起时，由于它们的强疏水性，会形成这些氨基酸的几个不规则形状的疏水性区域。在水环境中的熵的作用下，不规则形状的疏水区域承受压缩载荷（疏水相互作用），导致它们塌缩合并为整体形状，也就是说，相邻侧链之间的疏水性相互作用最有可能促进 α—螺旋的形成。丙氨酸、缬氨酸、亮氨酸、异亮氨酸和苯丙氨酸由于它们的短侧链和强疏水性而可以归类为疏水残基（H_o）。精氨酸、赖氨酸、谷氨酰胺、谷氨酸、组氨酸、天冬酰胺、天冬氨酸、丝氨酸和苏氨酸由于其亲水性侧链可归为亲水性（H_y）。为了证明疏水相互作用诱导的 α—螺旋折叠机制的存在，本研究从 PDB 数据库中选取了所有 1 000 个氨基酸序列长度为 7 到 9 个的短 α—螺旋。结果发现，约 70%短 α—螺旋中的 H_o 大于 50%。α—螺旋中高占比的 H_o 表明，疏水相互作用诱导的 α—螺旋折叠机制广泛存在。使用从 PDB 数据库中随机选择的 200 个小蛋白结果中识别出 5 个连续的 $H_o-H_o-H_y-H_o-H_o-H_o-H_o-H_o$ 的 200 个编码，发现这些编码中约有 94%存在于螺旋中。

本研究在 300 K、NVT 系综下模拟了带有 UITMS 的多肽片段在压缩作用下的塌缩过程，如图 5.3 所示。仿真结果表明，未折叠的蛋白质片段逐渐折叠成右旋 α—螺旋。值得注意的是，未折叠的蛋白质片段在形成 α—螺旋之前进入了另一个中间状态——压缩诱导的中间状态（The Compression—induced Intermediate State，CIIS）。CIIS 的特征是每个肽平面通过主链的 C ═O 基团和 H—N 基团之间的氢键与每个其他肽平面进行氢键键合。实际上，CIIS 决定了蛋白质折叠过程中 α—螺旋的手性选择性，因为空间位阻发生在羰基氧和相邻残基侧链的第一个碳之间。也就是说，CIIS 中未折叠蛋白质片段的进一步收缩只能导致右旋手性 α—螺旋的形成。

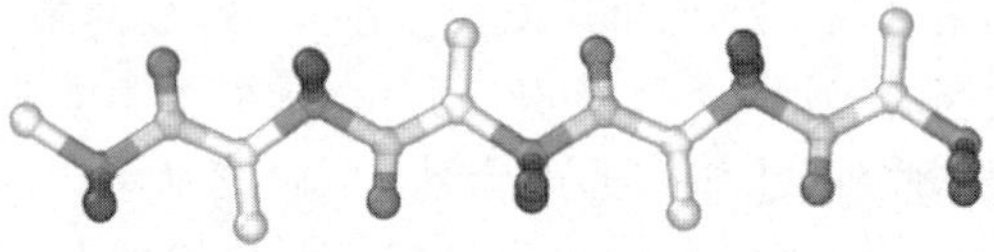

(a) UITMS

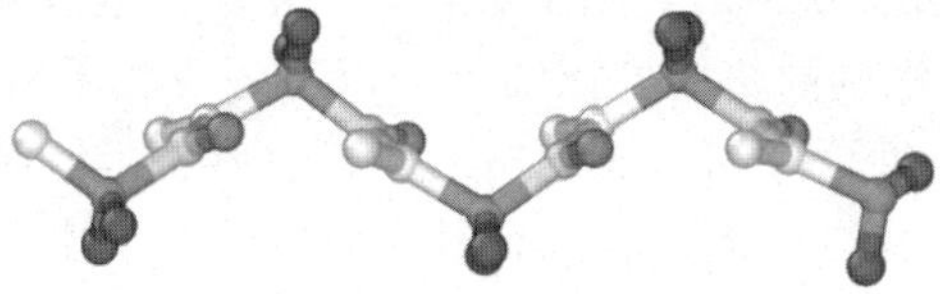

(b) CIIS

图 5.3　UITMS 多肽片段在压缩作用下的塌缩过程

5.4　蛋白质数据库中左手螺旋搜索

甘氨酸(G)的侧链是氢原子,因此甘氨酸的侧链空间位阻可以忽略不计。当含有甘氨酸的多肽片段进入甘氨酸时,甘氨酸的肽平面可以朝两侧旋转。为了验证这一观点,本研究利用分子动力学模拟的方法计算处在第一亚稳态的蛋白质片段在水环境中的振动情况。利用 Lammps 分子动力学软件,在 NVT 系综下使得水分子屏蔽下的亚稳态多肽片段在一定温度下振动,得到片段在热振动下的失稳过程与失稳机理。在模拟中,利用 Lammps 软件计算得到每个氨基酸残基的主链二面角 ψ 和 φ 并输出,从而根据主链二面角的变化来判断多肽片段的失稳。计算结果显示,G 的振幅远远大于其他氨基酸,且在 300 K 环境下,只有 G 逃离了第一亚稳态,未折叠蛋白质中氨基酸肽平面热振动模拟如图 5.4 所示。

这意味着甘氨酸极有可能导致左旋 α—螺旋的形成。为了验证这一假设,对 PDB 数据库中现有的左手 α—螺旋进行了搜索和分析。在这里,左手 α—螺旋定义为至少连续 4 个氨基酸满足 PHI 键角在 30°～130°且 PSI 键角在－50°～150°。利用 Python 编写程序对 PDB 数据库中现有的 145 000 种蛋白质结构进行搜索分析,结果发现总共约有 3 000 例左手螺旋(表 5.1)。

可以看出,所有这些左手 α—螺旋都是非常短的螺旋,仅包含 4 或 5 个氨基酸残基。但是,这些左旋 α—螺旋中约 50%含有至少 2 个 G 残基。而残基 G 只有一个 H 原子,同样具有较低的空间位阻、较短的侧链和强疏水性,这些短左旋 α—螺旋中约 20%含有一个 G 残基和至少一个 H_α 原子。这意味着低位阻的 G 和 H_α 原子应是左旋 α—螺旋形成的重要原因。

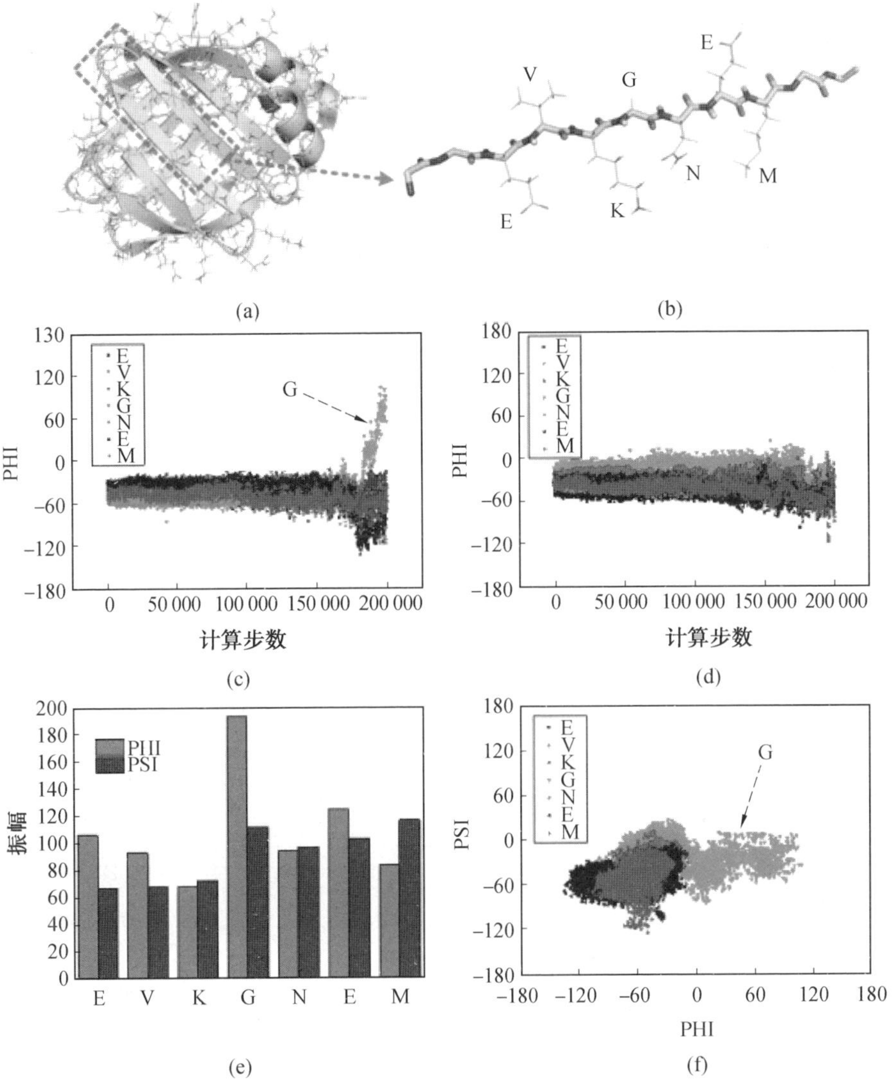

图 5.4　未折叠蛋白质中氨基酸肽平面热振动模拟(见彩图)

表 5.1　PDB 数据库中左手 α一螺旋

PDB 编码	链标识	残基	序列
1EPV	ChainA	40～44	ANAYG
1EPV	ChainB	40～44	ANAYG
1AS7	ChainA	105～108	ALGG
1AS7	ChainC	105～108	ALGG

续表 5.1

PDB 编码	链标识	残基	序列
1DC2	ChainA	142～145	HARI
1J9Q	ChainA	105～108	ALGG
1J9Q	ChainB	105～108	ALGG
1J9Q	ChainC	105～108	ALGG
1H9C	ChainA	101～104	KKAA
1HXX	ChainA	143～146	NFFG
1CLB	ChainA	40～43	LKGG
1H21	ChainA	77～81	GGISD
1H21	ChainB	77～81	GGISD
1H21	ChainC	77～81	GGISD
1H21	ChainD	77～81	GGISD
1FJV	ChainA	226～229	DNGG
1COU	ChainA	16～20	GSKEC
1I2M	ChainD	214～217	RGGR
1FTX	ChainA	40～44	ANAYG
1FTX	ChainB	40～44	ANAYG
1CKY	ChainA	16～19	DEYR
1CKY	ChainA	16～20	DEYRY
1CKY	ChainA	14～20	SYDEYRY
1GFP	ChainA	143～146	NFFG
1F0R	ChainB	5～8	DNGD
1HJ7	ChainA	300～303	NNGG
1HJ7	ChainA	300～303	NNGG
1HJ7	ChainA	300～303	NNGG
1HJ7	ChainA	300～303	NNGG
1HJ7	ChainA	300～303	NNGG
1HJ7	ChainA	300～303	NNGG
1HJ7	ChainA	300～303	NNGG

续表 5.1

PDB 编码	链标识	残基	序列
1HJ7	ChainA	300～303	NNGG
1HJ7	ChainA	300～303	NNGG
1AUT	ChainL	101～104	DNGG
1GFM	ChainA	143～146	NFFG
1CVW	ChainL	94～97	ENGG
1HAW	ChainA	99～102	ALGG
1JBU	ChainL	94～97	ENGG
1ESP	ChainA	227～230	DNGG
1GXW	ChainA	226～229	DNGG
1B9W	ChainA	52～55	KNGG
1DL6	ChainA	52～55	WRTF
1FZT	ChainA	113～116	AEQV
1EGF	ChainA	44～55	SSYDG
1HPH	ChainA	44～49	LGKH
1FGG	ChainA	298～301	AANC
1FGG	ChainB	298～301	AANC

总之，自然界蛋白质 α—螺旋绝大部分为右手螺旋并不是因为右手螺旋比左手螺旋的能量更低，因此蛋白质手性并不是来源于最终构象的能量，而是来源于蛋白质折叠之前的初始状态，也就是相邻肽平面趋于平行的第一亚稳态结构(UITMS)。根据 UITMS 理论，由于在侧链原子和主链羰基部分之间的空间位阻，α—螺旋的折叠过程不可避免地导致带有 UITMS 的多肽片段进入 CIIS，这使大多数 α—螺旋的折叠过程避免了左手手性。当具有 CIIS 的多肽片段时，除 G 以外的氨基酸的肽平面倾向于在 PHI 增加的方向上振动，即在形成右手螺旋的方向上振动。因为 G 所在的肽平面并不具有振动倾向性，所以当含有 G 的序列在压缩作用下失去第一亚稳态形成螺旋时，可以形成左手螺旋，也可以形成右手螺旋，这与数据库中绝大部分左手螺旋都含有 G 且含 G 的相同序列并不总是形成左手螺旋这一结论相吻合。因此，左手性 α—螺旋的形成主要归因于甘氨酸侧链的可忽略的空间位阻。

第6章

蛋白质螺旋结构的密码及生物进化初探

本章基于蛋白质螺旋结构的折叠密码探索了生物进化在蛋白质分子结构密码层面的规律，从未折叠蛋白质的普遍初始热力学亚稳态出发，提出一种准确预测螺旋结构的方法，得到一整套启动蛋白质螺旋结构的密码，随后分析隐藏在蛋白质螺旋结构氨基酸序列中的生物进化密码。

6.1　α－螺旋结构简介

在结构生物学和生物化学中，蛋白质二级结构是其三维结构的有规则重复的局部区域蛋白质，两个最常见的二级结构元素是 α－螺旋和 β－折叠，具有这两种二级结构的氨基酸残基占蛋白质氨基酸残基总数的 50%，二级结构元素通常在蛋白质折叠成其三维结构之前作为中间体形成，并且激光温度跳跃技术试验表明，蛋白质折叠首先导致二级结构的形成，而三级结构是通过二级结构的折叠向疏水核的形成而形成的，最后折叠为具有生物学功能的蛋白质。除 α－螺旋和 β－折叠两种结构外，蛋白质还具有一些其他的二级结构，例如：螺旋结构除 α－螺旋外，还有 π－螺旋、3_{10}－螺旋、左手螺旋和 PPII 螺旋；还存在转角和无规则卷曲结构，它们在蛋白质中起着连接规则元素的作用。

3_{10}－螺旋、α－螺旋、π－螺旋分别是形成连续的$(i,i+3)$、$(i,i+4)$、$(i,i+5)$氢键模式，绝大多数蛋白质中的螺旋均为右手螺旋，即采用右手拇指指向螺旋轴延伸方向，氨基酸残基的 Cα 原子的起向为其余四指的方向，因为左手螺旋的数量远远少于右手螺旋，所以本章在没有特别说明的情况下，螺旋均为右手螺旋。在三种螺旋结构中，α－螺旋是最极端、最可预测的，也是普遍的螺旋结构，α－螺旋也称为经典的 Pauling－Corcy－Branson α－螺旋，同时也被称为 3.6_{13} 螺旋，即表示每个螺旋圈的平均残基数为 3.6，且 13 个原子参与氢键形成的环，典型的 α－螺旋结构如图 6.1 所示。1951 年，莱纳斯·鲍林(Linus Pauling)向美国国家科学院院刊提交了一篇题为《蛋白质的结构：多肽链的两个氢键合螺旋构型》的论文，这篇论文可以被视为 20 世纪科学的一个里程碑：提出的结构之一便是 α－螺旋(图 6.2)，它的提出是第一个并且仍然是分子生物学中推测模型建立的最大胜利之一。1954 年，鲍林因《对化学键的性质及其在阐明复杂物质结构中的应用的研究》而获得了第一届诺贝尔奖。α－螺旋的提出揭开了蛋白质结构的神秘面纱，开启了人们研究和预测蛋白质结构的大门。

蛋白质的许多生物学功能均由 α－螺旋结构体现，例如：与 DNA 的结合，α－螺旋在 DNA 结合基序中特别重要，包括螺旋－转角－螺旋基序、亮氨酸拉链基序和锌指基序。这是基于螺旋方便的结构事实，即 α－螺旋的直径约为 12 Å (1.2 nm)，其中包括平均一组侧链，大约与 B 型 DNA 中的主要凹槽的宽度相同，并且还因为螺旋的卷曲螺旋(或亮氨酸拉链)二聚体可以很容易地定位一对相互作用表面，以接触双螺旋 DNA 中常见的对称重复序列；跨膜运输功能，也是 α－螺旋穿越生物膜的最常见的蛋白质结构元素(跨膜蛋白)，推测是因为螺旋结构可以在内部满足所有主链氢键，如果侧链是疏水的，则没有极性基团暴露于膜下。蛋白质有时由单个跨膜的螺旋锚定，有时由一对锚定，有时由螺旋束锚定。

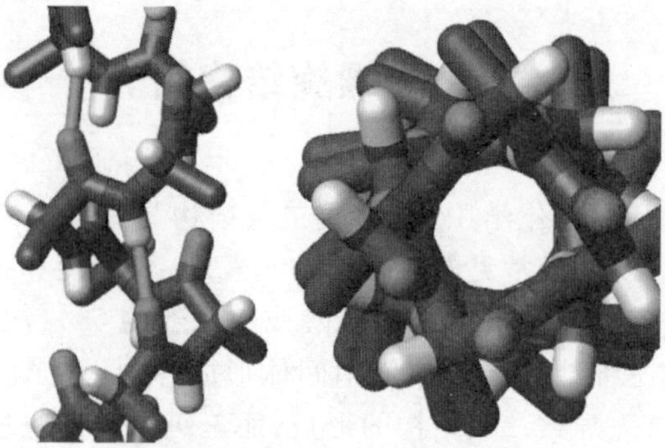

图 6.1　典型的 α－螺旋结构

图 6.2　Linus Pauling 与 α－螺旋模型

由于 α－螺旋在诸多生命活动中的重要作用，分析蛋白质 α－螺旋结构的成型机理和预测蛋白质 α－螺旋结构的形成过程就显得尤为重要。以疯牛病为例，其根源在于蛋白质错误折叠，本应形成螺旋结构的氨基酸片段被错误展开，导致了此蛋白质失去了原来的生物学功能。因此，分析和准确预测螺旋结构是一项迫切需要解决的难题，本章从普遍初始热力学亚稳态出发，提出一种准确预测螺旋结构生成的方法，得到一整套启动蛋白质螺旋结构的密码，随后分析隐藏在蛋白质螺旋结构中的生物进化密码。

6.2　基于 UITMS 的螺旋结构预测

6.2.1　螺旋结构的内在力学机理

前几章介绍了在 UITMS 理论的基础上，利用结构动力学原理，精确地预测导致蛋白质氨基酸序列特定位置产生折叠的密码，使蛋白质逃逸出普遍初始热力学亚稳态，通过基于牛顿力学的蛋白质序列中特定氨基酸 UITMS 的失效机制来破译蛋白质螺旋结构的折叠密码。

根据普遍初始热力学亚稳态可知，未折叠的蛋白质最初处在一种相邻的肽平面保持平行的状态来避免其发生错误折叠，那么如何使这样一段相邻的肽平面保持平行的状态脱离热力学亚稳态从而产生螺旋结构？其内在的力学机理便是这一氨基酸片段受到压缩和扭转作用，从而产生类似的螺旋结构，所以 α－螺旋的产生过程可以看作是处于亚稳态的 4 个或 5 个相邻的氨基酸残基既经历了收缩过程又经历了扭转过程产生的。收缩过程很可能是由相邻的疏水性侧链之间的疏水性相互作用驱动的，丙氨酸(A)、缬氨酸(V)、亮氨酸(L)、异亮氨酸(I)和苯丙氨酸(F)由于其短的侧链和较强的疏水性而归为具有较弱的旋转阻力且较强疏水性的一类氨基酸，用 R_{vw} 表示，蛋氨酸(M)和色氨酸(W)由于其长的侧链和较强的疏水性而归为具有较强的旋转阻力且较强疏水性质的一类氨基酸，用 H_o 表示。酪氨酸(Y)和半胱氨酸(C)同样也具有疏水性质，但其疏水作用不强，偶尔作为疏水残基参与疏水作用，特别是半胱氨酸，其在蛋白质三维结构生成时，有可能和空间其他的半胱氨酸之间形成二硫键，二硫键是比较稳定的共价键，在蛋白质分子中，起着稳定肽链空间结构的作用。二硫键数目越多，蛋白质分子对抗外界因素影响的稳定性就越大。同时，二硫键也有助于维持螺旋的稳定性，所以在预测蛋白质螺旋结构的密码时，酪氨酸和半胱氨酸要具体问题具体分析。侧链中相邻的 R_{vw} 和 H_o 之间的疏水相互作用最有可能导致 UITMS 多肽片段的收缩过程。精氨酸(R)、赖氨酸(K)、谷氨酰胺(Q)、谷氨酸(E)、组氨酸(H)、天冬酰胺(N)、天冬氨酸(D)、丝氨酸(S)和苏氨酸(T)由于其亲水性侧链可归为具有亲水性质的一类氨基酸，用 H_y 表示。这些亲水氨基酸的存在使它们能够分隔由相邻的疏水性侧链形成的疏水性区域。当多个 R_{vw} 在链中彼此相邻时，由于熵的作用，这两个疏水区域存在使其塌缩合并的疏水作用力，疏水作用力和侧链热振动配合也很可能破坏这几个氨基酸的亚稳态，而这些疏水性侧链在水中形成的疏水性区域会趋向于合并在一起以形成更大的球状疏水性区域，如图 6.3 所示。这是由疏水性相互作用和弱的旋转阻力引起的，从而使解折叠的蛋白质折叠成短螺旋(即屈曲不稳定性)，为生成更长的螺旋结构提供了可能。例如，如果发现“疏－亲－亲－疏－疏”5 个氨基酸所组成的折叠码广泛存在蛋白质结构的 α－螺旋中，就可以确定其为蛋白质螺旋结构的物理折叠密码，本研究共查找了 200 个这样的折叠密码，发现在未加任何限定条件下，大约有 84%的折叠密码存在于 α－螺旋中，这也证明了疏水作用对于蛋白质螺旋结构产生的必要性。

在具有亲水性质 H_y 的 9 种氨基酸中，带强电荷侧链的 6 个氨基酸可分为两类：强负电(N_e)和强正电(P_o)。N_e 类别包含天冬氨酸(D)、谷氨酸(E)和天冬酰

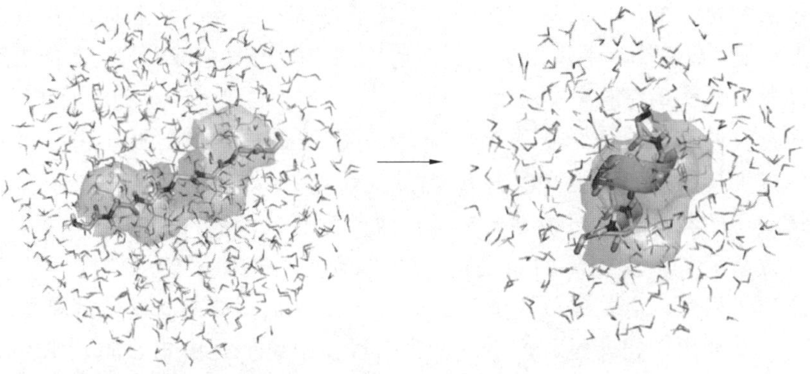

图 6.3　疏水相互作用诱导的 α－螺旋的形成

胺(N),具有带负电荷的侧链。P_o 类别包含精氨酸(R)、组氨酸(H)和赖氨酸(K),它们具有带正电荷的侧链,而谷氨酰胺(Q)、丝氨酸(S)和苏氨酸(T)因所带负电荷非常弱,所以将其单独分类,谷氨酰胺由于其端部同时带正电荷和负电荷,故将其单独列为一类,而丝氨酸和苏氨酸由于其电负性非常弱,在螺旋形成过程中很少能够与强负电和强正电类的氨基酸发生静电吸引或静电排斥作用,但其有时能受到周围疏水氨基酸的诱导,使其能被包围在疏水氨基酸所产生的疏水区域中,从而启动螺旋。

根据普遍初始热力学业稳态理论,热振动应该能够在具有 UITMS 的多肽片段中的相邻带电侧链之间引发一定的静电吸引和排斥,从而启动该片段的螺旋过程并破坏这些残基的 UITMS。例如,当将 P_o 氨基酸和 N_e 氨基酸顺序编码在一起时,R－D 组合,氨基酸残基的两个侧链彼此吸引,这可能导致它们的旋转而破坏两个氨基酸残基的亚稳态。本研究在 20 000 种蛋白质中鉴定出 32 023 个 $P_o－N_e$ 编码,发现转弯处或螺旋处有 28 669 个 $P_o－N_e$ 编码存在,数量约占 $P_o－N_e$ 编码总数的 90%,所以主链的静电吸引诱导的螺旋过程最有可能导致蛋白质折叠过程中的 α－螺旋形成。

当两个 P_o 氨基酸按顺序编码在一起($P_o－P_o$)时,相邻的带电荷侧链之间的排斥力很可能会导致当旋转波通过它们时侧链同步旋转,从而导致两个氨基酸结合在一起并使旋转阻力加倍。因此,可以将 $P_o－P_o$ 视为具有超强旋转阻力的特征。当 $P_o－P_o$ 码与多个 R_{vw} 相邻时,R_{vw} 的旋转阻力明显低于 $P_o－P_o$。R_{vw} 的热振动幅度显然大于相邻的 $P_o－P_o$ 氨基酸的幅度,有可能导致破坏 R_{vw} 的 C ═O和 N—H 之间的静电吸引。因此,当 $P_o－P_o$ 码与多个 R_{vw} 相邻时,很可能通过形成主链的螺旋过程来促进 α－螺旋的形成。

此外,当 3 个带正电荷的残基(例如,$P_o－P_o－P_o$)在未折叠的蛋白质链中连接在一起时,3 个带正电荷的侧链之间的排斥可能导致链的螺旋过程。本研究在

PDB 库中随机选取 20 000 种蛋白质中鉴定出 7 723 个 $P_o-P_o-P_o$ 编码(例如，$R-R-R$)，发现转弯处或螺旋处有 7 333 个 $P_o-P_o-P_o$ 编码存在，数量约占 $P_o-P_o-P_o$ 编码总数的 95%。同样，$N_e-N_e-N_e$ 的序列也可以被认为是导致链条扭转运动的代码。在 20 000 种蛋白质中鉴定出 11 409 个 $N_e-N_e-N_e$ 编码(例如，$D-D-D$)，发现转折或螺旋处有 11 167 个 $N_e-N_e-N_e$ 编码存在，数量约占 $N_e-N_e-N_e$ 编码总数的 98%。因此，$P_o-P_o-P_o$ 和 $N_e-N_e-N_e$ 最有可能被认为是主链扭转运动的两个编码，它们有助于 α－螺旋的形成。

当 P_o 氨基酸和 N_e 氨基酸彼此相邻编码时，在它们之间依次具有 2 个或 3 个残基(P_o－残基－残基－N_e 或者 P_o－残基－残基－残基－N_e)，当 P_o 氨基酸和 N_e 氨基酸中间隔有 2 个氨基酸残基时，根据 UITMS，在扭转波沿着主链传递的过程中，P_o 和 N_e 会产生远程静电力吸引，由于 P_o 和 N_e 分别处于主链的两侧，还会对“P_o－残基－残基－N_e”这段氨基酸序列产生扭转作用；当 P_o 氨基酸和 N_e 氨基酸中间隔有 3 个氨基酸残基时，此时两条侧链处在主链的同一侧并且相互吸引，这也可能导致主链的扭转运动，所以远程静电吸引最有可能通过使失去平行分布状态的氨基酸片段收缩来促进第一个螺旋的形成，如图 6.4 所示，并且能够远程静电力吸引距离的极限为 3 个氨基酸残基，即 P_o 和 N_e 之间最多存在 3 个氨基酸残基。

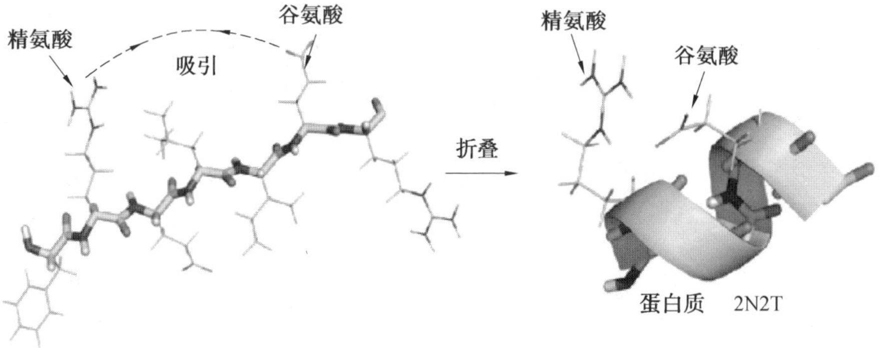

图 6.4　远程静电吸引诱导的 α－螺旋的形成

研究发现，在 20 种氨基酸中，存在 2 个极为特殊的氨基酸，脯氨酸(P)和甘氨酸(G)，脯氨酸不具有普遍初始热力学亚稳态，因为脯氨酸不包含 N—H 基团，该基团导致主链中的两个单键可旋转，这可能导致主链产生屈曲，使得脯氨酸会带动相邻一个或两个氨基酸残基一同发生折叠，这也是诱导氨基酸片段生成螺旋和转弯的原因之一。在所有的氨基酸残基中，甘氨酸则具有 UITMS 最低的热稳定性，因为 G 的疏水性侧链(氢原子)太小，无法有效抑制 C ═O 基团和 N—H 基团，所以甘氨酸也是仅次于脯氨酸之外最容易失稳的氨基酸，同时甘氨酸(G)

有时也能起到疏水作用，不过其疏水性能要低于 R_{vw} 和 H_o。因此，在预测蛋白质螺旋结构密码时，可以将脯氨酸和甘氨酸设想为两个有助于 α－螺旋形成的主链屈曲的代码，可以导致主链失稳并触发扭转。

20 种氨基酸已按照其形成螺旋结构时所扮演的角色进行了分类，另外，还需要知道 20 种氨基酸的一个比较重要的物理量——转动惯量，因为转动惯量在旋转动力学中的角色相当于线性动力学中的动能，可理解为一个物体对于旋转运动的惯性，可用于建立角动量、角速度、力矩和角加速度等数个量之间的关系。转动惯量是刚体绕轴转动时惯性的量度，且只决定于刚体的形状、质量分布和转轴的位置，而与刚体绕轴的转动状态（如角速度的大小）无关。当然，把转动惯量一词用于蛋白质结构的普遍初始热力学亚稳态可能不是很准确，但转动惯量应用于刚体各种运动的动力学计算并且根据 UITMS 可知，蛋白质氨基酸序列折叠问题的本质可视为结构动力学问题，所以引入转动惯量这一概念可更加直观地表示 20 种氨基酸的抗扭强度。但蛋白质的正确折叠只发生在水性环境中，所以水分子与氨基酸序列亲水性侧链的相互作用也需要考虑。显然，水中长的亲水性侧链（如精氨酸）的抗扭强度应比短的疏水性侧链（如甘氨酸）的抗扭强度大得多，因为长侧链绕骨架轴线的转动惯量远大于短氨基酸的转动惯量。在水性环境中，亲水性侧链与周围水分子之间的氢键可显著增加侧链的旋转阻力。注意：亲水性侧链通常是与水合层以氢键形式键合。因此，亲水性侧链的旋转阻力应大于疏水性侧链的旋转阻力。如表 6.1 所示，可以通过其旋转惯量和氨基酸的亲水指数来评估侧链的旋转阻力性能，其中 20 个氨基酸根据其旋转阻力分为五类如强抗性（R_s）、中抗性（R_m）、弱抗性（R_w）、甘氨酸（G）和脯氨酸（P）。值得注意的是，R_w 类别中的所有氨基酸都是疏水性的，并且其中丙氨酸（A）、缬氨酸（V）、亮氨酸（L）、异亮氨酸（I）和半胱氨酸（C）具有较低的惯性矩。

表 6.1　20 种氨基酸侧链的旋转阻力

氨基酸	转动惯量/Å^2	亲水指数	分组
R	3 278.58	−2.5	R_s
K	1 613.13	−1.5	
Q	1 308.01	−0.85	
E	1 277.22	−0.74	
H	1 387.18	−0.40	
N	591.66	−0.78	
D	599.73	−0.90	

续表 6.1

氨基酸	转动惯量/$Å^2$	亲水指数	分组
T	364.59	−0.05	R_m
S	198.17	−0.18	
Y	1 944.75	0.26	R_w
W	2 779.20	0.81	
C	406.95	0.29	
M	1 379.63	0.64	
F	1 308.47	1.2	
L	712.65	1.1	
A	76.53	0.62	
V	360.45	1.1	
I	641.86	1.4	
G	2.93	0.48	—
P	161.06	0.12	—

6.2.2　几种典型的螺旋结构的物理折叠密码

由 UITMS 可知，蛋白质螺旋结构形成的力学三要素分别为：扭转、压缩和失稳，只要同时满足这三个力学条件，便可得出蛋白质螺旋结构的启动密码，所以蛋白质螺旋结构的物理折叠密码无外乎是上述几类氨基酸之间的疏水作用、静电吸引和排斥以及远程静电力吸引的多种排列组合。当多肽片段在其残基序列中同时具有扭转运动编码和收缩编码时，可以认为该片段最有可能折叠成螺旋。通过分析 PDB 中的蛋白质结构，可以确定多种类型的物理折叠码，这些折叠码可导致此段氨基酸片段形成螺旋。众多螺旋密码中的一些典型例子介绍如下。

(1)密码(1)。

$$U_n^1-U_n^2-U_n^3-R_{vw}-R_{vw}-N_e \mid Q-P_o-R_{vw}-R_{vw}-U_n^4-U_n^5-U_n^6$$

在此螺旋密码中，R_{vw} 表示疏水性质的氨基酸，包括丙氨酸(A)、缬氨酸(V)、亮氨酸(L)、异亮氨酸(I)和苯丙氨酸(F)；N_e 表示强负电氨基酸，包括：天冬氨酸(D)、谷氨酸(E)和天冬酰胺(N)；P_o 表示强正电氨基酸，包括精氨酸(R)、组氨酸(H)和赖氨酸(K)；U_n^1 等表示任意 20 种氨基酸其中之一，Q 为谷氨酰胺，T 为苏氨酸，S 为丝氨酸。例如，满足此螺旋启动密码氨基酸序列可以为：A－V－D－K－L－L(图 6.5)，V－V－Q－K－L－A 等，而所有的螺旋密码皆是对称的，即

L—L—K—D—V—A，A—L—K—Q—V—V 也包含于此密码当中。

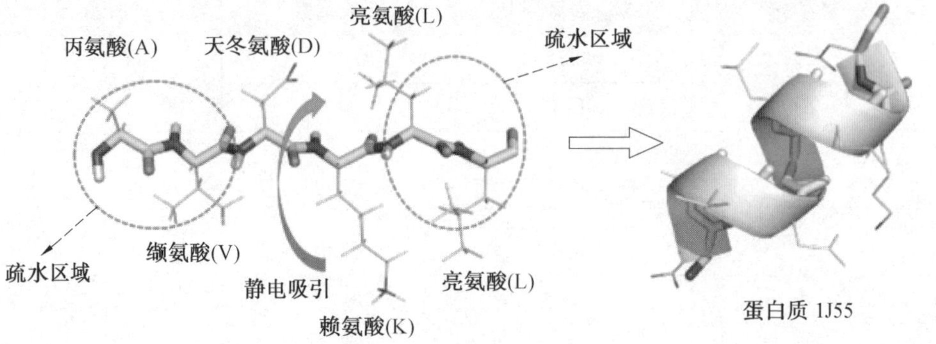

图 6.5 A—V—D—K—L—L 启动螺旋(见彩图)

如图 6.5 所示，丙氨酸(A)和缬氨酸(V)按照普遍初始热力学亚稳态理论分布在主链两侧，形成第一个疏水区域，两个亮氨酸(L)形成第二个疏水区域，两个疏水区域由天冬氨酸(D)和赖氨酸(K)相隔，此时该亚稳态中相邻的肽平面间的这种弱氢键连接可以让未折叠的蛋白质链承载一定的扭矩和弯矩，当一个肽平面旋转会带动相邻的肽平面也发生旋转，也就是说扭转波会沿着未折叠的蛋白质分子链传播，当扭转波沿着蛋白质主链传播到天冬氨酸和赖氨酸时，因为天冬氨酸和赖氨酸分别带有强负电荷和强正电荷，所以会启动相邻带电支链间的静电吸引，相邻支链因静电吸引导致的运动很可能会破坏这些支链所在氨基酸残基的热力学亚稳态，使此段氨基酸残基所在的序列产生扭转，且相邻两个疏水区域存在疏水塌缩作用，导致该片段失稳，在同时满足了扭转、压缩和失稳三个必要的力学要素时，便可启动螺旋的生成。本研究通过在 PDB 数据库中随机抽取 20 000 个蛋白质样本来验证此螺旋密码的准确率和覆盖率，发现在不添加任何限定条件的情况下，该螺旋密码的准确率高达 91.27%，且覆盖了 20 000 个蛋白质 89 767 个螺旋中的 4 004 个螺旋，验证了该螺旋密码的正确性，同时也证明了从普遍初始热力学亚稳态出发来预测蛋白质螺旋结构的物理折叠密码的可行性。

值得注意的是，此螺旋启动密码的长度只有 6 个氨基酸，需在左右两侧各预留 3 个或者 4 个氨基酸的空位，也就是 U_n^1 这些可以代表任一种氨基酸的空位，以便编写螺旋启动码的一些限定条件。根据 UITMS，在螺旋形成的过程中，螺旋的启动子可能会处在各个蛋白质且完全不同的氨基酸序列中，此段启动子的周围必定会存在许多的氨基酸残基及其组合，其中一些氨基酸残基及其组合便会阻止此氨基酸片段启动形成螺旋，另外，由于蛋白质螺旋结构属于三维结构，不仅仅受到周围 3 个或 4 个氨基酸的影响，也存在空间结构中的氨基酸对螺旋形成的影响，这也是从 UITMS 出发预测螺旋的密码的准确率无法达到 100%的根本原因。所以,从 UITMS 出发预测螺旋密码时需要在两端施加一些判定条件来修正此段螺旋密码,施加的判定条件越多越详细,则此螺旋密码的准确率便会逐步提高,甚至可以达到 97%~99%,但带来的问题便是此段螺旋密码覆盖率的下降,在编写螺旋码时也是如此,要兼顾螺旋密码的准确率和覆盖率,即螺旋密码不宜编写太长,以免致覆盖率的下降,也不宜太短以免导致准确率的下降。在对螺旋结构折叠密码的初期研究工作中,对于绝大多数螺旋密码,将最终准确率为 90%,总体覆盖率为 80%暂定为初期目标,随着对螺旋形成机理的进一步深入研究,可以把密码的准确率和覆盖率进一步提高。

另外,尽管对 20 种氨基酸进行了分类研究,以疏水氨基酸 R_{vw} 为例,包含丙氨酸(A)、缬氨酸(V)、亮氨酸(L)、异亮氨酸(I)和苯丙氨酸(F)共 5 种氨基酸,但这 5 种氨基酸的疏水作用也有高低之分,形象地说,丙氨酸、缬氨酸、亮氨酸、异亮氨酸和苯丙氨酸就好像 5 个兄弟,整体非常相似但会存在细微的不同(这里仅指其疏水作用相似)。其中,苯丙氨酸的疏水作用最强,丙氨酸的疏水作用最弱,在有些条件下,虽然苯丙氨酸和丙氨酸同属 R_{vw},但也会由于丙氨酸相对于苯丙氨酸的较弱疏水作用而无法启动螺旋的形成。因此,有时为提高此密码的准确率,必须在疏水氨基酸 R_{vw} 中舍弃丙氨酸,但这只属于较为特殊的情况,在遇到此类问题时便要具体问题具体分析,本章在无特殊说明的情况下,疏水氨基酸 R_{vw} 便只包含这 5 种氨基酸。

(2)密码(2)。

$$U_n^1-U_n^2-U_n^3-H_o-R_{vw}-N_e-P_o-R_{vw}-R_{vw}-U_n^4-U_n^5-U_n^6$$

在此螺旋密码中,H_o 表示具有较强的旋转阻力且较强疏水性质的氨基酸,包括蛋氨酸(M)和色氨酸(W),其余则均与前一个密码相同,从形式上看,该螺旋密码与前一个螺旋密码非常类似,由于 H_o 也具有疏水性质,可以在一定程度上代替 R_{vw},例如,满足此螺旋启动密码氨基酸序列可以为 M—A—E—K—V—F(图 6.6),I—I—R—E—I—W。此密码便是从前一个密码拓展而来,螺旋的形成机理也相同,都是两个疏水性较强的区域被可以产生静电吸引的氨基酸相隔,所以可以根据一个密码的形式写出许多类似形式的螺旋密码,例如:

$$U_n^1-U_n^2-U_n^3-R_{vw}-R_{vw}-N_e-P_o-H_o-R_{vw}-U_n^4-U_n^5-U_n^6$$

$$U_n^1-U_n^2-U_n^3-R_{vw}-H_o|Y|C-N_e-P_o-R_{vw}-R_{vw}-U_n^4-U_n^5-U_n^6$$

在该密码中 H_o 的疏水作用虽然可以替代 R_{vw},但会使该密码的准确率下降,如果将 H_o 换成疏水作用更弱的酪氨酸(Y)和半胱氨酸(C),准确率会继续下降,这时就需要对此氨基酸片段周围 4 个氨基酸施加判定条件,在尽可能不损失覆盖率的前提下提高准确率。

继续沿用前一个折叠密码所使用的 20 000 个蛋白质的样本,结果准确率为 88.10%,且覆盖了 148 个螺旋,显然同前一个密码相比,将 H_o 替换为 R_{vw} 虽然

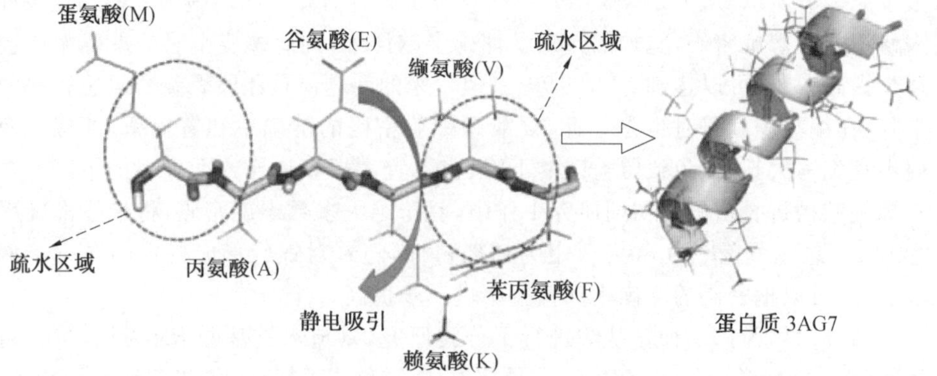

图 6.6 M－A－E－K－V－F 启动螺旋

也能使此氨基酸片段折叠成为螺旋,但准确率下降。为了提高准确率将其前后 4 个氨基酸判定为影响其生成螺旋的氨基酸残基,在没有生成螺旋的反例中,存在这样一种氨基酸序列:AAKYVFKDAMRKVT,根据远程静电力吸引的判定条件,蛋氨酸(M)右侧的精氨酸(R)和赖氨酸(K)会对此密码中的天冬氨酸(D)产生远程静电力吸引,并且由于精氨酸和赖氨酸所带正电性非常强,可能就会把本应和左边的赖氨酸产生静电吸引的天冬氨酸吸引过去,导致无法对此氨基酸片段产生扭转作用。另外,由于相邻的精氨酸和赖氨酸会产生静电排斥作用,而其周围也相隔丙氨酸、蛋氨酸和缬氨酸(V)所构成的两个疏水区域,这可能会造成两个螺旋同时启动,也可能导致此处不会产生螺旋,所以可以将此作为一个判定条件,即 $U_n{}^2 - U_n{}^3 \neq P_o - P_o$,因为此氨基酸序列的反例为对称结构。在经过判定条件对此螺旋密码的修正后,在基本不损失覆盖率的情况下,准确率可以提高到 92.50%,符合初期工作的预期。

(3)密码(3)。

$$U_n^1 - U_n^2 - U_n^3 - R_{vw} - R_{vw} - N_e - R_{vw} - R_{vw} - U_n^4 - U_n^5 - U_n^6$$

在此螺旋密码中,R_{vw} 表示疏水性质的氨基酸,N_e 表示强负电氨基酸,从螺旋密码的形式上可以看出,两个由 R_{vw} 所组成的疏水区域仅由 N_e 相隔,所以此密码仅由疏水塌缩作用形成,在熵的作用下,这两个疏水区域存在使其塌缩合并的疏水作用力,而疏水作用力与侧链热振动配合会使该片段失去热力学亚稳态,从而启动螺旋的生成,这样也就形成了连续贯通的疏水区域。例如,满足此螺旋启动密码氨基酸序列可以为 I－L－D－A－A(图 6.7),V－L－E－V－A。

在 20 000 个蛋白质样本中,得出该密码的准确率为 89.94%,且覆盖了7 424 个螺旋,所以单纯的疏水作用也有着非常好的准确率和覆盖率,这也证明了疏水作用对螺旋生成的必要性。由于该密码覆盖率较高,所以没有生成螺旋的反例也比较多,依然从其前后 4 个氨基酸判定影响其生成螺旋的氨基酸残基,经观察

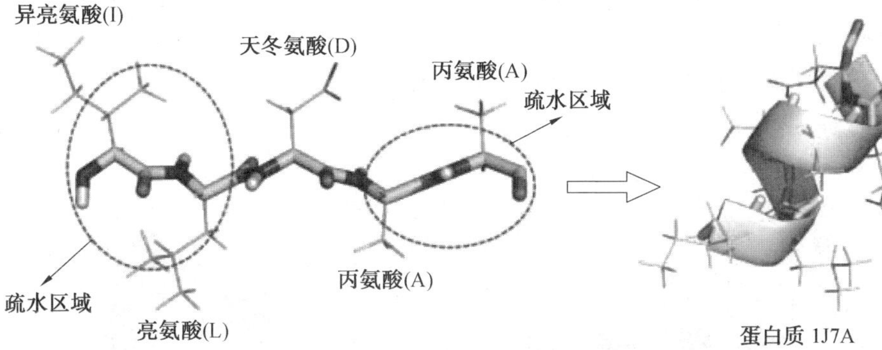

图 6.7　I－L－D－A－A 启动螺旋

存在一种氨基酸序列：NYGSVLDIFGPGT，在苯丙氨酸（F）右侧存在 G－P－G 的氨基酸组合，甘氨酸（G）的 R 基仅包含一个氢原子，所以其具有最低的热稳定性，如果相邻的氨基酸残基失去热力学亚稳态，那么甘氨酸很有可能跟随其一起发生折叠，而脯氨酸（P）在结构上没有酰胺态的氢，所以其本身便不具有热力学亚稳态，而 G－P－G 这样的氨基酸组合，当脯氨酸折叠时，必定会带着两侧的甘氨酸一起折叠，产生转弯结构，这样的结构会影响该密码生成螺旋，所以可以将 G－P－G 组合作为该密码的判定条件，即 $U_n^1-U_n^2-U_n^3 \neq$ G－P－G，由于此密码本身即为对称结构，所以 $U_n^1-U_n^2-U_n^3$ 也可以写为 $U_n^4-U_n^5-U_n^6$，经过修正，准确率可以达到 90.36%。另外，可以通过此密码的形式引申出更多的螺旋密码，例如：

$$U_n^1-U_n^2-U_n^3-R_{vw}-H_o-P_o-R_{vw}-R_{vw}-U_n^4-U_n^5-U_n^6$$
$$U_n^1-U_n^2-U_n^3-R_{vw}-R_{vw}-Q-R_{vw}-R_{vw}-U_n^4-U_n^5-U_n^6$$
$$U_n^1-U_n^2-U_n^3-R_{vw}-H_o-N_e-R_{vw}-R_{vw}-U_n^4-U_n^5-U_n^6$$

这些延伸出来的密码覆盖率和准确率各有不同，例如，将强负电的 N_e 替换为电负性稍弱一些的谷氨酰胺（Q），便会发现准确率相较 N_e 要下降一些，同理，将 R_{vw} 替换为 H_o，准确率也会下降，而在相同的形式中仅仅把强负电的 N_e 替换为强正电的 P_o，发现准确率也会下降，这可能是因为 P_o 相较 N_e 来说，旋转阻力要略微大于后者，所以 P_o 相对于 N_e 来说不易发生扭转，使得两侧的疏水区域不容易合并，造成准确率的下降。

（4）密码（4）。

$$U_n^1-U_n^2-U_n^3-U_n^4-R_{vw}-\mathrm{TS}-N_e-R_{vw}-R_{vw}-U_n^5-U_n^6-U_n^7-U_n^8$$

在此螺旋密码中，同样是利用 N_e 隔离两侧的疏水区域，与前面不同的是，这里引入了丝氨酸（S）和苏氨酸（T），因为 S 和 T 支链非常短且支链一端疏水一段亲水，所以非常容易受到周围疏水氨基酸的诱导，使其被周围疏水区域包裹住，从而与周围疏水氨基酸产生连通的疏水区域，在此作用下 N_e 两侧便又形成了相隔的两个疏水区域，其形成机理便与密码(3)相同，在疏水塌缩作用下启动螺旋生成，例如，满足此螺旋启动密码氨基酸序列可以为 A—S—E—A—A(图 6.8)，L—S—D—A—A。

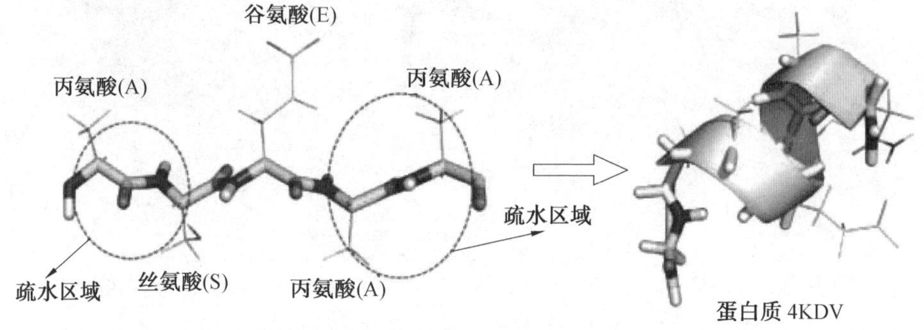

图 6.8　A—S—E—A—A 启动螺旋

经过搜索，在 20 000 个蛋白质样本中，得到此密码的准确率为 85.64%，相对于密码(3)来说，由诱导产生的疏水区域的螺旋密码的准确率要略低于天然的疏水区域，这说明了丝氨酸和苏氨酸在被疏水氨基酸诱导时会受到诸多因素的影响。为了提高准确率，对两侧影响其形成螺旋的氨基酸及其组合进行判定，首先密码两侧存在旋转阻力差异特别大的氨基酸组合时，就可能导致该序列不形成螺旋而产生转弯结构，例如 G—R 组合，因为当扭转波从 G 传递到 R 时，R 的转动惯量要远远大于 G，且 R 的支链上有可能附着了大量的水分子，所以扭转波经过 G 时的动能会被 R 大量吸收，使能量不能发生卸载，导致 R 的转动速度要远远小于 G，这种旋转阻力的差异就造成了 G—R 的组合会发生折叠产生转弯结构，在此密码中，可以通过排除这样的氨基酸组合来提高准确率，例如：G—E，P—Q，G—K，R—G，G—G，T—E—E 等。另外，也可以通过排除 P 的一些氨基酸组合来提高准确率，因为 P 本身没有初始热力学亚稳态，会导致周围氨基酸片段失稳，例如：P—G，P—P，P—Y 等。最后，一些旋转阻力大的氨基酸的组合也会影响扭转波的传递，这是这些氨基酸组合与周围氨基酸之间的旋转阻力差异，例如：D—Q—Q，R—R—R，R—K—Q，K—K—R，D—D 等。经过判定条件的施加，在相对少的减少覆盖率的情况下，将此密码的准确率提高为 90.03%，且最终覆盖了 4 233 个螺旋结构，同样，此密码也可以写出一些延伸码，例如：

$$U_n^1-U_n^2-U_n^3-U_n^4-R_{vw}-\mathrm{TS}-N_e-H_o-R_{vw}-U_n^5-U_n^6-U_n^7-U_n^8$$

$$U_n^1-U_n^2-U_n^3-U_n^4-R_{vw}-N_e-\mathrm{TS}-R_{vw}-R_{vw}-U_n^5-U_n^6-U_n^7-U_n^8$$

这些延伸码形成螺旋的机理皆相同，只是存在准确率与覆盖率之间的差异，例如第二个延伸码，当 N_e 与 T 和 S 对换位置时，就会由于左侧只留有一个疏水氨基酸而导致疏水作用稍显不足，产生准确率的下降，所以需要更加严格的判定条件来提高密码的准确率；或者对密码进行拆分，在 R_{vw} 的左侧再添加一个疏水氨基酸，来保证产生足够的疏水塌缩作用；还可以添加 P_o 等强正电氨基酸，使其与 N_e 产生远程静电力吸引，保证螺旋的形成。

(5)密码(5)。

$$U_n^1-U_n^2-U_n^3-R_{vw}-P_o-P_o-R_{vw}-R_{vw}-U_n^4-U_n^5-U_n^6$$

在此螺旋密码中，利用的是两个相邻 P_o 产生静电排斥来启动氨基酸片段产生扭转，并且周围两个疏水区域 R_{vw} 产生疏水塌缩作用而产生螺旋，其原理与密码(1)的 N_e 和 P_o 的静电吸引相同，例如满足此螺旋启动密码氨基酸序列可以为 L－R－K－I－A(图 6.9)，A－V－R－R－F。

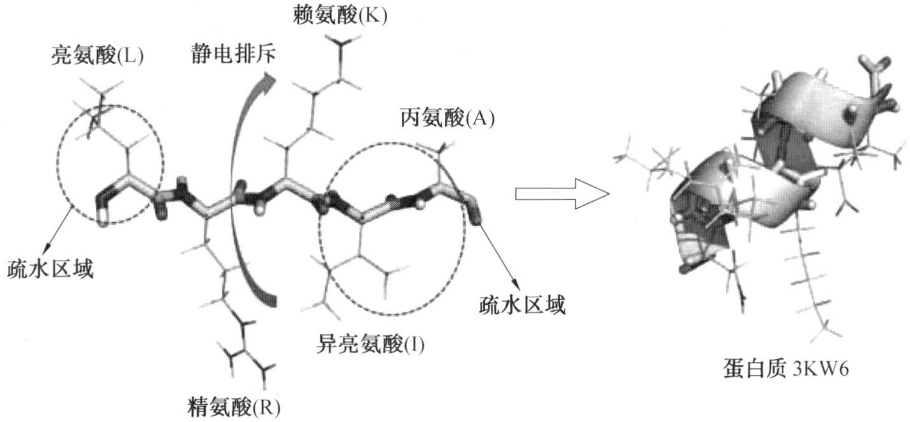

图 6.9　L－R－K－I－A 启动螺旋

经过搜索，在 20 000 个蛋白质中，得到该密码的准确率为 90.24%，且覆盖了 4 918 个螺旋结构，从该密码的氨基酸片段中可以看出，同时具有静电启动和疏水塌缩作用时可以提高螺旋形成的准确率，同样，该螺旋码的延伸码可以写为

$$U_n^1-U_n^2-U_n^3-R_{vw}-P_o-P_o-H_o-R_{vw}-U_n^4-U_n^5-U_n^6$$

$$U_n^1-U_n^2-U_n^3-R_{vw}-N_e-N_e-R_{vw}-R_{vw}-U_n^4-U_n^5-U_n^6$$

$$U_n^1-U_n^2-U_n^3-R_{vw}-Q-N_e-R_{vw}-R_{vw}-U_n^4-U_n^5-U_n^6$$

在将 P_o-P_o 的强正电排斥替换为 N_e-N_e 强负电排斥时，会导致密码的准确率下降，这可能是因为 N_e-N_e 组合与 P_o-P_o 组合的旋转阻力差异造成的。另外，谷氨酰胺(Q)与 N_e 的组合也是可以产生启动螺旋的作用，因为 Q 的端部既带正电也带负电，但 Q 整体带负电，所以 Q 也可以与 N_e 产生静电排斥作用，但准确率较 N_e-N_e 组合相比有所下降。

(6)密码(6)。

$$U_n^1-U_n^2-U_n^3-P_o-N_e-R_{vw}-N_e-N_e-U_n^4-U_n^5-U_n^6$$

在此螺旋密码中，只有一个疏水氨基酸 R_{vw}，不包括与其产生疏水塌缩作用的另一个 R_{vw}，这就是由远程静电力吸引而产生的螺旋结构，这也说明疏水塌缩作用不是唯一启动螺旋生成的远程作用力。首先，P_o 和 N_e 相邻并产生静电吸引作用，触发了这一氨基酸片段的扭转；其次，P_o 还与 R_{vw} 右侧的两个 N_e 产生远程静电力吸引，产生了对氨基酸片段的压缩，而如果扭转和压缩作用足够强，使得这一氨基酸片段不能再维持普遍初始热力学亚稳态，即发生失稳，便会使得这个片段产生螺旋结构。例如，满足此螺旋启动密码氨基酸序列可以为 K－E－V－E－D(图 6.10)，D－E－L－E－R。

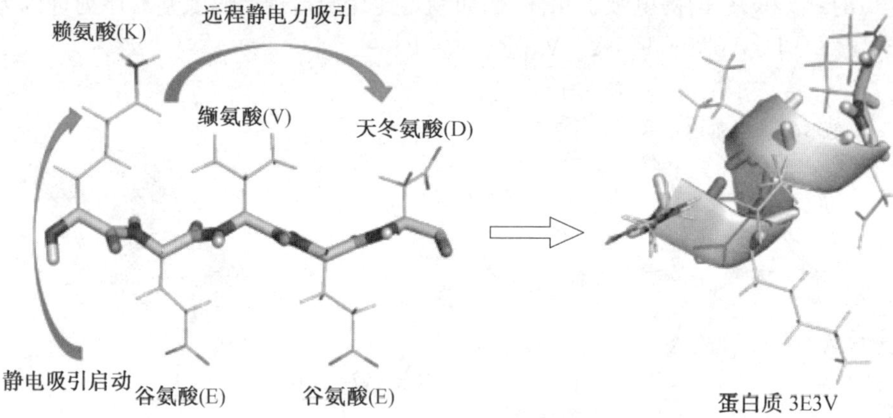

图 6.10　K－E－V－E－D 启动螺旋

通过搜索，在 20 000 个蛋白质样本中，得到由静电吸引和远程静电力吸引启动的该螺旋密码的准确率为 88.33%，这也证明了远程静电力确实是一种可以启动螺旋的远程作用力，与疏水作用产生螺旋结构相同，也会受到周围氨基酸及其组合的影响。在该密码中含有静电启动和远程静电力吸引两种作用力，如果破坏了其中一种作用力，便可能会导致此氨基酸片段不能生成螺旋结构。如果在 U_n^1 的位置上存在精氨酸(R)，由于 R 是带正电最强的氨基酸，就很可能和参与静电启动的 $P_o－N_e$ 中的 N_e 产生远程静电力吸引，从而导致 $P_o－N_e$ 组合无法启动此氨基酸片段的扭转，也就破坏了此氨基酸片段形成螺旋；如果在 U_n^5 位置上也存在 R，就很可能与 $N_e－N_e$ 组合中的任意一个氨基酸产生远程静电力吸引，这样就会产生最左端的 P_o 与 U_n^5 位置上 R 共同争夺一个 N_e 的现象，使得此氨基酸片段无法产生足够的压缩作用，也就不会产生螺旋结构。之所以该密码中间的氨基酸写为 R_{vw}，是因为 R_{vw} 一类的氨基酸支链较短且不带电，故不会影响到左侧的 P_o 与右侧的 N_e 之间的远程静电力吸引作用。另外，该密码周围如果存在极其容易失稳的氨基酸及其组合也会破坏螺旋的产生，例如，P－G 组合，脯氨酸(P)是非常特殊的氨基酸，通常情况下都会破坏原有的氨基酸片段的结构。经过周围氨基酸判定条件的施加，该密码的准确率提高为 90.00%，且能够覆盖 1 277个螺旋结构。

(7)密码(7)。

$$U_n^1-U_n^2-U_n^3-U_n^4-P_o-R_{vw}-R_{vw}-N_e-N_e-U_n^5-U_n^6-U_n^7-U_n^8$$

此密码与密码(6)相似，均没有可以与中间 R_{vw} 产生疏水作用的其他疏水氨基酸，所以此氨基酸片段也是由于远程静电力吸引从而产生螺旋，右侧的 N_e-N_e 组合可以产生静电力的排斥，可以视作此氨基酸片段的扭转启动，而 P_o 与相邻的两个 N_e 之间产生的远程静电力吸引则会对此片段产生压缩力，这样的扭转与压缩的组合便可以使处于热力学亚稳态的氨基酸片段失稳，最终生成螺旋。例如，满足此螺旋启动密码氨基酸序列可以写为 K—L—I—E—N(图 6.11)，E—E—I—A—R。

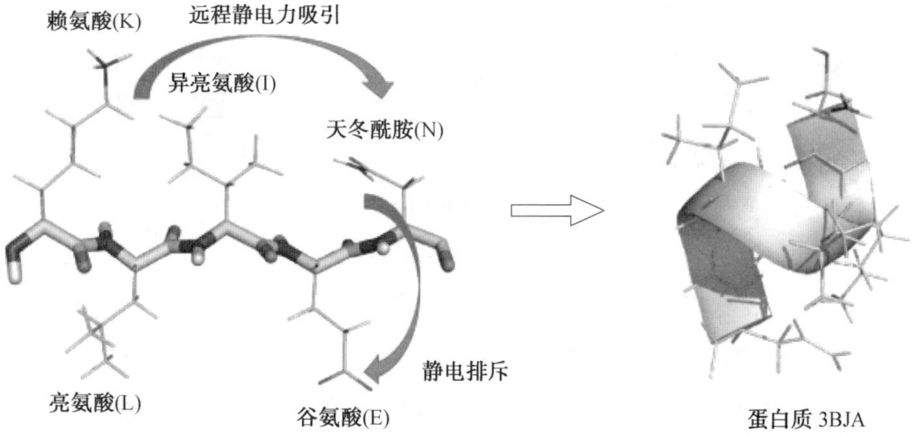

图 6.11　K—L—I—E—N 启动螺旋

通过搜索，在 20 000 个蛋白质样本中，得到该密码的准确率为 88.93%，说明远程静电力吸引也是形成螺旋结构的重要力学机制。通过左右两侧的氨基酸对该密码进行判定以提高形成螺旋的准确率，观察到左右两侧如果存在能够阻挡扭转波传递的氨基酸组合时，此密码便不易形成螺旋。例如，Q—N，Q—Q 等扭转阻力较大的氨基酸，仅仅去掉这类的氨基酸组合，就可以将此密码的准确率提高到 90.42%，且依然能够覆盖 3 217 个螺旋结构。通过 7 个螺旋码的分析，得出疏水塌缩和远程静电力吸引是蛋白质氨基酸片段产生螺旋的两种主要作用，当然还存在一些由于失稳而产生螺旋的机制，密码(8)和(9)便是如此。

(8)密码(8)。

$$U_n^1-U_n^2-U_n^3-R_{vw}-R_{vw}-\mathrm{G}-P_o-R_{vw}-R_{vw}-U_n^4-U_n^5-U_n^6$$

前文提及甘氨酸(G)为一种较为特殊的氨基酸，因为其 R 基上只有一个氢原子，使得它具有非常弱的旋转阻力，容易使得氨基酸片段产生失稳，在研究过程中发现，G 在大多数情况下处在螺旋的终止子的位置上，说明 G 的失稳可以破坏螺旋结构继续生成，那么 G 能否因为特定情况下的失稳而导致螺旋的生成呢？该密码就是由于 G 与 $P_{\circ}$ 的旋转阻力差异造成扭转波能量在传递时无法发生卸载，在周围两个强疏水区域的作用下，进而产生了螺旋结构，所以 G 的作用不只是终结螺旋，更加严格地说，G 应该是触发了氨基酸片段的失稳。例如，满足此螺旋启动密码氨基酸序列可以为 I—F—G—K—I—I(图 6.12)，A—V—R—G—I—L。

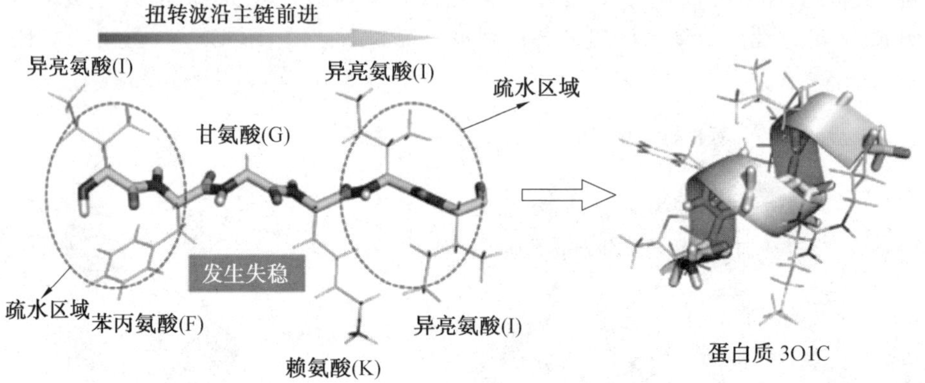

图 6.12　I—F—G—K—I—I 启动螺旋

通过搜索，在 20 000 个蛋白质样本中，得到该密码的准确率为 81.02%。可以看出，由 G 失稳触发产生的螺旋结构的准确率与疏水作用和远程静电作用相比准确率要下降很多，这可能是由密码两侧同样存在大量的失稳符所导致的，如果再发生失稳就有可能与 G—$P_{\circ}$ 失稳一起产生转弯结构，这些失稳符同样是某些氨基酸及其组合，通过去掉 U_n^4 位置上的失稳符 P 和 U_n^5 位置上的失稳符 P 和 G，将该密码的准确率提高为 90.54%，且最终覆盖了 450 个螺旋。可以看出，由 G 失稳触发螺旋的产生数量非常少，并不是螺旋的主要启动方式。

(9)密码(9)。

$U_n^1-U_n^2-U_n^3-U_n^4-N_e-R_{vw}-R_{vw}-\mathrm{P}-R_{vw}-R_{vw}-U_n^5-U_n^6-U_n^7-U_n^8$

在洞悉了 G 触发螺旋的机理之后，另一种特殊的氨基酸脯氨酸(P)的特殊之处在于不存在酰胺态的氢，所以其不存在热力学亚稳态，单靠自身便可以触发失稳。与 G 相似的是，P 在大多数情况下，也都处于螺旋的终止符上，也有少部分情况下会触发失稳并启动螺旋，在该密码中，P 使得氨基酸片段失稳，受到周围区域疏水作用的影响，会塌缩产生螺旋。但是，与 G 不同的是，P 造成的失稳非常剧烈，所以在密码中加入了 N_e 类旋转阻力较大的氨基酸来起到稳定作用。例如，满足此螺旋启动密码氨基酸序列可以为 E—L—A—P—L—V(图 6.13)，V—A—P—V—L—E。

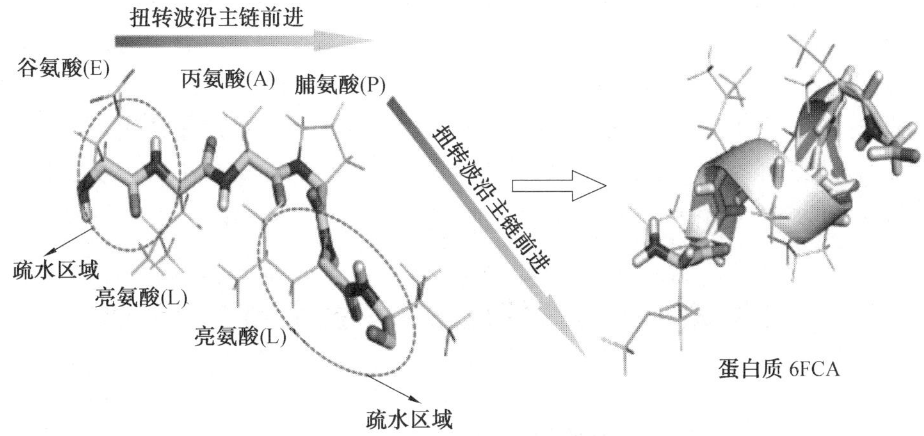

图 6.13　E—L—A—P—L—V 启动螺旋

通过搜索，在 20 000 个蛋白质样本中，得到该螺旋码的准确率为 66.42%。可见由 P 失稳触发的螺旋要比 G 的准确率低很多，这可能是由于 P 所触发的失稳要比 G 剧烈的缘故。同样，其准确率较低的原因依然可能是由于周围也存在失稳符，例如：P，P—G，P—P_o，P_o—G，G—N_e，G—Q 等，当去掉这些失稳符时，准确率会提高到 78%左右，可见不仅仅是失稳符影响该密码启动螺旋。而又去掉了 N_e—N_e 等阻碍扭转波传递的氨基酸组合时，准确率仅仅提高到 80.00%，且仅仅覆盖了 240 个螺旋，这也说明了单靠周围 4 个氨基酸及其组合所施加的判定条件很难将该密码在相对不损失覆盖率的情况下将准确率提高至 90%以上。这里很大一部分原因可以归结为该密码受到蛋白质三维结构影响较为严重，这也是从 UITMS 出发预测螺旋结构的准确率无法达到 100%的原因。

6.2.3　螺旋密码预测小结

从上述几种极具代表性的螺旋密码，可以清晰地了解蛋白质氨基酸序列中螺旋产生的力学机制，这些代码在预测蛋白质中的螺旋方面具有很高的成功率。值得注意的是，β—折叠是另一种定义明确的二级结构。β—折叠的蛋白质折叠编码可能比 α—螺旋的蛋白质折叠编码具有更高的优先级。因此，可以排除与 β—发夹转弯相邻的 α—螺旋折叠码的情况。本研究的初步结果表明，根据 UITMS理论推导的物理折叠码在预测螺旋时功能强大，具有一定的准确性和覆盖范围。

总之，基于 UITMS 理论，短螺旋的形成涉及 UITMS 的多肽片段的螺旋过程和收缩过程。相邻侧链之间的几种疏水性相互作用、静电相互作用和结构不稳定性最有可能导致未折叠蛋白多肽短片段的螺旋过程和收缩过程的形成。可以通过发现蛋白质多肽片段的螺旋过程和收缩过程的组合来推导用于预测螺旋的物理折叠码。从 UITMS 理论推导的这些 α—螺旋的物理折叠码具有一定的准确性和覆盖范围。这意味着可以应用牛顿力学的某些原理来估计 α—螺旋的形成,这被推断为物理折叠机制和蛋白质编码。如果还可以通过使用牛顿力学原理来预测其他二级结构,那么蛋白质折叠问题就可以被视为牛顿力学的科学解决方案的基础科学遗产。

6.3 隐藏在蛋白质螺旋结构中的生物进化密码

6.3.1 进化以及生物多样性简介

进化是连续几代生物种群遗传特征的变化,这些特征是生殖过程中从父母传给后代的基因表达。由于突变、遗传重组和其他遗传变异的结果,任何给定的种群内往往存在不同的特征,基因在繁殖过程中,会经复制并传递到子代,而基因的突变可使性状改变,进而造成个体之间的遗传变异。新性状又会因为物种迁徙或物种之间的水平基因转移,随着基因在种群中传递,当这些遗传变异受到非随机的自然选择或随机的遗传漂变影响,而在种群中变得较为普遍或稀有时,就产生了进化。进化生物学家通过形成和检验假设以及基于来自田间或实验室的证据,基于数学和理论生物学方法产生的数据来构建理论,继续研究进化的各个方面。他们的发现不仅影响了生物学的发展,而且还影响了许多其他科学和工业领域,包括农业、医学和计算机科学。

由“自然选择”进化的科学理论是由查尔斯·达尔文和阿尔弗雷德·罗素·华莱士在 19 世纪中叶独立提出的,并在达尔文的《物种起源》(1859 年)一书中详细阐述。而到了 20 世纪 30 年代,达尔文“自然选择”与孟德尔“遗传”学说合二为一,形成了现代综合理论,它联结了进化的“单位”(基因)与进化的“机制”(自然选择)。这种有力的解释以及具有预测性的理论成为现代生物学的中心原则,使地球上的生物多样性得到统一的解释。自然选择能使有利于生存与繁殖的遗传性状变得更为普遍,并使有害的性状变得更稀有。这是因为带有较有利性状的个体,能将相同的性状转移到更多的后代。经过了许多世代之后,性状产生了连续、微小且随机的变化,自然选择则挑出了最适合所处环境的变异,使适应得以发生。当自然选择(包括性选择)和遗传漂移等进化过程对这种变异起作用时,就会发生进化,从而导致某些特征在种群中变得更加普遍或罕见。正是这种进化过程引起了生物组织各个层面的生物多样性，包括物种、个体有机体和分子的层面的多样性，当然也包括组成生命的基本物质——蛋白质分子的多样性。

生物多样性是 35 亿年演变的结果，虽然生命的起源尚未通过科学确定，但一些证据表明，生命可能在地球形成后仅几亿年就已经确立。直到大约 6 亿年前，所有生命都由微生物、古细菌、细菌以及单细胞原生动物和原生生物组成。上古生代(最近 5.4 亿年)中生物多样性的历史始于寒武纪爆发期间的快速增长，在这一时期几乎所有的多细胞生物门都首次出现。在接下来的约 4 亿年中，无脊椎动物的多样性几乎没有总体趋势变化，而脊椎动物的多样性则总体上呈指数趋势变化。目前对全球宏观物种多样性的估计从 200 万到 1 亿不等，最好的估计是接近 900 万，其中绝大多数是节肢动物，表 6.2 为目前发现并预测的生物多样性总数，包括海洋和陆地。据估计，陆生物种的总数约为 870 万，而海洋物种的数量则低得多，约为 220 万。

表 6.2 目前发现并预测的海洋和陆地物种总数

物种	陆地			海洋		
	现存	预计	误差	现存	预计	误差
真核生物						
动物	953 434	7 770 000	958 000	171 082	2 150 000	145 000
藻类	13 033	27 500	30 500	4 859	7 400	9 640
菌类	43 271	611 000	297 000	1 097	5 320	11 100
植物	215 644	198 000	8 200	8 600	16 600	9 130
单细胞生物	8 118	36 400	6 690	8 118	36 400	6 690
总计	1 233 500	8 740 000	1 300 000	193 756	2 210 000	182 000
原核生物						
古细菌	502	455	160	1	1	0
细菌	10 358	9 680	3 470	652	1 320	436
总计	10 860	10 100	3 630	653	1 320	436
累计	1 244 360	8 750 000	1 300 000	194 409	2 210 000	182 000

生物的进化通过遗传特性的改变而发生，遗传特性是生物的遗传特征。例如，在人类中，眼睛的颜色是一种遗传特征，一个人可能会从其父母之一那里继承“棕眼特征”。遗传性状受基因控制，生物体基因组(遗传物质)中完整的基因集称为基因型。遗传性状通过编码遗传信息的分子 DNA 从一代传给下一代。DNA 是一种长的生物聚合物，由 4 种类型的碱基组成。沿着特定 DNA 分子的

碱基序列以类似于拼出句子的字母序列的方式指定了遗传信息。在细胞分裂之前，将复制DNA，以使两个细胞都继承DNA序列。指定单个功能单元的DNA分子部分称为基因；不同的基因具有不同的碱基序列。在细胞内，DNA的长链形成称为染色体的浓缩结构。染色体内DNA序列的特定位置称为轨迹。如果基因所处的DNA序列在个体之间不同，则该序列的不同形式称为等位基因。DNA序列可以通过突变改变，从而产生新的等位基因。如果基因内发生突变，新的等位基因可能会影响基因控制的性状，从而改变生物体的表型。然而，尽管在某些情况下等位基因与性状之间的这种简单对应有效，但大多数性状更为复杂，并受多个相互作用基因控制。例如，晒黑的皮肤源自一个人的基因型和阳光之间的相互作用，因此，晒黑不会遗传给下一代。但是，由于基因型变异的差异，有些人比其他人更容易晒黑。最近的发现已经证实了可遗传变化的重要例子，这些变化不能仅用DNA中核苷酸序列的变化来解释，这些现象被归类为表观遗传系统。

蛋白质作为决定生物体结构和功能的重要成分，参与所有的生命活动过程，人体中每一种蛋白质都有其特定的三维空间结构和生物学功能，所以由进化所产生的生物多样性也包含蛋白质分子的多样性，当蛋白质分子的多肽链和折叠被解开时，即蛋白质发生变性时，其特定的生物学功能便会丧失，所以蛋白质的特定构象对于蛋白质的功能起着至关重要的作用。而螺旋结构作为构成蛋白质分子的二级结构之一，一些重要的生物学功能都是通过螺旋结构体现的，例如：与DNA结合、跨膜作用（图6.14）。另外，还有一部分蛋白质在形成之后，只存在螺旋结构（图6.15），所以猜测生物多样性的一部分信息也会隐藏在螺旋结构中。前文通过基于普遍初始热力学亚稳态的理论，利用牛顿力学解释了蛋白质螺旋结构的产生，并且得到了α—螺旋结构产生的物理密码，本节将利用螺旋密码初步解析隐藏在蛋白质螺旋结构中的生物进化密码。

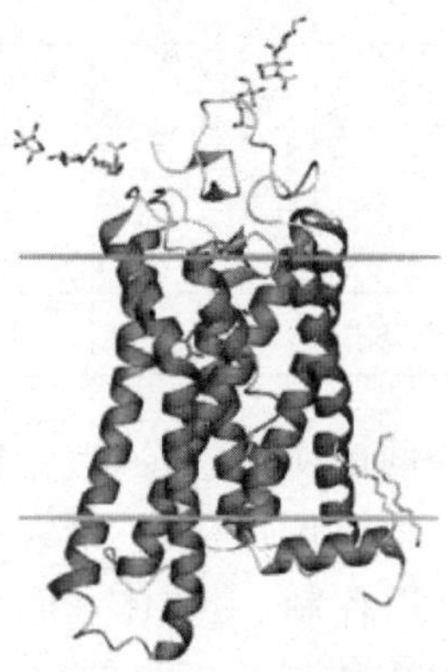

图6.14　1GZM螺旋穿过膜结构

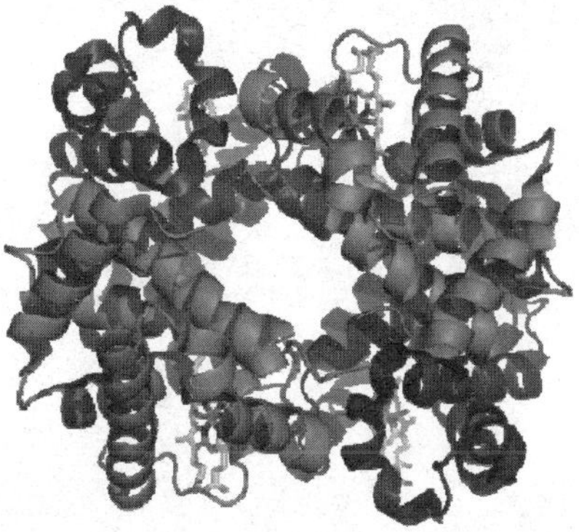

图6.15　由α－螺旋构成的血红蛋白分子

6.3.2　智人与果蝇的螺旋结构解析

智人为生物学上属灵长目，人科，人属的总和，由人猿/古猿演化而来。长者智人化石表明，现代人类在约20万年前的东非大裂谷演化成形。智人有比其他动物更发达的大脑，能进行复杂的计算和抽象思维。加上智人的直立身驱使人类的前肢可以自由活动，因此智人对工具的使用远超出其他任何物种。人类还试图用哲学、艺术、科学、神话以及宗教来解释自然界的现象。与其他灵长类动物一样，人类是社会性的。人类个体之间的社会交际创立了广泛的传统习俗、宗教制度、价值观、法律，这些共同构成了人类社会的基础。人类与其他灵长目动物的不同在于人类直立的身躯、高度发达的大脑，以及由高度发展的大脑而产生的推理与语言能力，所以智人从生物进化的角度来说属于高度进化的物种，其所包含的蛋白质种类可达10万种以上。

果蝇是果蝇属的一种蝇(图6.16)，属于果蝇科，其成员通常被称为小果蝇或果渣蝇，醋蝇或酒蝇。果蝇种类遍布世界各地，热带地区种类更多。果蝇进入夏威夷群岛并辐射800多种物种，可以在沙漠、热带雨林、城市、沼泽和高山地区找到它们。果蝇被认为是无懈可击的遗传模型生物之一，它们与其他模型生物不同，进一步推动了遗传研究。果蝇是遗传研究的主要候选对象，因为人类和果蝇基因之间的关系非常密切，果蝇在其4个染色体上有大约15 500个基因，而人类在其23条染色体中有大约22 000个基因，果蝇的染色体数量少且易于管理，物种更容易研究，故可将人类的致病基因与果蝇的基因联系起来。果蝇携带的遗传信息和人类相似且可以传承几代，所以研究果蝇与人类蛋白质螺旋结构的差异性很有必要。

通过在PDB数据库中随机选出10 000个智人蛋白质模型以及673个果蝇蛋白质模型进行研究，统计出智人蛋白质含有58 579个螺旋，果蝇蛋白质含有

图 6.16　果蝇

8 435个螺旋，果蝇蛋白质中的螺旋结构更加密集，说明果蝇蛋白质生物学功能的体现较智人更加依赖于螺旋结构。通过现有的螺旋密码来分析智人与果蝇隐藏在螺旋结构中的差异，以 6.2.2 节的密码(1)为例($R_{vw}-R_{vw}-N_eQ-P_o-R_{vw}-R_{vw}$)，当第三个位置的氨基酸为 N_e 或者 Q 时，便会和第四个位置的 P_o 产生静电吸引来使这一氨基酸片段产生扭转力。通过从 PDB 数据库中选出的智人蛋白质与果蝇蛋白质搜索，发现两个物种并无明显差别；而当第三个位置变为 T 或者 S 时，其螺旋的驱动机制就会变成 T 或 S，会被第二个位置上的 R_{vw} 诱导，产生了联通的疏水区域，并在疏水作用下产生螺旋。通过搜索智人和果蝇蛋白质，发现智人蛋白质中存在 981 个此片段形成的螺旋结构，占整个智人蛋白质螺旋总量的 1.646%，而果蝇蛋白质中仅含有 42 个此类螺旋，占果蝇蛋白质螺旋总量的 0.5%。从分析结果可以看出，$R_{vw}-R_{vw}-TS-P_o-R_{vw}-R_{vw}$ 启动的螺旋码占比中，智人蛋白质螺旋数量占比是果蝇蛋白质的 3 倍，也可以说果蝇的螺旋结构启动并不善于诱导 T 或 S 产生联通的疏水区域，或者说当存在 T 和 S 参与诱导的螺旋启动机制中，果蝇蛋白中的这一氨基酸片段不易形成螺旋。这也说明了果蝇的螺旋结构启动可能并不善于诱导 T 或 S 产生联通的疏水区域，而智人与果蝇在形成螺旋上的这种差异便可以视为隐藏在两种生物螺旋结构中的生物进化密码。

6.3.3　智人、小家鼠和褐家鼠的螺旋结构解析

小家鼠也称为家鼠、鼷鼠或小鼠(图 6.17)，绝大多数小家鼠体长约 8 cm，尾巴略短或略长于体长；毛色变化大，从黑灰色到灰褐色，腹毛基部为灰色，尖端常为灰黄色，有的呈灰白色，有的腹毛全白，足为暗褐色，也有的足为白色；尾上下两色。小家鼠通常生活在人类附近，在房屋、田地或周围。小家鼠最初起源于亚洲，大约在公元前 13 000 年传播到地中海东部，大约在公元前 1 000 年传播到了

欧洲其他地区。自那时起，它们已被人类传播到全球各地，小家鼠也是一种害兽，它们会吃掉农作物和传播疾病，并且还可以成为某些地区的入侵物种，这是由于其具有非常强的繁殖能力。当小家鼠入侵某些地区时会迅速大量繁殖，再加之当地天敌数量较少，就会形成物种入侵，国际自然保护联盟物种存续委员会的入侵物种专家小组(ISSG)将其列为世界百大外来入侵种。此外，小家鼠是最常用的哺乳动物实验动物，因为它们与人之间的关系亲密，并且具有高度的同源性，易于维护和处理以及繁殖率高。实验室小家鼠通常属于标准化近交系，其选择是出于特定有害突变的稳定性或清晰度。这使得实验室小家鼠的研究可以轻松地限制遗传和生物学变量，使其成为在遗传和医学研究中非常有用的模型生物。

图 6.17　小家鼠

褐家鼠又名褐鼠、大鼠、挪威鼠、大家鼠、白尾吊、耗子、粪鼠、沟鼠(图 6.18)，为鼠科，家鼠属的动物，是常见的老鼠之一，也是鼠科中最大的物种，一般生活于田野、家舍，虽然褐家鼠又名挪威鼠，但实际上它们并不是来自挪威，约翰·贝克恩霍特在 1769 出版的名为 *Outlines of the Natural History of Great Britain* 一书中阐述了可能是挪威鼠这一误称的来源，在此书中贝克恩霍特给该物种的学名为 Rattus Norvegicus，因为他相信此物种是在 1728 年经由挪威迁移到英国的，不过事实上此物种来自丹麦。但褐家鼠最早源自我国北方，且目前已经散布到南极以外所有大陆上，在欧洲成为优势鼠类物种，在北美洲也有不少数量，生活于人类居住地，尤其是城市地区。褐家鼠的皮毛粗糙，一般呈棕色或深灰色，而身体下半部分则呈现较浅的棕色或灰色。其身长可达 25 cm，而其尾巴长达 25 cm(相当于其身长)。雄成体平均重 350 g，而雌成体则为 250 g，但一只褐家鼠其实最多可重达 500 g，体型要比小家鼠巨大得多。褐家鼠同小家鼠一样也是生物试验用鼠类，是重要的模式生物，因此，目前关于小家鼠和褐家鼠的研究也相对较多，在 PDB 数据库中也更易筛选两者的蛋白质样本。

本研究继续沿用智人的 10 000 个 PDB 数据库样本，之后在 PDB 数据库中随机选出 2 200 个小家鼠蛋白质，共包含 14 302 个螺旋结构；选出 2 434 个褐家鼠蛋白质，共包含 45 036 个螺旋结构。首先分析智人与小家鼠在螺旋结构上的

图 6.18　褐家鼠

差异，与前面所述的智人与果蝇的结果类似，对于由分类明确的氨基酸（如 R_{vw}、P_o、N_e）所得到的螺旋密码，例如：$R_{vw}-R_{vw}-N_e-P_o-R_{vw}-R_{vw}$，$R_{vw}-R_{vw}-P_o-R_{vw}-R_{vw}$，$R_{vw}-R_{vw}-N_e-R_{vw}-R_{vw}$，$R_{vw}-H_o-P_o-R_{vw}-R_{vw}$等，智人与小家鼠并未表现出太多的差别，而对于 T、S、Y、C、G 这些未被明确分类的氨基酸来说，两个物种之间就显示出较大的差别。对于氨基酸序列为 $R_{vw}-TS-P_o-R_{vw}-R_{vw}$的螺旋密码，从筛选出来的智人与小家鼠的样本中得到，智人蛋白质中存在 2 674 个此片段形成的螺旋结构，占整个智人蛋白质螺旋总量的 4.56%，而小白鼠蛋白质中仅含有 313 个此类螺旋，占小家鼠蛋白质螺旋总量的 2.19%。可以看出，$R_{vw}-TS-P_o-R_{vw}-R_{vw}$这一氨基酸片段在智人蛋白形成螺旋的占比要比小家鼠螺旋中的占比高出一倍，同时，在搜索小家鼠蛋白质时发现，此氨基酸片段形成螺旋的准确率不足 50%，而智人蛋白质中的准确率将近 90%，因此可以推测小家鼠蛋白质氨基酸序列不善于以疏水诱导 T 或 S 形成螺旋，即使有些 T 或 S 被周围 R_{vw}的疏水作用诱导成为联通的疏水区域，其形成螺旋的准确率也非常低；对于氨基酸序列为 $R_{vw}-YC-P_o-R_{vw}-R_{vw}$的螺旋密码，很显然 P_o右侧的疏水作用要强于左侧的疏水作用，这样稍弱的疏水作用在智人蛋白质中形成了 1 063 个螺旋结构，占整个智人蛋白质螺旋总量的 1.81%，而小家鼠蛋白质中仅存在 77 个螺旋结构，占小家鼠蛋白质螺旋总量的 0.54%，两者相差 3 倍，且准确率与智人蛋白质相同。因此，可以将此作为隐藏在智人蛋白质与小家鼠蛋白质螺旋结构中的生物进化密码，即对于疏水作用强烈的氨基酸（例如：A、V、L 等）塌缩产生的螺旋结构，智人与小家鼠相差不大，而对于被疏水诱导的 T 和 S 以及疏水作用较弱的 Y 和 C，智人与小家鼠在覆盖率和准确率上均显示出较大差异，这说明智人蛋白质中的螺旋结构产生的机制更复杂，生物等级更高。

此外，对于其他的螺旋密码：$R_{vw}-R_{vw}-G-P_o-R_{vw}-R_{vw}$，$P_o-N_e-R_{vw}-N_e-N_e$，智人与小家鼠同样出现了较大差别。$R_{vw}-R_{vw}-G-P_o-R_{vw}-R_{vw}$密码仅仅覆盖了 193 个螺旋结构，只占整个智人蛋白质螺旋总量的 0.33%，而小家鼠蛋白质中则覆盖了 92 个螺旋结构，占小家鼠蛋白质螺旋总量的 0.64%，说明小家鼠对于此螺旋密码的使用要高于智人；对于 $P_o-N_e-R_{vw}-N_e-N_e$ 密码，在智人蛋白质中覆盖了878个螺旋结构，占总体数量的1.5%，而小家鼠蛋白质中覆盖了123个螺旋结构，占比为0.86%。对于这两个物种来说还有其他的螺旋密码也存在差异，这里不再一一列举，这些螺旋密码的差异则可以作为生物多样性研究的一个突破口。本研究还对褐家鼠的螺旋结构进行了分析，发现褐家鼠蛋白质螺旋密码与小家鼠相似，当然两者之间也存在差异，不过相差不大。这可能是由于小家鼠与褐家鼠本就属于同源物种，只是分属不同种属，所以二者的蛋白质螺旋结构无论是覆盖率、准确率还是形成机制均没有较大差异。这也从侧面证明了可以从蛋白质螺旋的角度去探索生物进化之谜。

6.3.4　智人与拟南芥的螺旋结构解析

拟南芥，又名阿拉伯芥、鼠耳芥、阿拉伯草(图6.19)，是一种小型的开花植物，原产于欧亚大陆和非洲。拟南芥起初被视为杂草，这是由于它在农业领域、路边、铁路线、荒地和其他受干扰的栖息地中广泛分布，由于其竞争能力有限且体积小，因此未归类为有害的杂草，它与大多数十字花科物种一样，可以作为沙拉或煮熟的食物被人类食用，但它作为春季蔬菜并未得到广泛使用。拟南芥是一个生命周期相对较短的冬季一年生植物，它是植物生物学和遗传学领域的流行的模式生物。对于一个复杂的多细胞真核生物，拟南芥有一个相对较小的基因组，大约135兆碱基对(Mbp)。拟南芥也是第一个基因组被完整测序的植物，是理解许多植物性状的一种流行的分子生物学工具，包括花的发育和向光性。

图6.19　拟南芥

拟南芥是一种一年生(很少两年生)的植物，通常高20～25 cm。1842年，德国植物学家古斯塔夫·海因霍尔德(Gustav Heynhold)竖立了拟南芥属，并将拟南芥置于该属中。植物学家和生物学家在1900年初期开始研究拟南芥，1945年前后首次对突变体进行了系统描述，现在已经被广泛用于研究植物科学，包括遗传学、进化、种群遗传学和植物发育研究中。尽管拟南芥对农业并无直接的贡献，但有几个优点使其成为研究有花植物的遗传、细胞、分子生物学的一个有用的模式生物。其在农业科学中所扮演的角色仿佛小鼠和果蝇在人类生物学中的一样，这也正是需要探究隐藏在拟南芥蛋白质螺旋结构中生物进化密码的重要原因。

本研究从 PDB 数据库中随机选出 1 169 个拟南芥蛋白质样本，共包含 20 072个螺旋结构，首先通过一些由分类明确的氨基酸所组成的螺旋密码(基本码)对智人与拟南芥蛋白质进行分析，结果表明，诸如 $R_{vw}-R_{vw}-N_e-P_o-R_{vw}-R_{vw}$，$R_{vw}-R_{vw}-P_o-R_{vw}-R_{vw}$，$R_{vw}-R_{vw}-N_e-R_{vw}-R_{vw}$，$R_{vw}-P_o-P_o-R_{vw}-R_{vw}$这样的基本码，智人蛋白质与拟南芥蛋白质相差不大，而且对于基本码中的“个别成员”，拟南芥蛋白质的覆盖率还要高于智人蛋白质，例如，$R_{vw}-R_{vw}-P_o-R_{vw}-R_{vw}$。另外，$R_{vw}-R_{vw}-\mathrm{Q}-P_o-R_{vw}-R_{vw}$螺旋密码中，覆盖了智人蛋白质的 243 个螺旋，占螺旋总数量的 0.41%，而在拟南芥蛋白质螺旋中，该密码仅仅覆盖了 37 个螺旋，占比仅为 0.18%，在此螺旋密码中显示出智人蛋白质螺旋对 Q 的使用要高于拟南芥蛋白质；在 $R_{vw}-\mathrm{YC}-P_o-R_{vw}-R_{vw}$ 螺旋密码中，覆盖了智人蛋白质中的 1 063 个螺旋，占总数的 1.81%，而拟南芥蛋白质中仅存在 95 个这样的螺旋，覆盖率也仅有 0.47%，这两个密码的巨大差异正是智人与拟南芥的不同进化方向在蛋白质螺旋结构中的具体表现。

综合智人、小家鼠、果蝇以及拟南芥 4 种常见的物种，发现对于基本码的应用，无论是高等生物还是低等生物，均不会产生较大的差异，甚至在低等生物中基本码的应用率高于高等生物。可以推测，蛋白质纷繁复杂的螺旋结构的产生起初就是由这些简单的基本码演化而来，只不过随着生存环境的改变，这些基本码不足以保证氨基酸片段能够准确地生成螺旋去正确行使生物学功能，也或由于突变导致形成螺旋这一氨基酸片段中或者左右两侧的氨基酸的突变导致该片段不再生成螺旋，使得密码准确率下降。随着基本码准确率的下降，高等生物不得不进化出更加高级和复杂的螺旋密码来准确地形成螺旋，这就需要利用更多的氨基酸并产生更加复杂的生成机制。例如，高等生物螺旋中在一些情况下会存在不止一个螺旋启动密码以保证这一氨基酸片段顺利形成螺旋，因为如果一个螺旋启动码中或者周围两侧的氨基酸突变，不会对这一氨基酸片段形成螺旋产生巨大影响，该氨基酸片段中还含有其他的螺旋启动码。所以，如果能在洞悉所有螺旋密码的基础上，尤其是高等生物所使用的更加复杂的螺旋密码，便可以解析出部分生物隐藏在蛋白质螺旋结构中的生物进化之谜。

本章基于普遍初始热力学亚稳态，阐述了蛋白质螺旋结构生成的力学机制，即氨基酸片段发生扭转、压缩和失稳，并将组成蛋白质的 20 种氨基酸按照生成螺旋时的功能进行分类，提出了一套可以预测蛋白质螺旋结构的折叠密码，在兼顾覆盖率和准确率的情况下，对螺旋密码两侧影响螺旋生成的氨基酸及其组合进行判定条件分析。另外，利用蛋白质螺旋结构的折叠密码解析生物进化之谜，将螺旋密码在智人、小家鼠、褐家鼠、果蝇和拟南芥中成功应用，得到了几个物种的氨基酸序列在生成螺旋时的差异，暂时将这种差异称为隐藏在蛋白质螺旋结构中的生物进化密码。接下来会继续进行蛋白质螺旋折叠密码的相关工作，力求获得一套广而精的螺旋密码，并从中探索更多的生物进化之谜。

第7章

朊病毒产生的力学机制

本章介绍朊病毒病(一类神经退行性疾病)及其病原体，蛋白质错误折叠和致病型朊毒体蛋白产生的分子生物学现象和相关研究，朊蛋白错误折叠的力学原理，多聚阴离子的相关致病作用和对致病型朊蛋白结构的理论预测研究。

7.1 引　　言

朊病毒是一种没有核酸遗传物质但能感染正常细胞的功能型朊蛋白，朊蛋白进行自我复制，并聚集成疏水性淀粉样蛋白质聚合物。朊病毒具有常规病毒的一般病理性特征，有可滤过性、致病性、传染性、特异性和寄于宿主细胞进行繁殖等特点，与其他典型病毒最大的区别是朊病毒没有 DNA 或 RNA 作为其遗传物质，只是一个很小的蛋白质分子。朊病毒是导致朊病毒病的根源，由细胞型朊蛋白错误折叠成有毒蛋白质，并引起哺乳动物的宿主细胞内其他细胞型朊蛋白病变，并发生聚集继而杀死细胞，引起哺乳动物和人的中枢神经系统病变，病理学观察的患病脑部组织含有大量的淀粉蛋白聚集。朊病毒被认为是导致人类的克雅氏综合征、库鲁病、致死性家族性失眠症、格斯特曼综合征的病原体，也是导致哺乳动物的疯牛病、羊瘙痒症、鹿慢性消瘦症的元凶。朊蛋白有两种截然不同的异构体，正常的蛋白质状态被称为细胞型朊蛋白（PrP^{C}），致病的蛋白质状态被称为瘙痒型朊蛋白（PrP^{Sc}）。当前，在朊病毒领域中普遍接受的理论是 PrP^{C} · PrP^{Sc}的分子结构变化是朊病毒病的原因及其感染性的原因。朊病毒病的分子病理是通过源自 PrP^{C} 二次错误折叠形成的 PrP^{Sc}的三维结构来表现的，这些错误折叠的感染蛋白质可以在宿主细胞内复制并聚集，引起哺乳动物和人的中枢神经系统病变。

斯坦利 · 普鲁辛纳揭示了朊病毒感染的分子生物学原理，发现一种前所未闻的“病毒”——没有核酸但可增殖的感染性蛋白，他因此获得了 1997 年生理或医学诺贝尔奖，以表彰他在生命科学领域所做的努力和贡献。自此，理解细胞型朊蛋白如何转化为瘙痒型朊蛋白的原因成为分子生物学、结构生物学、生物物理学、病理学和免疫学的重要工作。在过去的数十年里，试验证据已经显示其他很多与年龄有关的神经退行性疾病（肌萎缩性侧索硬化症、阿尔茨海默症、帕金森症和亨廷顿症）和朊病毒病有相似的病理学机制。这意味着朊病毒的蛋白质重新折叠的机制在与年龄有关的神经退行性疾病的发生过程中也扮演着重要的角色。因此，理解朊病毒再折叠的机制（PrP^{C} 折叠到 PrP^{Sc}）有广泛的病理学意义，对理解朊病毒病和开发针对朊病毒的治疗方法都至关重要。然而，即使使用当今最先进的试验技术，也没有揭开细胞型朊蛋白向瘙痒型朊蛋白转变的原因。

本章着重介绍蛋白质错误折叠相关的理论和引起的疾病，对朊蛋白错误折叠的相关分子动力学研究进行剖析，将多聚阴离子导致 PrP^{C} 转化为 PrP^{Sc}的机制进行阐述，最后对 PrP^{Sc}的结构模型进行分析和总结，并给出相关的预测。

7.2 蛋白质错误折叠

7.2.1 蛋白质错误折叠与相关疾病

蛋白质折叠问题是21世纪生物物理学亟须解决的议题之一，是分子生物学中心法则中悬而未决的重大问题之一。正常细胞中一条氨基酸多肽链折叠成唯一确定的三维结构是一个神秘且有效的“定律”，现在科学家可通过试验手段了解多肽链片段和折叠后复杂的蛋白质结构的详细信息，但这一神秘“定律”背后的运作机理和机制仍需要大量的科学研究才能揭开它的面纱。转录RNA精确无误地转录遗传物质DNA信息，然后自身的碱基序列确定需要翻译的氨基酸，通过核糖体实现对mRNA的结合并翻译成多肽链。

从一条结构展开的多肽链折叠成具有生理功能的天然蛋白质这一事实是令人不解的，多肽链能从天文数字的可能折叠的状态中“奇迹般”地选择了唯一的构型来形成蛋白质结构，正是蛋白质固定的分子结构实现了其特有的功能和活性。1961年，Anfinsen采用牛胰核糖核酸酶(Ribonuclease)作为试验材料，加入β－巯基乙醇和尿素对蛋白质折叠为无规则卷曲形状，随后除去β－巯基乙醇和尿素放置一段时间后该酶恢复了活性，意味着其折叠为具有完整结构和生物功能的蛋白质。

朊病毒的出现意外地挑战了一级氨基酸序列确定三维结构的Anfinsen法则，补充了分子生物学法则关于蛋白质诱导蛋白质复制的这一重大意义。朊病毒的出现是正常蛋白质发生错误折叠的结果，行使生理功能的蛋白质分子具有固定的复杂空间结构，一旦正常工作的蛋白质改变了分子结构会导致蛋白质活性降低或者失去原有的功能，这往往会引起生命体微观上一系列的分子生物机制平衡破坏，从而使生物出现宏观上的病理学的症状和异常现象。

研究发现，正确折叠的PrP^{C}和错误折叠之后的PrP^{Sc}两者分子结构和活性有明显差异，但是结构相差许多的两个蛋白质的多肽链氨基酸序列却一样。需要指出的是，PrP^{Sc}的错误折叠形态并不是该氨基酸序列多肽链初始折叠的结果，而是完成折叠的蛋白质局部结构展开后再次折叠的结果。很可能在PrP^{C}再次折叠的过程中，环境或者其他辅助因子的参与致使PrP^{C}的部分片段脱离了自己的本征折叠构象，形成了不同于原来性质和形状的分子结构。

发生错误折叠的蛋白质的空间构象导致了其能在宿主细胞内形成疏水性聚集的淀粉样蛋白，引发中枢神经系统的神经元损害，致使哺乳动物患上神经退行性疾病。朊病毒病的病理学和解剖学研究发现，随着朊病毒持续侵入、感染、复制、增长，大脑中神经元发生空泡化、纤维化、病斑，星状细胞被取代，灰质中出现海绵状病变。朊病毒病是一种恐怖的疾病，患者脑功能下降，出现共济失调、痴呆或者知觉过敏、行为异常、震颤等症状，发病潜伏期较长，可长达数月甚至是数年，属于慢性疾病，无缓解康复，死亡率几乎 100%。

人的库鲁病(Ku-rmm)、克雅氏综合征(CJD)、格斯特曼综合征(GSS)及致死性家族性失眠症(FFI)都与朊病毒有关。对于人类而言，朊病毒病的传播方式有两种：家族性遗传和医源性感染，人与动物间相互传染该病需要进一步的科学探究。库鲁病是最早被研究的人类朊病毒病，是大洋洲巴布亚新几内亚特有的疾病，自从废止了食用已故亲人脏器之后未发现新病例。该病潜伏期可达数十年，发病后会出现头疼、共济失调、不自主震颤、肌肉痉挛等症状。Gajdusek 等人将库鲁病患者的脑组织液感染黑猩猩和各种猴类，成功证实该病和羊瘙痒症、人克雅氏病来源于同一病原。1976 年，鉴于 Gajdusek 在朊病毒病方面的杰出贡献，被授予诺贝尔生理学或医学奖。克雅氏病是一种主要发生在中老年人群中的病，患者伴有肌肉萎缩、共济失调、睡眠失调、失语等症状，病理学特征是小脑和大脑皮层的海绵状变样。格斯特曼综合征与克雅氏病症状大致相同，会出现小脑共济失调、失明耳聋、痴呆震颤、脑内淀粉样蛋白聚集，多为家族性，但肌肉痉挛症状较少见。致死性家族性失眠症与克雅氏病的病理学特征一样，临床表现为家族性自主神经功能异常、无法治愈的失眠症、记忆力损伤、共济失调、肌肉痉挛等症状，后期出现构音障碍、情感淡漠、木僵、昏迷、突然死亡等症状。

朊病毒病不仅侵害人类的生命健康和安全，在多种哺乳动物中也大量存在，包括羊瘙痒症、疯牛病、水貂脑软化病、马和鹿的慢性消耗病、猫海绵脑状病等。经病理学研究，动物朊病毒病和人类朊病毒病具有相似的特征。随着朊病毒持续侵入、感染、复制、增长，脑组织神经元发生空泡化、纤维化，星状细胞被取代，灰质中出现海绵状病变，最终导致死亡。早在 300 多年前欧洲就记录了羊瘙痒症的有关情况，患病的羊丧失协调性，站立不稳，由于瘙痒会摩蹭树皮和石头。被人类关注的家畜朊病毒病是 20 世纪 90 年代的疯牛病，导致全世界共屠宰和焚烧病牛 1 100 多万头，造成了巨大的经济损失。患病牛的症状为共济失调的步态不稳、摇晃易摔倒，对黑暗中突然的灯光出现惊恐、颤抖，病理组织学变化主要局限于脑灰质不连续的空泡化或者球状空洞。水貂脑软化病、马和鹿的慢性消耗病、猫海绵脑状病的病理学特征与羊瘙痒症、疯牛病相同，可见朊病毒是一种跨物种感染的病原。

尽管朊病毒能侵害人体和哺乳动物，但是，免疫系统对朊病毒不会产生免疫反应，因为 PrP^{C} 错误折叠后的 PrP^{Sc} 并不具有抗原决定簇。因此，它不能被免疫系统识别并清除。目前为止，朊病毒病没有特效药物和显著治疗方法，病死率极高，世界卫生组织将朊病毒病和艾滋病并立为世纪最危害人体健康的顽疾。

7.2.2 朊蛋白的结构

严格来说，朊蛋白包含两种蛋白质：细胞型朊蛋白（PrP^{C}）和瘙痒型朊蛋白（PrP^{Sc}），通常将 PrP^{C} 直接简称为朊蛋白，PrP^{Sc}简称为朊病毒。两者的一级结构完全相同，但三级结构具有较大差异。人和动物中细胞型朊蛋白是由 *PRNP* 基因编码的蛋白，*PRNP* 基因在人体内的第 20 号染色体，在小鼠体内为第 2 号染色体上，它能在中枢神经系统、心脏、肾脏、表皮细胞中表达，但是其生理功能并不清楚。1993 年，Bueler 等将试验小鼠中的 *PRNP* 基因敲除后，小鼠不会感染朊病毒，说明了朊蛋白在朊病毒病里扮演着重要的角色。

朊病毒的构象转变是导致神经退行性疾病最关键的分子生物学事件，是导致淀粉样蛋白聚集的基础，试验解析的第一个朊蛋白三维结构为揭示朊病毒病致病机制提供了一个突破口。自从 Wüthrich 小组在 1996 年利用溶液磁共振技术测定了第一个朊蛋白——小鼠 $mPrP^{C}$（121～231）的溶液状态下的结构，科研工作者经过不断的努力和研究，在其后 20 多年里，使用溶液磁共振、X 射线衍射晶体、冷冻电镜等技术相继解析了人、牛、猪、狗、猫、马、鹿、绵羊、田鼠、叙利亚仓鼠等物种的高分辨、高质量的 PrP^{C} 结构，为认识和理解朊蛋白的分子结构提供了数据基础，推动了朊病毒病理机制研究的进步，为治疗药物设计和研发疫苗提供了可能。

测量生物大分子技术主要是测量出朊蛋白 PrP^{C} 的溶液结构和晶体结构，Lopez Garcia 等人在 2000 年用溶液磁共振技术解析出牛朊蛋白高分辨率三维溶液结构，如图 7.1 所示。正常型的朊蛋白 N 端残基 23～121 处于未折叠的状态，在热环境的影响下像“尾巴”一样，在溶液中不停摆动；C 端氨基酸残基 121～230 是球状的结构域，包含 3 个 α一螺旋（α1：144～154，α2：173～194，α3：200～228）

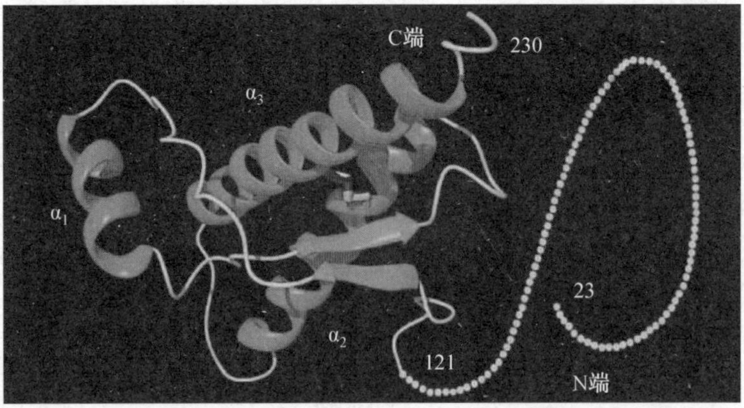

图 7.1 牛朊蛋白高分辨率三维溶液结构

和一对很短的反平行的 β－折叠(β1：128～131，β2：161～164)，二硫键 C179－C214 在溶液中以单体形连接并稳定 α2－螺旋和 α3－螺旋。

在 α2、α3 和 β2 连接紧密的地方形成了一个大约 20 个氨基酸的疏水核心，即使是不同物种的 PrP^C 的氨基酸残基在该疏水区域也是保守的。经过对不同物种 PrP^C 结构对比研究，发现有些部分结构区域还是有差别的，特别是不同哺乳动物的 PrP^C 结构之间在 β2 和 α2 之间的无序结构存在明显差别。

溶液磁共振技术能解析细胞型朊蛋白的 N 端无序结构，晶体衍射结构只能测量到 125～230 氨基酸序列的 C 端结构。而且，经过基因重组表达出来的人的 PrP^C 蛋白质结晶后以二聚体的形式存在，临近 α1 的蛋白质表面由于静电力、氢－螺旋键、范德瓦耳斯力、疏水作用成为二聚体结合处的对接表面。另外，α2－螺旋和 α3－螺旋之间的无序卷曲片段形成了一个小螺旋和一小段 β－折叠板。总体来说，朊蛋白 PrP^C 溶液结构和晶体结构一致。

图 7.2(a)中 N 端 1～22 为分泌信号肽，C 端 231～254 会被剪切掉连接 GPI。PK 抗性片段为朊蛋白 PrP^{Sc} 抗蛋白酶 K 的核心区，黑色箭头处为可能的切割位点。S－S 表示二硫键，GPI 为糖基磷脂肌醇，CHO 为糖基化位点。

细胞型 PrP^C 主要在大脑和脊髓中的中枢神经系统细胞膜外大量表达，但具体功能还不清楚。不同种属的天然 PrP^C 多肽链序列长度最初的时候一般有

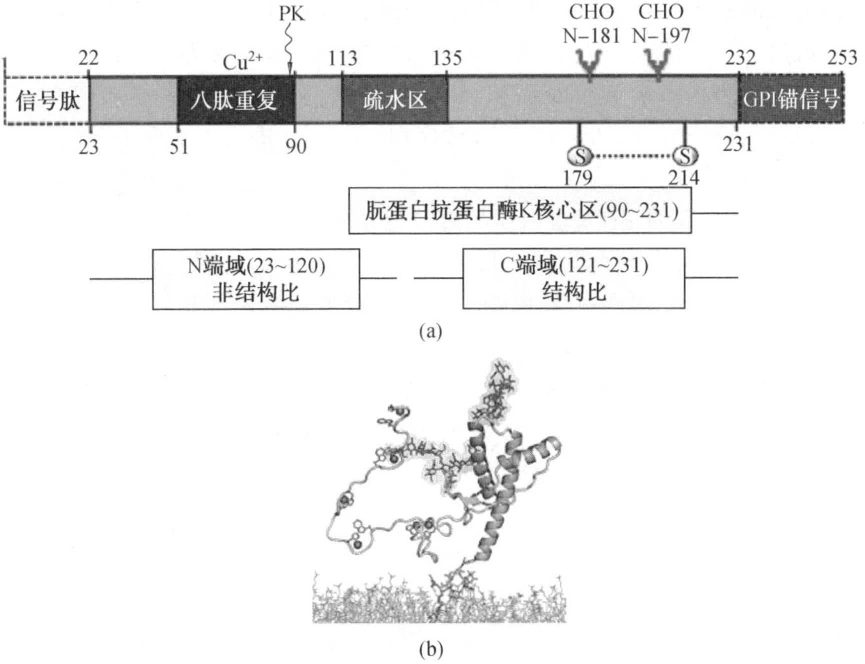

图 7.2　朊蛋白的一级序列及修饰和在神经细胞膜上的示意图

250～260 个氨基酸残基，在内质网上合成，随后 N 端前 22 个残基与 C 末端约 23 个残基被裂解。结构正常的细胞型 PrP^C 全长约 210 个氨基酸残基，含有一对分子内二硫键连接 α2－螺旋和 α3－螺旋，并且具有两个糖基化位点 N181 和 N197，但有研究表明糖基化对其结构和功能没有显著的影响。整个朊蛋白结构行使功能时，C 端的 GPI 锚定在细胞膜表面。

研究人员为获得更好的磁共振信号，将人的 PrP^C 上的基因进行位点 S170N 突变，将小鼠 PrP^C 上的基因进行位点 V166A 突变。另外，通过对 PrP^C 的研究，其表面静电势分布情况在一定程度上对朊蛋白构象转化扮演着重要的作用。例如，克雅氏病是朊蛋白的 PrP^C 第 200 个位点由谷氨酸(E)突变为赖氨酸(K)，意味着该位点氨基酸由带负电变成带正电，将会极大影响蛋白质分子表面静电势。虽然 PrP^C 某个位点氨基酸突变带来表面静电势的变化，但是，变异前后的蛋白质分子结构并没有变化，这可能对其他伴侣分子或者其他辅助因子的识别和结合造成显著影响。

7.2.3 最短 α－螺旋的固有缺陷

上一节介绍了 PrP^C 球状的 C 端结构域包含 3 个不同长度的 α－螺旋(30%)和极少量的 β－折叠。Faraggi 等开发了 SPINE X 模型预测蛋白质的二级结构，该神经网络的输入层中包含了氨基酸的物理化学信息、前一次迭代所输出的扭角预测值以及相对溶液可及面积。随后，Heffernan 等继续利用迭代深度学习，并考虑到扭角和相对溶液可及面积，将二级结构的预测准确率提高到 81.7%。Govaerts 小组研究发现，PrP^C 的氨基酸序列 89～175 错误折叠为 PrP^{Sc} 的 β－螺旋结构，而最短的 α1－螺旋(氨基酸序列 144～154)正好位于这个片段中。因此，有充分的证据证明 PrP^C 蛋白质的部分片段伸展开后，引起了 N 端二次折叠成新的分子结构，可以理解为蛋白质的局部发生二次折叠的过程。令人不解的是，PrP^C 最短的 α1－螺旋在形成 PrP^{Sc} 的时候被发现结构打开后再折叠成 β－螺旋结构，而其他两个 α1－螺旋在 PrP^{Sc} 的形成过程中被完整地保存下来。因此，PrP^C 的最短 α1－螺旋解开螺旋的过程可能在朊蛋白构象变化中起着重要的作用，研究最短的 α1－螺旋被解开的诱因对抑制正常型朊蛋白转变为病毒型朊蛋白具有重要意义，从而为理解朊病毒病致病机制和治疗朊病毒病提供一个重要的突破口。

在蛋白质的二级结构中，螺旋结构导致多肽主链形成数量最大化的氢键，氢键在生物化学和生理过程中起着重要的作用，螺旋结构的稳定性比其他二级结构稳定性更高。α－螺旋是肽链的肽平面绕 Cα 相继旋转一定角度螺旋向上形成了右手螺旋结构(图 7.3)，肽键平面属于刚性平面，每 3.6 个氨基酸绕一圈，每圈 5.4 Å，羰基(C＝O)的氧原子和前面第四个酰胺(N—H)氢原子形成链内氢键。

没有试验证据显示结构极为稳定的 α—螺旋发生再次折叠的现象广泛存在于自然界中。此外，很难解释在形成 PrP^{Sc} 的过程中，具有完整结构的 α—螺旋若不经过螺旋打开过程是如何直接折叠为 β—螺旋结构的。这些证据表明，可能存在某些内在原因导致 α1—螺旋天然结构不稳定。根据具有超强稳定结构的 α—螺旋打开的事实，α1—螺旋本身很可能存在固有缺陷或者结构不稳定性，决定着 α1—螺旋在 PrP^C 转化为 PrP^{Sc} 过程中扮演着重要的角色。

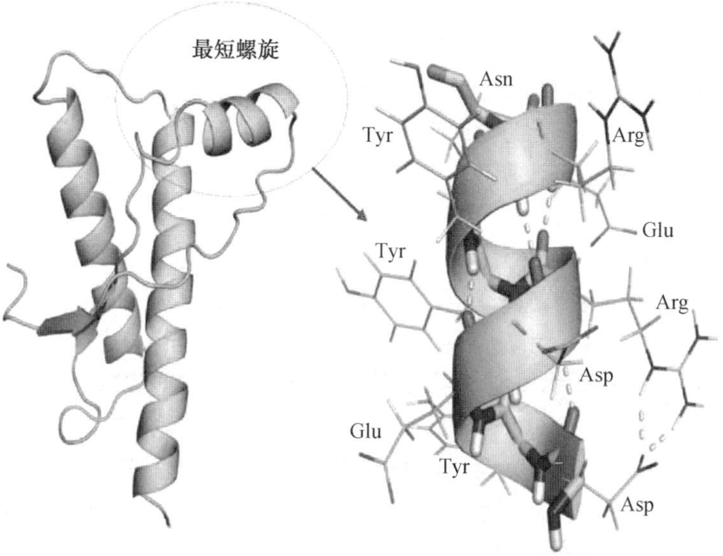

图 7.3 α—螺旋结构

(1)最短 α—螺旋的缺陷描述。

Anfinsen 法则认为，小蛋白质的天然结构完全由蛋白质的一级结构决定，即由氨基酸序列决定。因此，应该存在氨基酸序列决定的物理折叠码在最短的 α1—螺旋打开之后支配着 β—螺旋结构的折叠过程。很有可能是随机热运动触发了疏水作用主导了 PrP^C 转化为 PrP^{Sc} 的过程并导致 β—螺旋结构形成，因为已知的其他蛋白质的 β—螺旋结构都有明显的疏水核心。首先，在 PDB 数据库下载 79 个不同的朊蛋白结构数据文件，统计所有哺乳动物的朊蛋白的最短 α1—螺旋的氨基酸序列，发现都有一段相同的氨基酸序列(EDRYYRE)，这段氨基酸序列就是物理折叠码并决定了 α1—螺旋的形成。而鸡、龟、蟾蜍等非哺乳动物的朊蛋白都没有该氨基酸序列，同样这些动物也没有发生朊病毒病的报道。这说明 EDRYYRE 氨基酸序列片段在细胞型朊蛋白最短 α1—螺旋的形成和打开过程中起到非常重要的作用。

事实上，科学家已使用溶液磁共振方法对酸性条件下许多不同物种的 PrP^C

蛋白质的天然结构进行了试验解析，该方法可为 PrP^C 的最短 α1－螺旋的固有结构不稳定性提供试验证据。实际上，确实许多试验结果表明最短的 PrP^C 的最短 α1－螺旋分子内的氢键发生了断裂，证明在酸性水环境中 α－螺旋更有利于展开（图 7.41 和附录 3U1、U2）。通常，α－螺旋中的羰基氧原子与其氢键（成对的）酰胺氢原子之间的距离小于 2.4 Å。然而，在这些试验解析的 PrP^C 最短 α1－螺旋的结构中，某些成对的相邻 C═O 和 N—H 基团之间的距离明显大于 3.4 Å，导致原本氢键配对的 C═O 和 N—H 基团之间的相互作用降低，从氢键作用转化为弱静电吸引。但是，在不同的哺乳动物 PrP^C 蛋白质中，最短的 α1－螺旋始终由相同氨基酸序列（EDRYYRE）的多肽片段组成，因此可以认为这些短 α－螺旋是相同的（附录 3U3）。此外，如图 7.4 和附录 3U2 所示，可以找到 α1－螺旋所有氢键断裂的试验证据。通过对 PDB 数据库中蛋白质结构的分析，发现最短的 α1－螺旋的结构不稳定性至少在 16 种不同的朊蛋白中普遍存在（附录 3U2）。所有这些 α1－螺旋的结构不稳定的 PrP^C 蛋白质天然结构都是在酸性环境中使用溶液磁共振法试验确定的。但是，并非 PDB 数据库中 16 种不同 PrP^C 蛋白质的所有结构文件都显示出最短 α1－螺旋的结构不稳定性。这表明最短的 α1－螺旋在酸性环境中并不总是不稳定的。本研究在 PDB 数据库检查了其他的 13 900个蛋白质中 30 000 个 α－螺旋的结构稳定性，发现这些 α－螺旋均未显示出如 PrP^C 的最短的 α1－螺旋一样的结构不稳定性（附录 3U3）。因此，PrP^C 的最短 α1－螺旋的结构不稳定性是非常异常的现象。这些发现表明，PrP^C 的最短的 α1－螺旋的固有结构不稳定性可能来自于酸溶液中 α1－螺旋与周围水分子之间的相互作用。如果根据试验证据，可以清楚地解释为什么最短的 α1－螺旋在水性环境中表现出固有的结构不稳定性（即主链的分子内氢键断裂）以及其他两个 α－螺旋（α2－螺旋和 α3－螺旋）如何依次展开，也许能够证明是最短的α1－螺旋结构的解体触发了从 PrP^C 到 PrP^{Sc} 的转化，这是朊病毒疾病的关键致病机理。在哺乳动物的朊蛋白中，固定氨基酸序列（EDRYYRE）通过螺旋形成了 PrP^C 的最短 α1－螺旋。试验证据表明，α1－螺旋的两个氢键断裂是由于残基 R 的酰胺氢原子与主链的羰基氧原子之间形成氢键导致的。该现象表明，精氨酸的侧链能够通过与主链形成氢键而干扰二级结构的稳定性。根据 CHARMM 力场函数，分子模型中 R 残基的酰胺氢原子的电荷为 0.46e，明显大于蛋白质主链中酰胺氢原子的电荷（0.31e）和水分子的氢原子的电荷（0.417e）。因此，与主链的酰胺氢原子相比，主链的带负电荷的羰基氧原子更可能与残基 R 的侧链形成氢键。试验结果还表明，在水性环境中，残基 R 的侧链与主链的羰基氧原子之间的氢键破坏了 PrP^C 的最短 α1－螺旋的结构稳定性。

（2）朊蛋白最短的 α－螺旋结构不稳定的原因。

这些发现说明 PrP^C 最短 α－螺旋的内在不稳定性可能来源于 α－螺旋和周

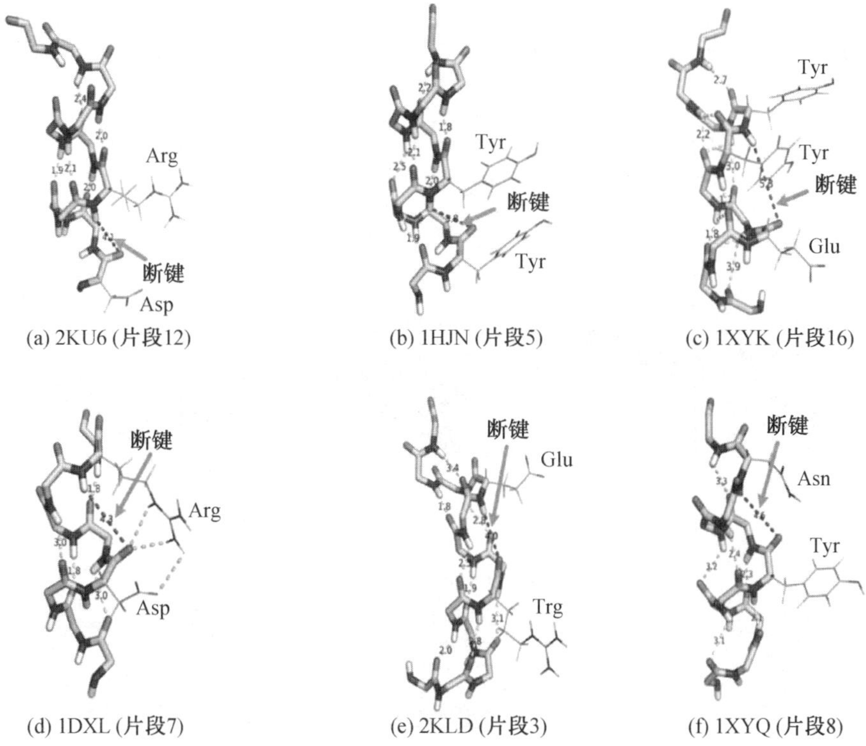

(a) 2KU6 (片段12)　(b) 1HJN (片段5)　(c) 1XYK (片段16)

(d) 1DXL (片段7)　(e) 2KLD (片段3)　(f) 1XYQ (片段8)

图 7.4　α—螺旋氨基酸侧链之间相互关系

围侧链作用。以这些试验为基础，如果可以清晰解释为什么最短 α—螺旋演示内在结构不稳定性（主链分子间氢键断裂），可能揭示 PrP^{C} 转化为 PrP^{Sc} 是由最短 α—螺旋作为关键的朊病毒病理学机制。天冬氨酸（D）和谷氨酸（E）包含带负电侧链。精氨酸（R）和赖氨酸（K）包含带正电侧链。酪氨酸包含一个平板式的疏水性侧链。在哺乳动物的朊蛋白中，固定的氨基酸序列（EDRYYRE）贯穿于 PrP^{C} 最短 α—螺旋。

为了进一步证明精氨酸的侧链可以干扰 α—螺旋的结构稳定性，本研究尝试使用 CHARMM 力场和微正则弛豫算法（NVERE）将最短 α1—螺旋在无水的状态下使其势能最小化（图 7.5）。模拟结果表明，通过在残基 R 的侧链与主链的羰基氧原子之间形成氢键，可以进一步将 α—螺旋的势能最小化。PrP^{C} 的最短α1—螺旋主链上残基 R 的侧链与羰基氧原子之间存在氢键的试验证据相互证实了这一模拟结果。在水性环境中，水分子和多肽之间存在不断的关于形成氢键的竞争。值得注意的是，由于水分子的强极性，亲水性侧链通常在水性环境中与水合层（Hydration Shell）发生氢键键合。该特征表明周围的水分子可保护亲水性侧链免受与主链的 C═O 基团和 N—H 基团发生氢键键合，从而防止侧链干扰蛋白质二级结构的形成和稳定性。这也解释了为什么蛋白质二级结构(例如,α一螺旋和β一折叠片)仅通过主链的N—H基团和C═O基团之间形成氢键来稳定结构的原因。

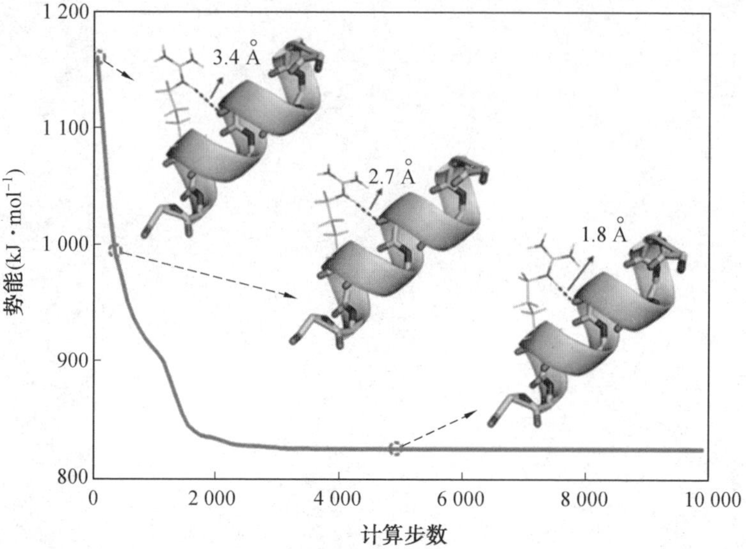

图7.5 α一螺旋的势能弛豫过程示意图

α1一螺旋的精氨酸侧链是如何摆脱周围水分子的屏蔽作用,导致该侧链与主链上的羰基氧原子发生氢键键合继而破坏α1一螺旋的结构稳定性?值得注意的是,在EDRYYRE组成的α1一螺旋中,两个精氨酸(R)侧链在空间上与天冬氨酸侧链(D)和谷氨酸侧链(E)相邻。热运动会导致这些带电的相邻侧链之间触发一定的静电吸引,从而使精氨酸的侧链靠近主链,并导致侧链与主链的羰基氧原子之间形成氢键。当精氨酸残基的亲水基团接近主链的羰基氧原子时,它们之间可形成两个氢键,因为每个羰基氧原子仅允许形成两个氢键,这导致该羰基氧原子断开了原有的与主链的酰胺氢原子间氢键,也就是破坏了α1一螺旋的结构。试验证据还表明,α1一螺旋中的两个酪氨酸(Y)侧链还可以通过切断主链的氢键而导致二级结构的不稳定性。然而,在PrP^{Sc}的形成过程中,必须有其他机制有助于PrP^{C}最短的α1一螺旋的展开,否则很难解释PrP^{C}在水环境中如何稳定存在。

已有研究表明,人和鼠的PrP^{C}蛋白在pH 4.4～6.0的区域内经历pH依赖的构象变化,失去螺旋并获得β一螺旋结构。因此,低pH很有可能在α1一螺旋展开中发挥了重要作用,最终导致PrP^{Sc}的形成。此外,已经在pH 4.5的酸性条件下获得了PrP^{C}最短α1一螺旋固有不稳定性的许多试验证据。但是,在自然环境中的细胞质的水溶液中并不存在pH 4.4～6.0的酸性条件。在过去的10年中,核酸分子(例如,RNA分子)可能是PrP^{Sc}形成中的细胞辅助因子的理论已越来越广泛地被接受。在这种情况下，多种核酸不是编码遗传信息而是充当催化剂的角色来导致 PrP^C 转化为 PrP^{Sc}。RNA、DNA 和硫酸化的糖胺聚糖分子可以归类为多聚阴离子。在溶液中，诸如 DNA、RNA 和硫酸化的糖胺聚糖等聚阴离子可以吸引周围的氢离子并提高局部氢离子浓度。因此，胞质中的聚阴离子如 RNA 和硫酸化的糖胺聚糖最有可能在胞质中产生局部酸性的环境。当聚阴离子接近细胞质中的 PrP^C 时，聚阴离子能够在其周围提供更高的酸性局部浓度，从而触发 PrP^{Sc} 的形成。

7.3　朊蛋白错误折叠的力学原理

7.3.1　多聚阴离子的作用

1982 年，斯坦利·普鲁辛纳经过长达 8 年时间的动物试验和分子生化试验发现一种新的病原体——朊病毒，并提出了朊病毒致病的“蛋白质构象致病假说”，其致病本质是蛋白质的变性。然而，经过科研工作者们的不断努力，相继发现 PrP^C 可以和 X 蛋白（例如，小鼠 STLI、Synapsin、Tetraspanin 等）、核酸等因素发生相互作用以影响 PrP^C 向 PrP^{Sc} 转化。研究表明，不同的 X 蛋白对 PrP^C 的影响也有很大的差异，比如热休克家族中的 HSP104 正向促进 PrP^C 转化为 PrP^{Sc}，而 HSP70 反而抑制 PrP^C 转化抗蛋白酶 K 水解的 PrP^{Sc}。PrP^C、PrP^{Sc} 和多聚阴离子三者是朊病毒系统有效转化的必要成分，无细胞体外转化试验已证明哺乳动物和无脊椎动物的总 RNA、合成的 DNA 和 RNA 以及一些热休克蛋白都可以促进朊病毒的转化。

L. Silva 等人发现，特定序列 DNA 可结合到重组小鼠朊蛋白（mPrP23～231）并将其从 α－螺旋结构（细胞型）转化为类似于纤维状的可溶性 β－折叠异构体。重组小鼠朊蛋白和朊病毒区域与 DNA 序列有很强的亲和性。同时，浓度过高的双链 DNA 可以完全抑制朊病毒多肽的聚集，该过程可以被光散射、荧光和圆二色光谱技术测到。反之，低浓度的 DNA 可以促进与朊病毒聚集体结合并将它们转变为更多的聚集。结果显示，朊病毒－DNA 的复合物可能是形成纤维的中间态，预示着宿主核酸可能调控细胞型和瘙痒型朊蛋白的细微平衡，方法是降低蛋白质的可移动性和使蛋白质－蛋白质的相互作用更加强烈。mPrP－DNA 复合物增加了 PrP(109～149) 多肽的聚集，但并没有导致 mPrP(23～231) 的聚集。根据动力控制学模型得出的 DNA 催化 α－螺旋 PrP^C 转化为 β－折叠板异构体的自由能。如图 7.6 所示，I 和 U 代表蛋白质的中间和未折叠状态。α－螺旋丰富的细胞型 PrP^C 是一种亚稳态构象，其化学势高于 PrP^{Sc}，而 DNA 可能降

低 PrP^{C} 转化为 PrP^{Sc} 的激活势垒。

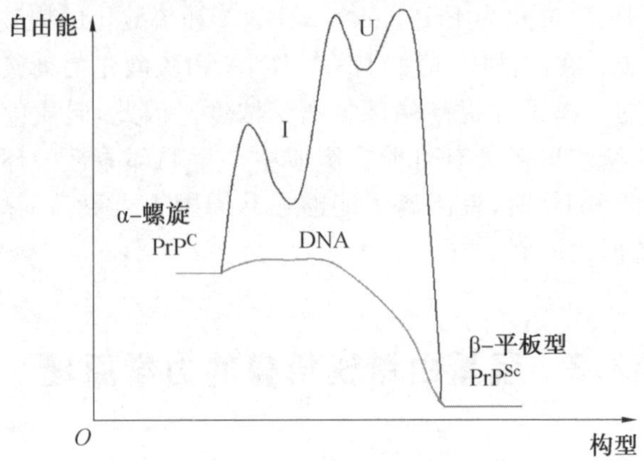

图 7.6　DNA 降低 PrP^{C} 转化为 PrP^{Sc} 的能量势垒(Y. Cordeiro,2001)

P. K. Nandi 等人混合正常型朊蛋白和核酸之后，用电子显微镜结合刚果红和硫黄素 T 染料的双折射和荧光技术都分别发现了淀粉纤维的证据。热变性研究证实了蛋白质片段在 DNA 溶液中可导致部分打开，进而提出核酸催化朊蛋白 α1－螺旋结构打开并随之聚集成淀粉。正常型朊蛋白的 α1－螺旋(残基 144～154:DWEDRYYREN)在 PDB 数据库中相似尺寸的 α－螺旋中是最亲水的，而且 α1－螺旋是已知螺旋中二级结构稳定性最低的，表面带负电的 DNA 和充满正、负电的 α1－螺旋很可能发生相互作用进而有利于 α1－螺旋的打开。

Deleault 等人在混合正常动物大脑和感染的动物大脑组织的匀浆中进行体外试验时发现了六倍体的 PrP^{Sc}，当脑组织中匀浆中加入相关的核酸酶后，体外试验观察不到新的聚集体出现。当再加入高浓度的单链 RNA，PrP^{Sc} 的量扩大了 24 倍，说明了 RNA 在朊蛋白构象变化中起到很重要的促进作用，而且 RNA 是 PrP^{C} 转化 PrP^{Sc} 的催化剂。总之，这些研究证实了一些非蛋白质成分至少在体外试验中参与了朊病毒复制。辅助因子通过至少两个不同的机制来影响朊蛋白的错误折叠。第一个机制：辅助因子作为连接正常朊蛋白和错误折叠朊蛋白的催化分子，降低朊蛋白转化的活化能。除了连接，辅助因子可能也影响 PrP^{C} 和 PrP^{Sc} 的构象并促进两者相互作用和转化过程。第二个机制：辅助因子稳定 PrP^{Sc} 构象。试验证明 PrP^{Sc} 的菌株和滴定性质并没有差异，说明多聚阴离子在转化过程中起到作用但并不是感染因子的一部分，也没有大量存在于感染因子的辅助分子。

通过研究了大量的 PDB 数据库中的朊蛋白文件，发现了朊蛋白上最短的 α1－螺旋上大量存在的天然缺陷，该现象与 P. K. Nandi 计算 α1－螺旋的稳定性比一般 α－螺旋焓值低的结果相一致。而且，α1－螺旋不稳定并容易打开是

PrP^C 转化 PrP^{Sc} 事件中最关键的分子结构变化。并且,大量试验证明核酸能促进 PrP^C 转化 PrP^{Sc} 过程,DNA 和 RNA 的边缘都是有规则排布的带负电磷酸基团,DNA 的等电点为 4～4.5,RNA 的等电点为 2～2.5。所谓等电点是指蛋白质或两性电解质所带净电荷为零时溶液的 pH,此时蛋白质或两性电解质在电场中的迁移率为零,在电场中既不向阳极移动,也不向阴极移动。核酸分子在高于其等电点的 pH 溶液中带负电,溶液呈酸性性质,意味着核酸可以改变溶液局部环境的氢离子浓度,从而对以氢键稳定的 α1－螺旋产生影响。Surewicz 等人发现,朊蛋白构象过渡发生在 pH 为 4.4～6.0,暴露出大量的疏水表面,在启动该蛋白质结构变化的路径过程中起到非常大的作用,至少在体外试验中促进了朊蛋白转化过程的中间态生成。

值得注意的是,人和鼠的 PrP^C 在 pH 为 4.4～6.0 经历了一个依赖 pH 的构象变化,螺旋变少且得到 β－螺旋结构。因此,低 pH 在 α－螺旋打开最终导致形成 PrP^{Sc} 可能扮演着重要角色。而且,在 pH 为 4.5 的酸性条件下获得的很多试验证据证实了 PrP^C 最短 α－螺旋的内在不稳定性。然而,在自然条件下,pH 为 4.4～6.0 的酸性条件下确实存在于细胞质中。在过去的数十年,被广泛接受的理论是 RNA 分子的核酸可能是 PrP^{Sc} 形成的细胞因子;核酸分子可能的作用是作为催化剂而并不是编码基因信息。RNA 和 DNA 分子可以被分类为多聚阴离子,在溶液中可以吸引周围的氢离子并引起局部氢离子浓度的改变。因此,细胞质中 DNA 和 RNA 最可能创造一个局部的酸性环境。

7.3.2　细胞型朊蛋白错误折叠的力学机制

水分子非常小并且具有非常强的极性,这些特性使水分子能够与每个亲水性侧链的氢键受体基团和氢键供体基团形成氢键。然而,随着氢离子浓度的增加,由于氢离子的水合层的需要,越来越多的水分子将有序地分布在氢离子周围,从而使 α1－螺旋的亲水性侧链从水分子的屏蔽作用中释放出来(图 7.7)。这解释了为什么 α1－螺旋的精氨酸侧链能够在 pH 4.4～6.0 的条件下逃脱环境水分子的屏蔽作用,从而导致该侧链与主链的羰基氧原子之间形成氢键。在分子模型中,水合氢离子的总电荷为 1.0e,这明显大于残基 R 的电荷。

对于哺乳动物体内的 PrP^C 到 PrP^{Sc} 的转化,推测可能存在 DNA、RNA 和硫酸化的糖胺聚糖在细胞环境内与 PrP^C 的相互作用。由于 PrP^C 是细胞外部 GPI 锚定的蛋白质,PrP^C 在其天然环境中几乎不会遇到 DNA 或 RNA,但是硫酸化的糖胺聚糖可以在 PrP^C 转化中发挥催化作用,并且很容易在细胞外的培养基中获得。为了证明细胞质中的聚阴离子可以在细胞质中创建局部酸性环境,本研究在 300 K 的 NVT 系综下模拟了水溶液中硫酸化糖胺聚糖片段的分子模型的构象形成,模型尺寸为 10 nm×100 nm×10 nm。在模型中随机添加了 28 个钠

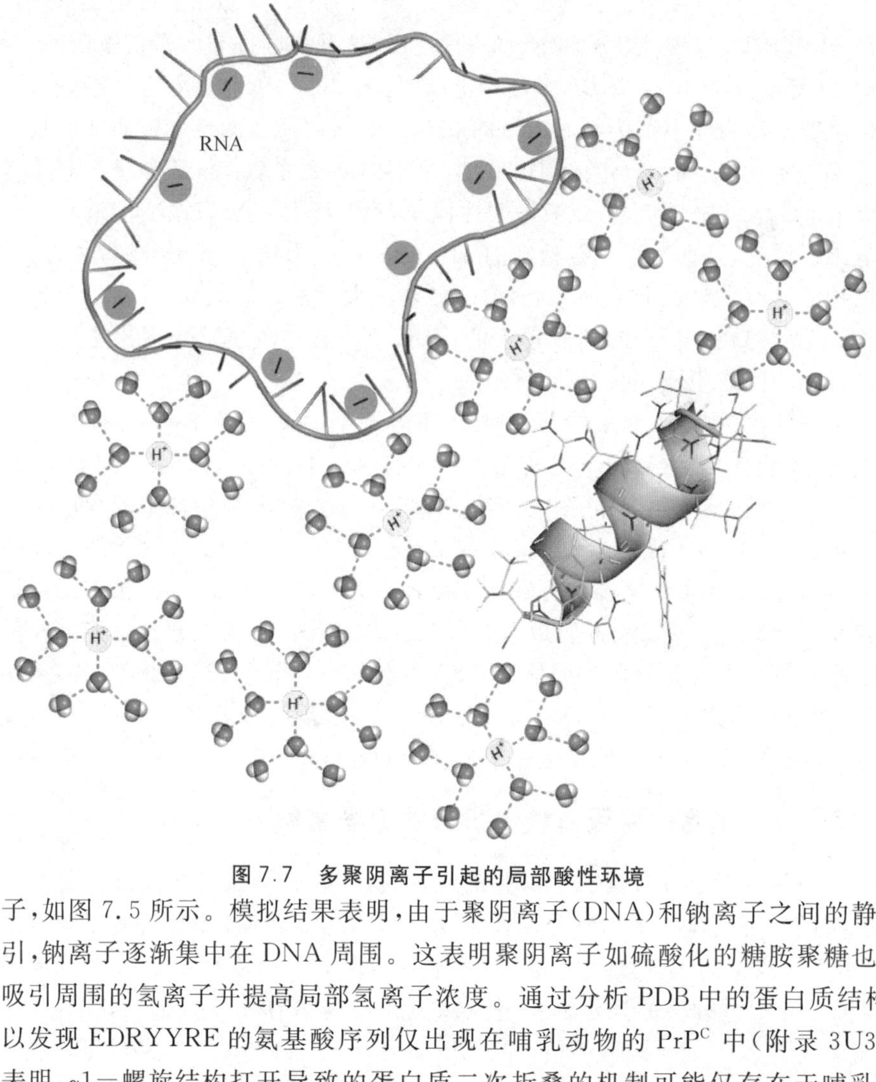

图 7.7　多聚阴离子引起的局部酸性环境

离子，如图 7.5 所示。模拟结果表明，由于聚阴离子(DNA)和钠离子之间的静电吸引，钠离子逐渐集中在 DNA 周围。这表明聚阴离子如硫酸化的糖胺聚糖也可以吸引周围的氢离子并提高局部氢离子浓度。通过分析 PDB 中的蛋白质结构，可以发现 EDRYYRE 的氨基酸序列仅出现在哺乳动物的 PrP^C 中(附录 3U3)。这表明，α1—螺旋结构打开导致的蛋白质二次折叠的机制可能仅存在于哺乳动物的朊病毒病中，由此可以解释在非哺乳动物中不发生朊病毒病的原因。

试验和分子动力学都验证了酸性条件下 α1—螺旋更加容易打开的事实，C 端球状结构域的流动性会随着 pH 的降低而增加，在 pH 为 5 左右朊病毒构象发生明显变化。其实，酸性的多聚阴离子周围氢离子浓度会变高，氢离子的强极性会破坏水分子组成的保护壳，同时也会和精氨酸结合，侧链带正电的 R_1 和 R_2 就会与带负电的多聚阴离子上的氧原子发生静电作用，向两侧拉拽 R_1 和 R_2 的侧链，加剧 α1—螺旋的结构破坏和打开，这也与试验观察结果相一致。一旦 α1—螺旋这段极性较强的螺旋打开之后，在水溶液伸展为无结构状态，这时处于热力学上不稳定的转台，在热运动和氨基酸序列的疏水作用下选择了重新折叠。

最重要的是，带电的残基在去溶剂化的状态下可能导致 PrP^C 结构中最短的 α1－螺旋的不稳定和解折叠。但是，仍然需要一个详细的机制来说明其他两个 α－螺旋的结构破坏。最短的 α1－螺旋的展开极有可能使大部分结构化多肽片段进入未折叠状态并部分破坏 PrP^C 的疏水核心。这样，结构化 α2－螺旋和α3－螺旋的一些疏水性侧链将暴露于周围的水分子中并诱发疏水作用，疏水作用会导致这两个结构化的 α－螺旋失稳塌缩(图 7.8)。为了证明 α2－螺旋和 α3－螺旋的疏水区域的不稳定，本研究在 300 K 的 NVT(守恒物质，体积和温度)系综中模拟了水溶液中这两个 α－螺旋的分子模型的构象发展，模型尺寸为 10 nm×100 nm×10 nm。模拟结果显示了这两个 α－螺旋的不规则形状的疏水区域(图 7.8(b)和 7.8(c))。疏水相互作用最有可能通过使不规则形状的疏水区域塌陷来促进两个 α－螺旋的展开，导致这两个 α－螺旋失去结构并进入展开状态。无论如何，最短的 α－螺旋的展开会增加其他两个 α－螺旋的结构不稳定性。

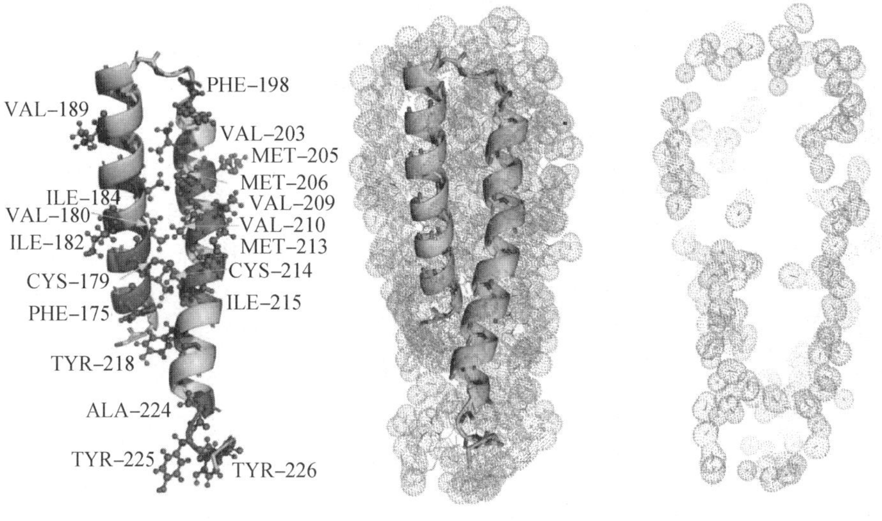

(a) α–1螺旋　　(b) α–2螺旋　　(c) α–3螺旋

图 7.8　α1－螺旋展开后不规则疏水区域(见彩图)

7.3.3　PrP^{Sc}结构

朊病毒是一种蛋白质感染粒子，导致了朊病毒病的传播，其主要的致病部分就是发生错误折叠的部分。至今，朊病毒复制的详细机制和 PrP^{Sc}高分辨率结构都是未知的。PrP^{Sc}的结构均是来源于低分辨生物物理技术，造成了 PrP^{Sc}多种结构模型。细胞型朊蛋白 PrP^C 的结构早在 1996 年就已经得到，但是非正常的朊病毒的三维结构仍是未知的。

现有证据显示，PrP^{Sc}是由 PrP 单聚体组成的多聚体，种子成核模型认为正常的朊蛋白 PrP^{C} 与错误折叠后的感染性颗粒 PrP^{Sc} 在体内同时存在，二者的构象变化可能是可逆过程，并且朊蛋白 PrP^{C} 构象变化与 PrP^{Sc} 并没有直接的关系，而是朊蛋白 PrP^{C} 在变性条件下或者核酸加入的情况下发生构象变化，使可逆过程向 PrP^{Sc} 一方移动。然后，朊蛋白 PrP^{C} 错误折叠后的 PrP^{Sc} 会与最初的 PrP^{Sc} 结构结合成新的感染粒子，PrP^{Sc} 会不断地自主装成有毒的蛋白质纤维并不断生长，有毒的 PrP^{Sc} 组成的纤维会发生断裂，断裂的纤维会结合更多的 PrP^{Sc} 不断复制，使可逆的 PrP^{C} 和 PrP^{Sc} 相互转化，向 PrP^{Sc} 增多的方向变化。

试验获得的 PrP^{Sc} 的高分辨结构仍面临很多的困难和挑战，在溶液状态下，PrP^{Sc} 包含大量不同尺寸的相互转化聚合物。一些不同密度的朊病毒株存在于 PrP 种群中，意味着 PrP^{Sc} 分子单元有不同的聚集程度，密度和质量大小不一的 PrP^{Sc} 造成研究者对其标准结构的困惑。典型 PrP^{Sc} 聚集拥有很大的分子质量，尽管大多数感染性 PrP 物种似乎比寡聚体还小，但是其仍有 400～600 ku 分子质量，造成了很大的生物物理分析的困难。PrP^{Sc} 聚集疏水性很强，与其他淀粉状聚集体相似，朊病毒也是非溶于水的粒子，但是溶于水是结构研究的前提条件。通过化学和热处理成功得到一定程度的可溶于水的样本，但是感染性明显降低，说明这些操作可以改变朊病毒结构和自我聚集的能力。人细胞型朊蛋白包含两个可能的 N 端链接的糖基化位点，一般来说，不同 TSE 菌株与 PrP^{Sc} 不同的糖基化模式（单个、两个和无糖基化形式）有关，说明不同的 PrP^{Sc} 聚集可以选择性结合与自己相似的糖基化模式的单聚体。尽管不同的方法提纯 PrP^{Sc}，PrP^{Sc} 的黏性导致其抓获很多污染物，例如其他蛋白质、脂质和核酸等，提高 PrP^{Sc} 提纯工作的技术难度。当前，在体外生产感染朊病毒的技术总体来说产量很低，很难生产足够生物物理研究的 PrP^{Sc} 材料。另外，PrP^{Sc} 存在糖基磷脂酰肌醇锚（GPI），增加了对探测数据的难度，有报道称缺少 GPI 的转基因小鼠也可以复制和产生感染性的无 GPI 的 PrP^{Sc}。FTIR 分析显示，野生型和无 GPI 的 PrP^{Sc} 无任何差别，说明 GPI 并不会影响朊病毒的全局结构。

利用患朊病毒病动物脑源性材料获取用于结构研究的 PrP^{Sc} 困难很大，试图用生化的方法在体外试验制造出合成的 PrP^{Sc} 成为流行趋势。Prusiner 等首次人工合成了朊病毒，他们将体外组装的 recPrP 淀粉样纤维注射到过度表达截短型 PrP 的转基因小鼠体内，可以产生类朊病毒的症状。然而，同样的原纤维在注射到野生型小鼠体内时缺乏传染性，这引起了人们的关注。后续研究表明，该病在转基因小鼠中经多次传代后可传播给野生型小鼠。利用类似的方法，Baskakov 和他的同事报告了在野生型小鼠中连续传代 2 次后，recPrP 淀粉样纤维产生了传染性朊病毒。尽管这些结果令人鼓舞，很长的潜伏期和体内传代的需要表明体外产生的 recPrP 聚集体和体内产生的 PrP^{Sc} 之间存在差异。利用 X 射线纤维衍射、氢交换和原子力显微镜进行的研究进一步证实了体外产生的 recPrP 纤维和体内产生的 PrP^{Sc} 具有本质不同的 β－螺旋结构。

目前，蛋白质错误折叠循环复制(PMCA)方法已经成为体外培养朊病毒的强大且有效的工具，提供了感染因子的本质信息和朊病毒复制机制，可作为高度敏感的朊病毒探测系统。在这个系统中，通过混合包含少量 PrP^{Sc} 的脑组织和健康脑组织来形成朊病毒，PrP^{Sc} 复制呈指数扩增，PrP^{Sc} 多聚体由超声波分离成片段，增加了转化种子的数量。新转换的 PrP^{Sc} 有与来源于脑组织 PrP^{Sc} 相同的物理化学性质。Supattapone 等人使用从健康脑组织纯化得来的 PrP^{C} 作为 PMCA 的基底，仅加入合成多聚阴离子就可以产生感染性的朊病毒。这是首次用纯化物产生朊病毒，尽管需要多聚阴离子分子和共同提纯的脂质。通过 recPrP 与合成脂质和从小鼠中分离的总 RNA，Wang 等人培养出高度感染野生型小鼠的朊病毒。

朊病毒聚集的独特性质给 X 射线晶体造成了很大的挑战，大多数纤维同样存在相似的障碍。很多研究团队都选择了使用低分辨率的生物物理和生物化学技术来获得 PrP^{Sc} 的结构信息。尽管这些方法并不能提供四级接触和 PrP^{Sc} 的全局排列，圆二色法和红外光谱等常用的低分辨探测技术仍能提供结构有用的信息，揭示了朊病毒病脑组织中 PrP^{Sc} 由大量 β－折叠板组成，而与存在大量 α－螺旋的正常型朊蛋白是不同的。尽管精确的 PrP^{Sc} 三维结构尚未明晰，傅立叶红外光谱仪证据显示，在 PrP^{C} 转化为 PrP^{Sc} 之后，大量的 β－折叠板结构(含量为 43%)出现并代替原来最短的 α－螺旋，导致完整的二级结构所占比例从 30%增加到 65%。该发现可被认为是 PrP^{C} 转化为 PrP^{Sc} 蛋白质的局部再折叠的过程。

透射电镜和原子力显微镜也经常研究朊病毒的超结构特征，从脑组织分离出的 PrP^{Sc} 显示尺寸不同的无规则形状。从大聚集体分离出的朊病毒菌株更容易在体内聚集，可能是大聚集体倾向于形成碎片并高速传播。尽管 PrP^{Sc} 并不利于 X 射线结晶学，但是 X 射线纤维衍射也可以得到低分辨率的衍射形式，获取的数据对研究核心区域的堆积和聚集体的全局排列很有用，该技术也广泛应用于淀粉状类纤维组织，揭示了平行 β－折叠板垂直堆积于纤维轴的交叉 β－折叠模型。纤维板衍射数据显示，蛋白酶截断的 PrP^{Sc}(PrP27～30)具有尖锐拐角和 4.72 Å的交叉 β－折叠板反射。电子晶体学也提供了 PrP^{Sc} 组织的证据，这个技术对小晶体非常有用，因为电子可以与蛋白质晶体相互作用产生更强的光束衍射。FER 依赖于使用顺磁探针黏附一些蛋白质氨基酸来探测分子内和分子间的特定位置的结构。氢氘交换通过特定位置对水氢原子亲和性的不同程度来研究特定残基结构约束。使用 HX－MS 技术成功显示主要由 β－折叠板和小卷曲组成的残基 90～231 疏水核心对水分子有高度的不亲和性。

根据一些低分辨率的生物物理技术，如电子晶体学、电子顺磁共振技术、圆二色法、红外光谱等技术，结合理论计算给出大致三类 PrP^{Sc} 结构模型。第一种是 Govaerts 等提出的 β－螺旋模型（图 7.9(a)），N 端残基 90～175 形成左手螺旋的 β－螺旋结构，C 端残基 176～230 保留原来的结构，α2－螺旋和 α3－螺旋还是通过二硫键连接，整个结构以三聚体聚集并沿轴向生长；第二种是 DeMacro 等提出的 β－螺旋模型（图 7.9(b)），是基于动力学模拟朊蛋白构象变化所提出的模型，可能和试验结构有一定差距，核心结构由几条 β－折叠组成，C 端的 α2－螺旋和 α3－螺旋会保留，该结构同样也是三聚体聚集沿轴向生长；第三种是 Surewicz 等提出的 β－折叠模型，该结构与前两种结构不同的是，螺旋全部打开并重新折叠为 β－折叠，β－折叠平行排布沿垂直方向生长。

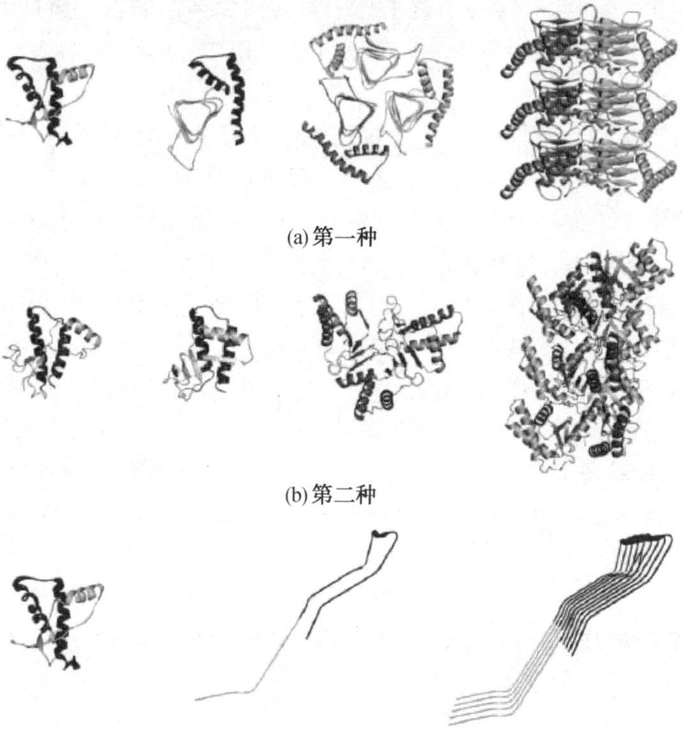

(a) 第一种

(b) 第二种

(c) 第三种

图 7.9　三种 PrP^{Sc} 结构模型

7.3.4　四阶 β－螺旋结构的预测

由于现有的低分辨率探测技术无法获取侧链具体分布的细节，Prusiner 等人经过观察大量的左手和右手 β－螺旋结构提出了 β－螺旋模型，发现这些结构都是由疏水作用形成了三角形内核，疏水核心内部必须是疏水氨基酸的侧链朝向内部，强极性的氨基酸侧链不能朝向内部只能朝向外部，三角形疏水结构每条边大约为 6 个氨基酸。经过观察和推导，朊蛋白一级序列符合左手螺旋结构情况，如图 7.10 所示。

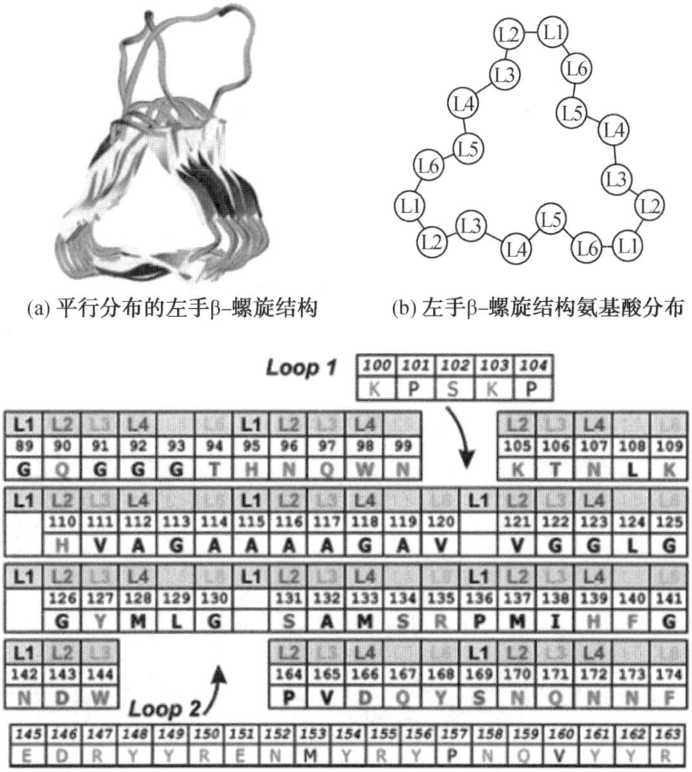

(a) 平行分布的左手β-螺旋结构　　(b) 左手β-螺旋结构氨基酸分布

(c) 氨基酸序列

图 7.10　左手 β－螺旋平行分布结构、氨基酸分布及序列(见彩图)

两种感染变体的分子结构，电子显微镜可观测到 N 端截断的 PrP^{Sc}(PrP 27～30)和一个小朊病毒(PrP^{Sc} 106) 的特征。不断增加的试验证据显示，PrP^{C} 打开的片段最可能折叠成 β－折叠板结构，呈三角形螺旋而上，中间空穴为疏水核心。值得注意的是，仅短的疏水核心或者中性侧链可以处在三角形疏水核心中。从 PDB 数据库中分析其他左手和右手的 β－螺旋结构，由于丙氨酸、缬氨酸、亮氨酸、异亮氨酸、苯丙氨酸、色氨酸和蛋氨酸较短的疏水性侧链可以处在三角形疏水核心里，因此它们被分类为 R_{in}；赖氨酸、精氨酸、谷氨酰胺、谷氨酸、组氨酸、天冬酰胺和天冬氨酸由于较长的亲水性侧链不能处在三角形疏水核心，因此它们被分类为 R_{out}。

β－螺旋结构是由 β－折叠一段连接一段呈三角形盘旋而上，相邻结构通过主链之间氢键连接，特征是相邻的多肽平面板平行分布。这些平行分布也导致临近的侧链在主链相对方向上平行分布，同时，每一个侧链与其他侧链相平行。当β一螺旋结构上的两个 R_{out} 连接在一起时，R_{out} 一 R_{out} 片段仅仅存在于拐点处。

试验证据显示，PrP^{Sc} 的 β一螺旋有一个三角形疏水核心，如图 7.11 所示。值得注意的是，最短 α一螺旋的打开致使一个长疏水片段序列（AGAAAAGAV-VGGLGG）进入展开状态。第一阶三角形的形成可能是通过疏水片段的疏水作用。事实上，试验结果已经显示甘氨酸（G）经常出现在蛋白质天然结构的拐点处。因此，假设 G 就处在第一阶三角形的拐点处。从分析哺乳动物的氨基酸序列可知，提出 PrP^{Sc} 的 β一螺旋结构是一个等腰三角形的疏水核心，也非常切合其他很多已知朊蛋白的氨基酸序列。傅立叶变换红外（FTIR）光谱证明，PrP^{Sc} 的 β一折叠板所占比例为 43%。因此，大约 99 个朊蛋白的氨基酸折叠成 β一螺旋结构，这意味着 PHGGGWGQ 重复的多肽片段可能包含在 PrP^{Sc} 的 β一螺旋中。

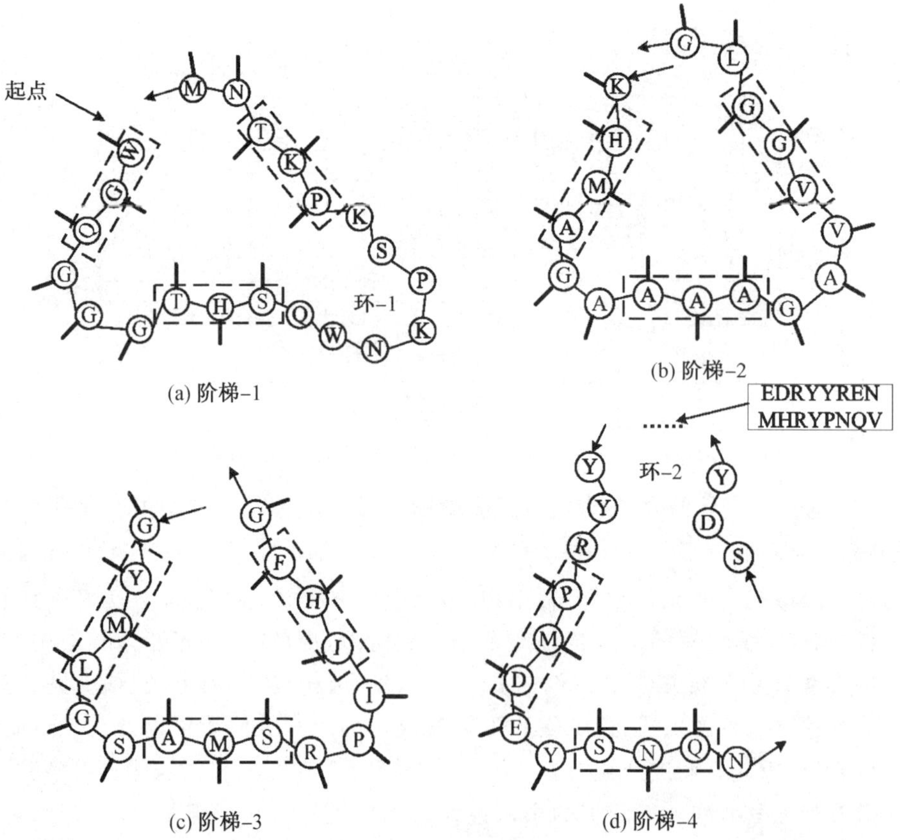

图 7.11　β一螺旋的三角形疏水核心预测

现有的一些 PrP^{Sc} 结构的模型倾向不包含 PrP^{C} 原有任何 α－螺旋结构，在 PrP^{C} 向 PrP^{Sc} 转变的过程中，PrP^{C} 结构完全解体并形成了一个较大的 β－螺旋结构。但是，这些较新的 PrP^{Sc} 结构模型并不存在完整的疏水核心，通过模拟发现，水分子进入了这些 PrP^{Sc} 的 β－螺旋结构的预测模型的内核，如图 7.12 所示。通过模拟多个试验解析的其他蛋白质的 β－螺旋结构水环境模型，发现这些试验解析的结构都不会让水分子进入 β－螺旋结构的内部(图 7.12(c)(d))，因此已有的 PrP^{Sc} 结构的模型并不十分准确，PrP^{Sc} 的分子结构依然是未知的。

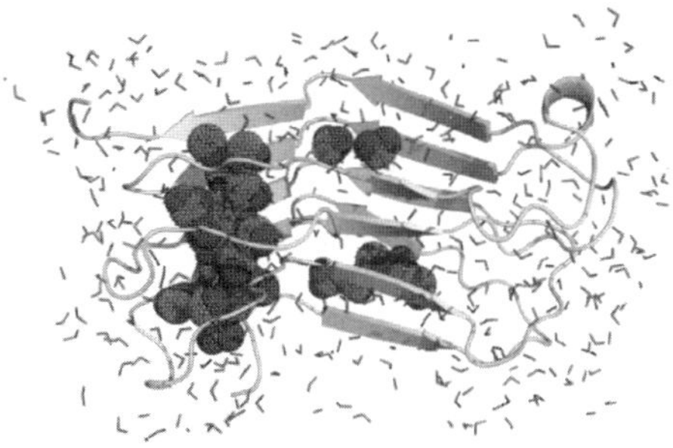

(a) 水分子进入 PrP^{Sc} β-螺旋结构

(b) 水分子进入 PrP^{Sc} β-螺旋结构的预测模型

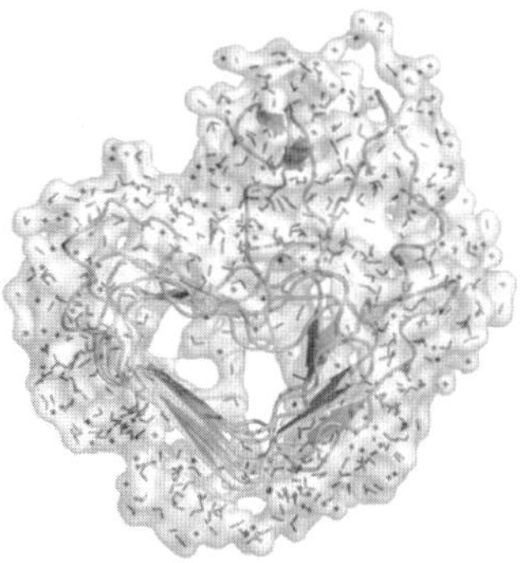

(c) 蛋白质1BN8的β-螺旋结构

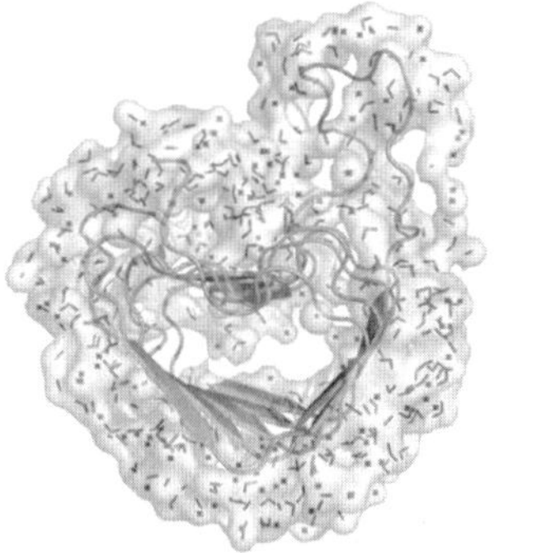

(d) 蛋白质1AIR的β-螺旋结构

图 7.12　水分子与 PrP^{Sc} 的 β－螺旋结构预测模型(见彩图)

总之，在 PrP^{Sc} 形成后，具有超强结构稳定性的 PrP^{C} 原有的 3 个 α－螺旋被 β－螺旋取代这一事实应被视为悖论。朊蛋白的重折叠(从细胞亚型到瘙痒病亚型)最有可能开始于最短的 PrP^{C} α1－螺旋的展开，这形成了一个很长的展开的多肽片段，该片段富含大量的疏水残基，从而使得疏水相互作用启动并形成第一个疏水的三角形的环。聚阴离子诱导的氢离子局部浓度的增加(即 pH 增加)很可能破坏了水分子的屏蔽作用，从而使精氨酸侧链从水合层中逃逸，由此导致最短的 α－螺旋不稳定。试验和分子模拟的结果表明，热振动会触发相邻带电侧链之间的静电吸引，从而将精氨酸侧链从水合壳中拉出，并在精氨酸侧链残基和主链的羰基氧原子之间形成氢键。聚阴离子诱导的氢离子浓度和相邻带电侧链之间的静电引力协同作用，打开了最短的 α－螺旋，继而导致残余的两个 α－螺旋的疏水性侧链暴露在水环境中，引起疏水踢缩又破坏了残余的两个 α－螺旋，从而重新折叠形成 β－螺旋。本研究提出了新的具有三角形疏水核心的 PrP^{Sc} 的 β－螺旋结构模型。同时，模拟验证现有的 PrP^{Sc} 的 β－螺旋结构模型，发现这些模型导致水分子进入 β－螺旋结构的内部，这与试验解析的其他 β－螺旋结构核心是完全疏水的试验观察不符，因此 PrP^{Sc} 的 β－螺旋结构依然是未知的。

第 8 章

基于牛顿力学的蛋白质结构预测方法

本章介绍了现有的同源建模等蛋白质预测方法，基于牛顿力学的蛋白质结构预测方法，以及如何基于未折叠蛋白质热力学亚稳态理论，利用蛋白质结构数据库和特征提取等智能算法预测蛋白质三级结构。

8.1 蛋白质结构

蛋白质是生命活动的主要承担者。生命体15%～20%由蛋白质构成。蛋白质是由氨基酸脱水缩合构成的。自然界中大约存在20种氨基酸，是由碳原子、氢原子、羧基(—COOH)、氨基以及特有的侧链构成的。一个氨基酸的氨基和另一氨基酸的羧基发生脱水缩合反应，形成肽键，若干个氨基酸发生脱水缩合反应形成肽链，其过程如图8.1所示。

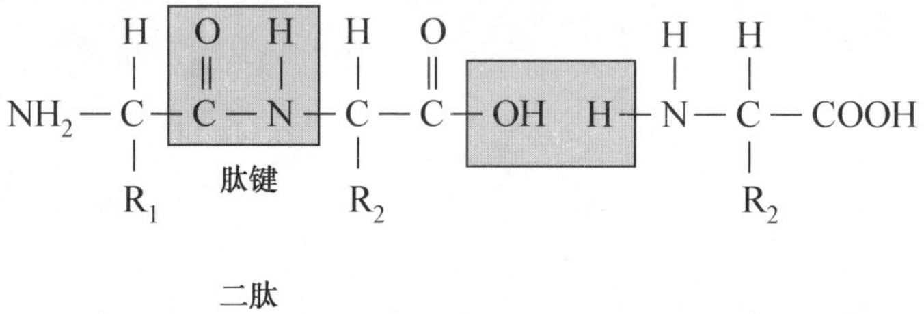

图8.1 氨基酸脱水缩合

蛋白质是拥有特定结构和功能的肽链。在自然状态下，蛋白质通过氢键、范德瓦耳斯力、疏水作用等行使其特定功能。

蛋白质可以分为四级结构(图8.2)：

(1)一级结构是蛋白质的残基序列。

(2)二级结构是蛋白质中周期性的局部结构，例如α—螺旋、β—折叠等。

(3)三级结构是多个二级结构因疏水作用拼装成的具有紧密形态的三位空间结构。

(4)四级结构是不同肽链间因相互作用而形成的具有特定功能的结构，例如，抗原蛋白与抗体蛋白的结合。

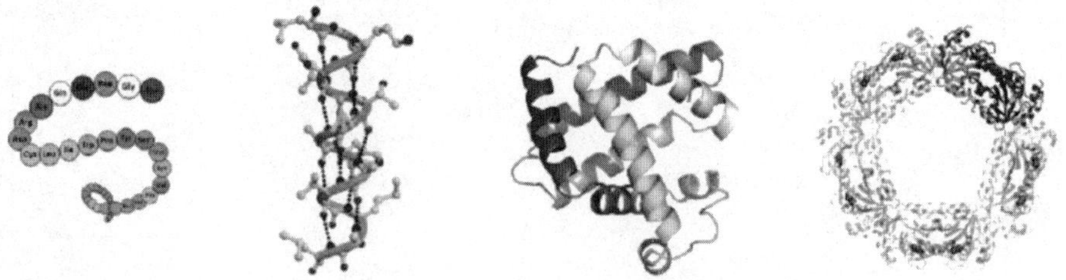

(a) 一级结构　(b) 二级结构　(c) 三级结构　(d) 四级结构

图8.2 蛋白质结构分类

蛋白质只有在折叠状态下才能行使其特定的功能。认知蛋白质在生命活动中的重要意义首先需要了解蛋白质的空间结构。目前的试验主要有磁共振和 X 射线晶体衍射等，X 射线晶体衍射能够获得足够高精度的蛋白质空间结构，但是此方法有一定局限性，大部分 X 射线晶体衍射所需的蛋白质晶体无法制备；磁共振不需要制备蛋白质晶体，但是只能解析长度很短的蛋白质；冷冻电镜等设备可以较为准确地预测蛋白质结构，但是需要耗费大量的时间和经费。

目前所有的试验均无法满足蛋白质的结构测定。截至 2017 年，PBD 数据库中的蛋白质结构的数目达到 127 325 种，仅占已知蛋白质序列的 0.16%，并且其中存在谬误和重复。由于试验条件的限制，蛋白质结构的获取速度远远低于蛋白质序列的获取速度。因此，通过计算的方式对蛋白质结构进行预测具有重要意义。

Anfinsen 首先指出蛋白质折叠所必需的信息完全存在于一级结构，分子生物学家专注于仅通过适当的算法应用于已知的氨基酸序列，获得蛋白质的完整三维结构。氨基酸序列决定了蛋白质的结构，进而决定了氨基酸的功能。现有的分子动力学模拟方法无法准确对蛋白质进行预测，本章主要总结了现有的基于统计学习的蛋白质结构预测方法，并提出了一种基于神经网络的蛋白质三级结构预测方法。

8.2　蛋白质二级结构的分类及预测

蛋白质二级结构预测是蛋白质空间结构预测的基础。蛋白质二级结构的预测充分简化对于蛋白质结构的描述。本节主要介绍蛋白质二级结构分类，见表 8.1。

蛋白质二级结构分类主要是根据氨基酸的羟基原子与另一氨基酸的酰胺氢原子形成氢键模式进行分类的。

表 8.1　蛋白质二级结构分类

分类	描述对象
E	平板
G	3—氨基酸螺旋
H	4—氨基酸螺旋
I	5—氨基酸螺旋
T	氢键转角
B	孤立氢键平板
S	大弯折
C	其他弯折

蛋白质的二级结构主要分为α—螺旋、β—折叠。Kabsch 等将二级结构分为 3 类,包括平板(E)、螺旋(G\\H\\I)、卷曲(T\\B\\S\\C)。

在二级结构的预测方面 Wang 等提出了条件神经场模型,预测 8 种状态二级结构的出现概率。Jones 等提出了通过蛋白质进化信息预测三级结构的方法——PSIPRED。

PSIPRED 法读取了进化中蛋白质的相关信息,产生蛋白质的序列形式,表示进化上相关的序列信息,利用神经网络预测每个位置的二级结构,再利用中心残基等信息对预测结果进行后处理,预测精度在 76.5%～78.3%。

蛋白质二级结构的准确预测是三级结构预测的基础。考虑了残基序列、残基扭角以及溶液可及面积等因素的神经网络能较为准确地预测蛋白质的二级结构。在此基础上,神经网络也可应用于蛋白质三级结构的预测。

8.3 蛋白质三级结构的预测方法

目前蛋白质三级结构的预测方法主要包括同源建模法、折叠识别法和从头预测法。

8.3.1 同源建模法

同源建模法的主要思想是氨基酸序列相似的蛋白质结构也必然相似。同源建模法的主要目标是寻找目标蛋白质与模板蛋白质的序列相似性,进而确定蛋白质的三级结构,蛋白质预测模型的应用如图 8.4 所示。表征蛋白质的序列信息方法和计算序列相似性的准则是同源建模法的关键。

目前主流的同源建模法包括 BLAST、PSI－BLAST、ORFcus、SAM－T99、HHpred 等。各同源建模方法表征蛋白质的序列信息方法和计算序列相似性的准则均有差异。表征蛋白质的序列信息方法由最初的残基序列直接表示逐步发展为使用马尔可夫随机场进行表示,表示方法的变化直接导致了序列相似性计算方式的差异。

BLAST 直接考虑蛋白质残基序列之间的联配,将残基序列标记为匹配、插入、删除 3 种状态,使用残基评价矩阵进行评估,寻找最优联配。PSI－BLAST 是在 BLAST 的基础上根据残基位置的特异性计算序列的相似性,从而寻找最优联配。FFAS 采用序列列型表征蛋白质残基序列,使用序列列型计算序列间的相似性,序列列型可以更好地表示空位的出现。在 FFAS 方法的基础上,ORFeus 法首先预测氨基酸残基二级结构的倾向性,然后计算预测的二级结构与真实二级结构的相似度,该方法能够提高预测的准确性。

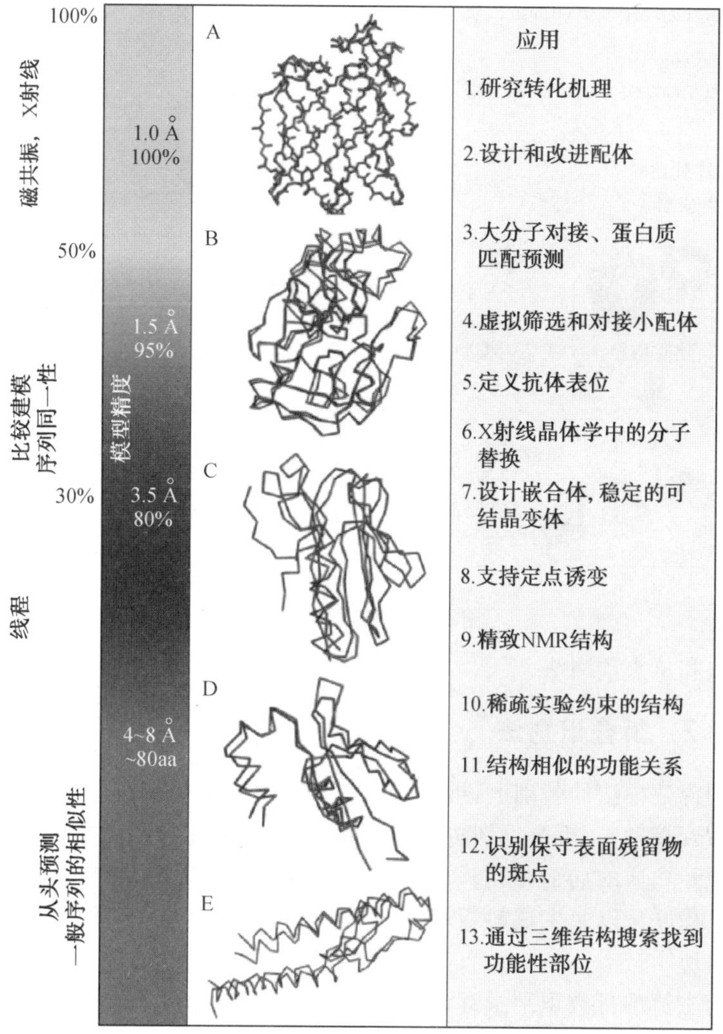

图 8.3　蛋白质预测模型的应用

序列列型表示蛋白质残基序列，虽然能描述每个残基编译的可能性，但是不能对每个位置进行特异性的联配。SAM－T99 法使用隐形马尔可夫模型表示蛋白质残基序列，消除了序列列型表示的缺陷。在 SAM－T99 法的基础上，HH-pred 法使用隐形马尔可夫随机模型分别表示目标蛋白质序列和模板蛋白质序列，计算两个隐形马尔可夫模型下相同残基的概率来表征蛋白质的相似性，可以体现出比 SAM－T99 更好的联配能力。

同源建模法具有搜索速度快的优势，但是当目标蛋白质与模板蛋白质的相似度较低时，同源建模法的效果是不理想的。目前，该领域的研究重心转移至折

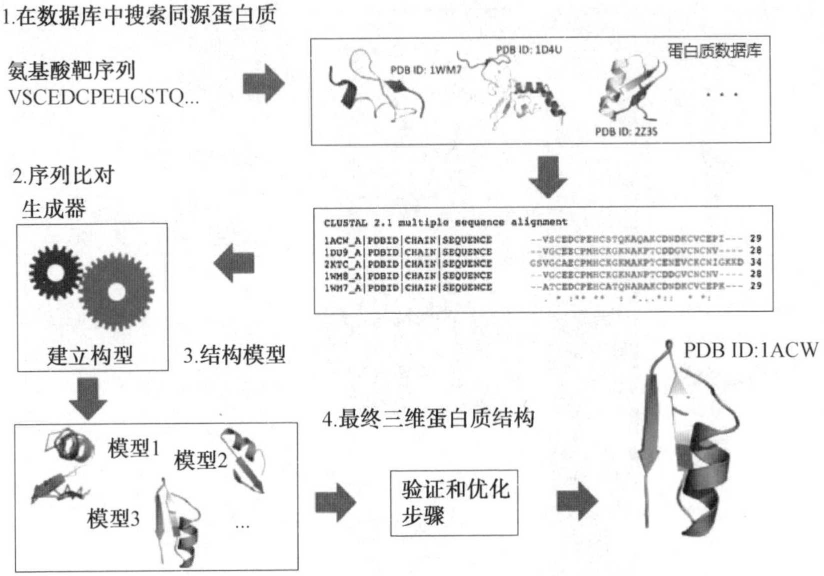

图 8.4　同源建模法的流程

叠识别法和从头预测法。

8.3.2　折叠识别法

在同源建模法的基础上，折叠识别法还利用了模板蛋白质中的结构信息（如残基的相互接触）。折叠识别法使用序列一结构联配方法，考虑目标蛋白质是否符合模板蛋白质的局部结构模式。描述模板蛋白质的局部结构、计算最优化的序列一结构联配以及生成模板蛋白质的结构是折叠识别法的关键步骤，其流程如图 8.5 所示。

目前主流的折叠识别法有 Peospect、SPARKS、Paptor、Paptor X 等。各种方法的不同主要体现在衡量目标蛋白质与模板蛋白质结构的打分函数考虑的因素有所不同。

Peospect 方法主要考虑模板蛋白质残基变异的可能性，目标蛋白质中残基匹配模板上某位置结构模式的程度，目标蛋白质残基接触的可能性；SPARKS 方法主要考虑目标蛋白质匹配模板蛋白质中的主链扭角的程度以及溶液可及情况的程度；Paptor 将序列结构的联配问题简化为一个线性规划问题，该方法主要考虑模板蛋白质残基变异的可能性，目标蛋白质中残基匹配模板上某位置结构模式的程度、空位罚分，目标蛋白质与模板蛋白质二级结构的相似性以及二级结构的相互作用；在 Paptor 的基础上开发的 PaptorX 方法使用神经网络替代了原有的线性规划方法并使用了多模板比对校正的策略，从而表现出更好的预测蛋白

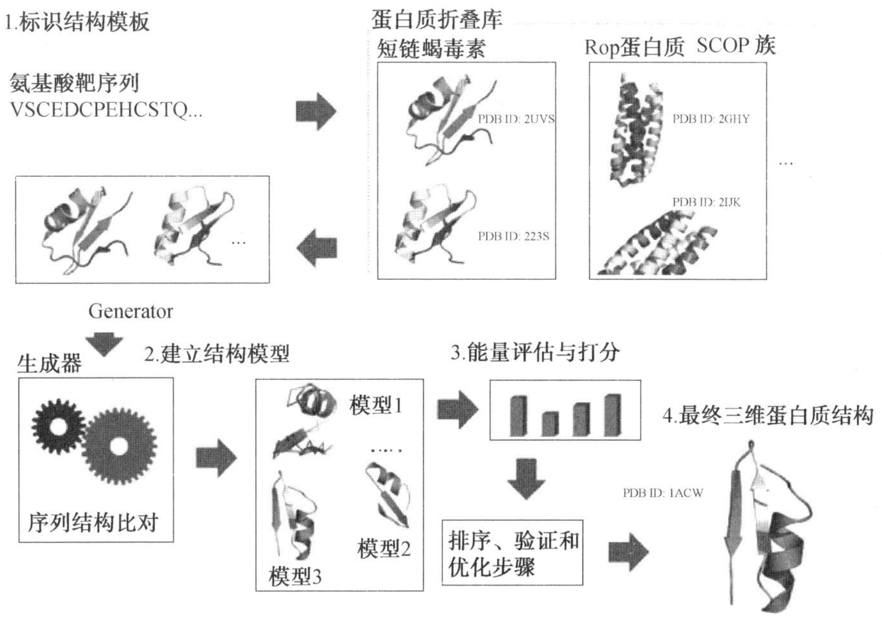

图 8.5 折叠识别法的流程

质结构的效果。

在进行序列一结构联配后，需要在模板库中选择最适合目标蛋白质的模板。目前主流的模板选择方法有支持向量机(SVM)、RF—Fold 等方法。

SVM 模型中输入序列一结构联配的原始打分、二级结构打分、模板蛋白质与目标蛋白质相同残基数以及空位罚分等。使用 SVM 方法预测的序列一结构联配体与实际情况相关系数为 0.95。SVM 模型能够有效地选择蛋白质模板。

RF—Fold 方法是最典型的随机森林算法的应用。RF—Fold 方法每棵决策树输入的信息是序列一结构联配信息(包括二级结构信息)，输出的信息是目标蛋白质与模板蛋白质是否为同一结构类型，最终使用决策树进行综合决策，计算出与目标蛋白质折叠型相同的概率最高的模板。模板的最优选择问题对提高折叠识别法的预测准确性有十分重要的意义，如何选择与折叠类型有关的特征输入评价模型中是该过程研究的关键问题。

在寻找与目标蛋白质联配的最优模板后，需要计算目标蛋白质的每个原子的空间位置，最终生成目标蛋白质的空间结构。目前的算法主要有 MODE—LLER、MDS、I—TASSER 等。

MODE—LLER 主要约束目标蛋白质和模板蛋白质的残基间的距离和残基的二面角的一致性，该方法使用概率密度函数对原子位置进行约束，并使用分子动力学技术对此概率密度函数进行优化，得到最理想的目标蛋白质结构；MDS

主要约束目标蛋白质和模板蛋白质的残基间的距离的一致性，将推断目标蛋白质的三级结构转化为计算原子坐标的优化问题；与上述两种算法的思想不同，I-TASSER 主要从局部结构约束蛋白质的残基位置，并且其势能函数包含残基间的远程相互作用，该方法能够生成更加合理的目标蛋白质三级结构。

由于考虑了目标蛋白质与模板蛋白质结构的相似性，折叠识别法比同源建模预测的准确性更高。折叠识别法的难点在于目标蛋白质序列与模板蛋白质序列远同源的情况下，是否可以筛选出可靠的蛋白质模板。由于远同源蛋白质的序列差异较大，使用现有的折叠识别法不能较为准确地预测目标蛋白质的三级结构。更准确地筛选目标蛋白质与模板蛋白质的非关联区域从而提高序列一结构联配的准确度是折叠识别法的研究方向。

8.3.3 从头预测法

当可以在模板数据库中寻找到与目标蛋白质相似的结构时，同源建模法和折叠识别法能够有效地预测目标蛋白质的三级结构。与这两种方法不同，从头预测法不借助于已有的蛋白质模板数据库也可以进行蛋白质三级结构的预测，其流程如图 8.6 所示。

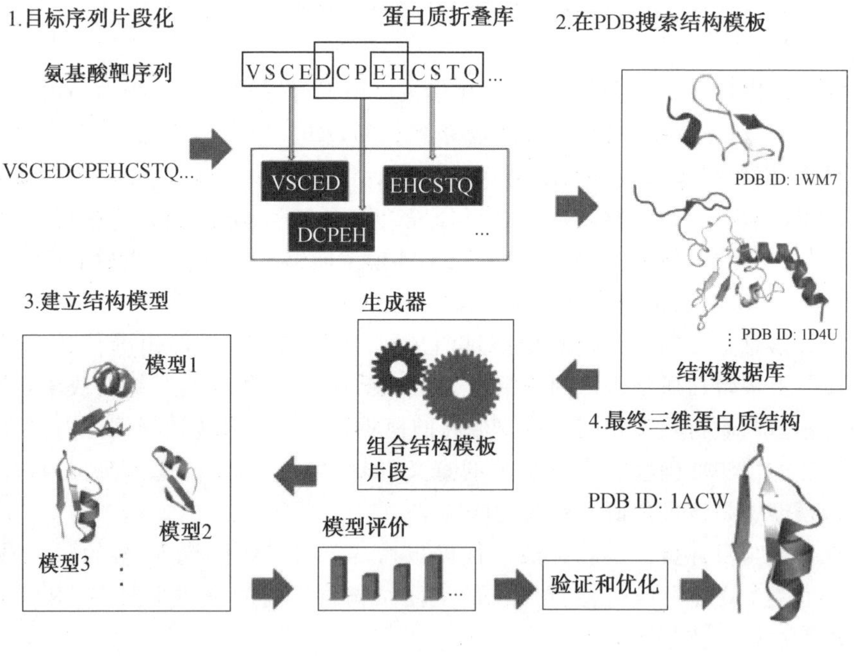

图 8.6 从头预测法流程

从头预测法一般将蛋白质分为相同长度的片段，针对片段预测出多个可能结构，将形成局部结构的片段拼接成目标蛋白质的完整结构，并在数千种可能的目标蛋白质结构中筛选出具有最小能量的目标蛋白质的真实结构。

目前主要的从头预测法有 ROSETTA、FALCON 及 QUARK。ROSETTA 是目前最为流行的算法，该方法将目标蛋白质分解为若干个氨基酸长度的片段，片段间允许重叠，考虑到氢键、范德瓦耳斯力、疏水作用等作用力形成局部结构，再使用蒙特卡洛方法从每个局部结构中选出一个进行组合，寻找能量最低的完整结构状态。ROSETTA 计算 120 个氨基酸以下的蛋白质是较为准确的，计算复杂蛋白质时的计算时间较长。

FALCON 通过 Von Mises 分布描述每个残基二面角的取向，使用马尔可夫模型描述残基的相关关系，计算目标蛋白质整体结构，通过能量函数寻找最为适合的蛋白质三级结构。与 ROSETTA 不同，FALCON 采用迭代方式得到更加精确的蛋白质三级结构。QUARK 算法首先预测目标序列中出现的各种特征，利用这些特征推断氨基酸片段的结构，使用复制一交换的蒙特卡洛方法得到能量较低的目标蛋白质结构，然后进行结构聚类，优化结构的原子位置。

从头预测法不需要依靠蛋白质模板数据库，但是由于片段拼接过程中需要搜索能量最低结构，该方法不适宜预测长的、结构复杂的目标蛋白质。

8.3.4 三级结构预测方法总结

几十年来，结构生物学家通过大量试验测定了数千种蛋白质的结构，试验测定蛋白质结构的困难有望通过氨基酸序列计算得到蛋白质结构的算法得以解决。蛋白质结构预测已经取得了很大的进步，但是目前预测的精度和计算速度仍然不理想，需要进一步改进。

合理利用蛋白质中的结构信息对于蛋白质三级结构的预测是非常重要的。从同源建模法使用序列一序列联配到折叠识别法使用序列一结构联配，对于蛋白质的结构信息的提取，提高了目标蛋白质三级结构预测的准确性。目标序列与结构的关联性并不强烈，但是其中某些局部片段的结构倾向性十分明显。例如，目标序列的局部片段与 α一螺旋等二级结构的形成有很强的相关性。目标蛋白质三级结构的形成偏离各态历经过程，需要符合局部结构折叠条件的约束。获取目标蛋白质这些局部折叠约束信号可以缩减结构预测的搜索范围，加快目标蛋白质的预测速度和准确性。

改善人工神经网络的计算效率和准确性也是提高蛋白质预测效率的重要方向。近年来，人工神经网络已成功应用于蛋白质结构的预测。人工神经网络能够影响蛋白质序列和结构之间的任何映射，对结构类型进行分类，并从数据库中识别相似的结构特征。神经网络模型的优势在于，可以从众多竞争变量中无偏地选择最重要的因素，从而做出复杂的决策。这在确定蛋白质结构的领域中尤其重要，在该领域中，控制蛋白质折叠的原理很复杂，尚未完全被理解。然后，研究人员可以使用神经网络作为优先考虑相关信息的工具，以最普遍的方式探索各种假设。

基于已知蛋白质结构和序列的数据库，仅靠序列预测蛋白质结构的方法认为在这些数据库中可以找到蛋白质结构模型的共同特征。例如，可以通过二级结构中各种结构类型，如平板(E)、螺旋(G\\H\\I)、卷曲(T\\B\\S\\C)出现的频率不同来预测蛋白质中这些结构类型的位置。进一步可以通过序列同源性或与先前确定的蛋白质结构的模式匹配来预测三级结构。然而，对于许多蛋白质，与任何已知结构的蛋白质序列或亚序列的同源性不足以允许应用该技术。甚至，具有相似结构、功能的蛋白质在序列上也可能不相似，很难确定合适的序列比对来提出分子模型。因此，从现有数据库中导出蛋白质结构的一般规则，然后将其应用于未知结构的序列的经验方法是蛋白质结构预测的起点。

L. Howard Holley 等提出了一种基于神经网络的蛋白质二级结构预测方法。通过训练网络识别 48 种已知结构蛋白质样品集合上二级结构和氨基酸序列之间的关系。在包含 14 种已知结构蛋白质的单独测试集合中，该方法在三种状态(平板、螺旋、基面)下实现了 63%的最大总体预测准确性。

R. Holbrook 等研究了神经网络，包括适用于蛋白质结构分析的体系结构和策略，可用的数据库，二级和三级结构预测的特定应用及二硫键预测。最后研究了预测蛋白质结构的人工神经网络的方法、目标和前景。他们发现，神经网络预测准确性与选择范围相关。从数据库中筛选出的另外 20 种蛋白质的预测证实了这一观察结果，筛选出仅包含分辨率优于 2.8 Å、晶体学 R 因子小于或等于 0.25且序列同源性小于 50%的蛋白质。对于此数据库，该方法总体预测的准确性为 63%，该工作表明神经网络可以应用于蛋白质的二级结构预测。

最新的研究结果表明，深度学习技术可以在预测蛋白质的二面角或蛋白质的三维结构方面取得进展。然而，所有已见报道的深度学习方法依然主要依赖于氨基酸序列以外的输入特征，很难在没有其他输入信息的情况下预测新蛋白质的序列。有研究利用次生氨基酸类型的序列邻域信息，介绍了用于预测三维全原子结构的基于多尺度邻域的神经网络模型的设计、训练和验证结构及其主要相邻序列。值得注意的是，该预测仅采用一级氨基酸序列作为输入，而无须任何模板或协同进化信息即可进行结构预测。

蛋白质二级结构的准确预测是蛋白质折叠预测的重要步骤，其中非常重要的问题是利用氨基酸的理化特性、序列的同源性以及统计分析研究蛋白质的折叠规律。根据对总结方法的评估，发现对三种状态的预测精度为 49%至 56%。预测的准确性受到限制是由于数据库较小以及未充分考虑三级结构的影响。

蛋白质结构很难通过试验确定。通过分析同源序列中的相关变化可以推断出氨基酸基团间的相互作用，这有助于预测蛋白质结构。在以往的文献中，证明了可以通过训练神经网络对基团间的距离做出准确的预测，与接触预测相比，该预测可以给出更多的结构信息。利用这些信息，可以构造出平均力的势能，并用以准确地描述蛋白质的形状。通过简单的梯度下降算法优化生成电位，从而生成蛋白质的空间结构，无须复杂的程序，系统名为 Alpha Fold。该系统对于低同源性的序列，也可以实现高精度预测。在最近的蛋白质结构预测关键评估(CASP13)中，Alpha Fold 为 43 个免费建模域中的 24 个创建了高精度结构。Alpha Fold 代表了蛋白质结构预测方面的重大进步，使得人们更为深入地了解蛋白质的结构和功能方面的机理。

虽然人工神经网络的蛋白质三级结构预测已经取得了很多进展，但是该方法仍存在诸多问题。例如，在计算过程中会出现局部极值；输入的变量数量增加后，很难收敛或存在收敛过快问题。这些问题的出现影响了人工神经网络的计算效率和精确度。因此，在使用神经网络进行计算时，如何提高人工神经网络的全局搜索能力，避免其陷入局部极值是亟待解决的问题。人工神经网络的输出值依赖于其结构的构建，通过修改参数减少神经网路的训练时间是另一值得关注的问题。此外，人工神经网络通常会存在较多的冗余，使用优化算法可以提高蛋白质结构预测的速度和精确度。

8.4　模型训练

疏水作用在蛋白质二级结构转换为三级结构中发挥了重要的作用，基于深度学习架构的疏水区域合并预测算法是预测蛋白质三级结构的重要方法，该预测算法包括两部分：一是蛋白质残基接触预测；二是基于接触预测结果优化蛋白质三级结构。

8.4.1　蛋白质残基接触预测

DeepCCon 方法可以有效预测蛋白质二级结构片段之间的接触，即通过研究一些新颖的特征(疏水特性)以有效提取二级结构片段之间的接触信息。值得注意的是，在提取共进化特征时，为了使对不具有或者具有较少同源序列的小家族蛋白质更具有效果，本研究通过对训练数据集进行统计分析，限制使用的非冗余同源序列数目来避免构建的模型对非冗余同源序列的过度依赖。通过结合已有的特征，使用特征选择技术选取最优的特征子集，基于深度学习技术构建模型，对蛋白质二级结构片段之间的接触进行预测。相比较于之前的方法，该方法的创新性主要体现在：

(1)提出一些新颖的特征，有效提取二级片段之间的接触信息。

(2)基于特征选择技术选取出最优的特征子集,有效降低计算复杂度,并提高预测性能。

(3)基于深度学习技术和较传统的方法有效提高预测性能。

考虑到深度学习在特征学习方面的巨大优势,采用 DBN 来构建分类器模型,例如,尝试使用模型包括 1 个输入层、3 个隐藏层和 1 个输出层作为总体架构,预测一对二级结构片段是正平行接触、反平行接触还是不接触的。

在特征提取方面,考虑疏水特性信息、共进化信息、接触倾向性信息、间隔序列信息、间隔序列长度信息、间隔二级结构片段等信息用于精细化描述二级结构片段。

疏水塌缩力是蛋白质三级结构形成的最重要因素。因此,氨基酸残基的疏水性是最重要的提取特征之一。20 种氨基酸的疏水性参数见表 8.2。

表 8.2 20 种氨基酸的疏水性参数

氨基酸名称	疏水性参数
Ala(A)	1.8
Arg(R)	−4.5
Asn(N)	−3.5
Asp(D)	−3.5
Cys(C)	2.5
Gln(Q)	−3.5
Glu(E)	−3.5
Gly(G)	−0.4
His(H)	−3.2
Ile(I)	4.5
Leu(L)	3.8
Lys(K)	−3.9
Met(M)	1.9
Phe(F)	2.8
Pro(P)	−1.6
Ser(S)	−0.8
Thr(T)	−0.7
Trp(W)	−0.9
Tyr(Y)	−1.3
Val(V)	4.2

为了降低计算复杂度，消除不相关的或冗余的特征对构建的模型产生的影响，笔者研究如何从完全的特征集合中去除噪声、不相关的或冗余的特征，得到最优的特征子集，group MCP 算法对完全的特征集合进行了拟合，去除权重为零的特征项，得到最优的特征子集。

(2)基于接触预测结果优化蛋白质三级结构。

蛋白质结构预测模型的目标函数通常采用基于物理理论的经验势能函数或基于统计理论的平均势能函数。首先对已有的表征蛋白质结构与能量关系的势能函数进行研究与分析，根据蛋白质实际意义对势能函数做适当的简化，以降低能量表面的自由度，并建立预测模型。在势能函数确定之后，便归结为一个典型的约束优化问题：

$$\begin{cases} \min \quad f(x) \\ \text{s.t.} \quad x \in \Omega \end{cases} \tag{8.1}$$

式中　$f(x)$——势能函数；

Ω——构象空间。

这里 $f(x)$ 为势能函数，Ω 为构象空间，即第一步骤得到的接触预测结果。求解上述问题的全局最小解，就是优化后的三级结构。

8.4.2　蛋白质结构数据库

蛋白质结构主要通过磁共振和 X 射线晶体衍射等方法测定。在蛋白质三级结构的预测中，采用最常见的蛋白质结构数据库——PDB 数据库获取蛋白质结构信息。该数据库主要包含：原子空间坐标、形成的 α－螺旋、β－平板的氨基酸序列、二硫键连接方式、参与生化功能的残基、与蛋白质结合的配体、蛋白质结构的溶液环境、氨基酸的带电特性以及氨基酸的亲水性等。

在数据库中，每个蛋白质结构都有唯一对应的 PDB—ID，PDB－ID 包含 4 个字符，由大写字母以及数字组成，例如：3QQK。使用 PyMol、RasMol、Chimera、VMD 等软件可以查看并编辑 PDB 数据库中蛋白质的三级结构。

8.4.3　特征提取

在充分考虑了局部环境对目标的影响后，在研究过程中表征编码信息的特征主要分为三类：①序列的整体特征；②残基特征；③序列间隔特征。选取合适的特征能够有效地表征编码信息。有效的提取特征包括：残基接触倾向性、二级结构片段接触概率、间隔序列的自然向量、残基和间隔序列的二级结构、残基和间隔序列的溶剂可接触性、残基和间隔序列的氨基酸类别、间隔序列的长度、完整蛋白质序列的二级结构组成、完整蛋白质序列的溶剂可接触性组成、完整蛋白质序列的长度以及完整蛋白质序列的氨基酸组成等。

(1)残基接触倾向性是根据下式进行统计计算,为了将二级结构对残基接触倾向性的影响考虑进去,可将二级结构按表8.1进行分类,通过枚举法得到不同氨基酸、不同二级结构情况下的残基接触倾向性。

$$P_{ij}=\frac{N_{\mathrm{com}}(i,j)}{N_{\mathrm{com}}(i,j)+N_{\mathrm{no-com}}(i,j)} \tag{8.2}$$

式中 $N_{\mathrm{com}}(i,j)$——接触残基的数量;

$N_{\mathrm{no-com}}(i,j)$——非接触残基的数量。

(2)二级结构片段接触概率通过DeepCCon进行预测。若一个相互作用的残基对位于一对二级结构片段内部,特征对应DeepCCon预测该对二级结构在正平行接触、反平行接触以及不接触三种类型中的发生概率,该特征可表示为三维向量。当残基不位于二级结构片段内部时,该特征向量为零向量。

(3)理论上,任意一条蛋白质序列均可以用一个描述20种氨基酸的60维特征向量唯一表示。间隔序列的自然向量可以通过蛋白质序列的自然向量进行表征。

(4)在预测蛋白质二级结构的基础上,残基与蛋白质二级结构的残基和间隔序列的二级结构类型信息通过二进制向量表征。

(5)残基和间隔序列的溶剂可接触性可以通过ACCpro进行预测,残基和间隔序列的溶剂可接触性信息也可以通过二进制向量表征。

(6)20种氨基酸根据其物理化学性质进行分类。残基和间隔序列的氨基酸类别可以通过二进制向量表示。

(7)间隔序列的长度可以通过二进制向量表征,将长度分为6个区间(≤19、20~27、28~35、36~43、44~51、52~59、≥60),区间的分布通过训练数据库分析计算得出。

(8)完整蛋白质序列的二级结构组成可以根据目标蛋白质的序列预测二级结构,得到目标蛋白质每个类型所占的比例。

(9)完整蛋白质序列的溶剂可接触性组成可以通过统计目标蛋白质序列残基的溶液可接触性的各种类型所占的比例得到。

(10)完整蛋白质序列的长度可以通过训练数据库分析计算得到不同区间(≤100、101~150、151~200、201~250、251~300、≥300),该特征可以通过二进制向量表征。

(11)完整蛋白质序列的氨基酸组成通过统计目标蛋白质序列中的每种氨基酸所占的比例得到。

结合以上所有的特征,最终获得一个完全特征向量描述残基编码信息,DeepRCon模型使用此完全特征向量进行构建。由于各特征向量的维数不同,对残基编码信息的表征程度也不同,特征集合中会存在噪声或冗余的特征向量等,影响计算的准确性，使用 group MCP 算法对特征向量进行选择，优化完全特征向量。

在目标蛋白质结构预测方面，当遇到拓扑结构复杂的构象时，需要提高对具有较高残基接触次序结构的采样，排除具有非常低残基接触次序的结构，以得到更好的蛋白质结构预测结果。使用残疾接触信息作为约束的能量函数可以更有效地计算最小能量面，缩小构象搜索空间，进一步优化预测的目标蛋白质的三级结构。

8.4.4　势能函数

势能函数也是影响蛋白质结构预测过程的最重要因素之一，势能函数包括对势（双体势）和多体势。对势包括 Lennard-Jones 势和 Morse 势等，多体势包括嵌入原子势（EAM）、修正的嵌入原子势（MEAM）、Tersoff 势、REBO 势及 AIREBO 势等。越复杂的力场中考虑的体系势能越复杂，完全的分子势能含有如下部分：

$$E_{\text{total}}=E_{\text{bond}}+E_{\text{non-bond}}+E_{\text{angle}}+E_{\text{oop}}+E_{\text{torsion}}+E_{\text{el}}$$

式中　E_{total}——体系总势能；

E_{bond}——体系键伸缩势能；

$E_{\text{non-bond}}$——体系非键结势能；

E_{angle}——体系键角扭曲势能；

E_{oop}——离平面振动势能；

E_{torsion}——二面角扭曲势能；

E_{el}——库仑静电势能。

能量最小化（Energy Minimization）是在分子动力学模拟中研究体系势能最低点的过程。体系的势能最低即为最稳定，此时得出的结构为几何优化构象（Geometry Optimized Configuration）。为了避免体系构象出现异常的高能状态，通常使用能量最小化方法，先将体系结构下降到能量最低，并以此为模拟起点，进行后续的计算。能量最小化的过程即为寻找体系势能最小值的过程。

通常利用分子动力学模拟中的能量最小化方法，如共轭梯度法（CG）、Newto-Raphson 方法、QM（Quick-Min）法及 FIRE（Fast Inertial Relaxation Engine）法等求解体系的稳定状态。然而，这些能量最小化方法存在的核心问题是模型计算结果与试验结果不同。

在寻找体系稳定构象的过程中，经典的能量最小化方法不允许体系长时间的过大变形。基于经典的能量最小化方法——QM 法及 FIRE 法对速度进行了修改，但没有利用体系的运动性。

一般来说，分子动力学计算中的温度控制对系统的静态平衡有不利影响。

杨霖等提出了一种简单、普遍的方法来获得分子系统的静态平衡。NVERE 法(NVE 系统下的松弛机制)通过大变形进行势能优化的效果非常良好,成功应用于存在载荷和边界条件下的分子系统的松弛。该方法还可适用于非静态平衡问题。

NVERE 法相对于经典的能量最小化方法可以寻找到更稳定的平衡构象。由于 NVERE 法仅需要目标结构的初始分子构型,因此它可以在 NVE 系综下被用于解决各种分子动力学计算过程中的势能最小化问题,以代替其他的弛豫方法。

通常来说,NVE 系综不适用于获得体系的平衡构象或最小化势能。经典理论认为,温度控制迫使能量流动,无法达到期望的平衡状态。在 NVE 系综下,总能量 E 是恒定的,体系内部可以被看作是势能和动能的相互转化,可以通过势能单向转化为动能以实现能量最小化,通过以下过程判断是否继续执行,即

$$U=U(q'N)-U(q^N)$$

式中 U——势能的变化;

$U(q'N)$——下一时刻体系的势能;

q^N——静态体系构象;

$U(q^N)$——静态体系构象的势能(由于动能为零,即为静态体系的总能量)。

若 $U<0$,分子动力学计算继续执行。

因此,在 NVE 模拟开始时,体系的动能增加、势能减少。该方法可用于势能最小化,利用 NVE 系综来实现静态平衡,即 NVERE。该方法的数值处理很简单,连续监测体系的动能,能够在动能一时间曲线的斜率减小到零时重复删除该能量(使速度为零)。在每次动能归零之后,重新开始将势能转换为动能,从而避免从动能到势能的转换。

杨霖等利用 NVERE 方法分析了单层石墨烯的压痕测试、聚苯乙烯链的松弛及弯曲的石墨烯悬臂的弛豫,证明了在 NVE 系综下可以通过选择时间步骤重复删除动能的方法获得分子系统的静态平衡并使势能最小化。

翘曲的单层石墨烯悬臂板的弛豫采用 COMPASS 力场建立原子相互作用模型,采用 NVERE 方法进行能量最小化。由于单层石墨烯的弯曲刚度非常低(约 1.25 eV),翘曲石墨烯悬臂板内的弯曲应变能理论上非常小。应用 NVERE、FIRE 和 QM 算法中的势能与时间曲线如图 8.7 所示。相对于使用 FIRE 和 QM 方法,使用 NVERE 方法获得的最终平衡构象更稳定。

分子构象的变化表明,在能量最小化期间,NVERE 方法逐渐使翘曲的石墨烯悬臂板变平,以寻找更稳定的平衡,而 FIRE 和 QM 方法不能使石墨烯悬臂板变平。因此,在 FIRE 和 QM 法计算的平衡构象中一定会残余一定量的弯曲应变能。采用 NVERE 方法能够进一步降低 FIRE 和 QM 方法计算得到的平衡构象下的弯曲应变能,实现石墨烯悬臂板的平板化。这一发现表明,NVERE 方法

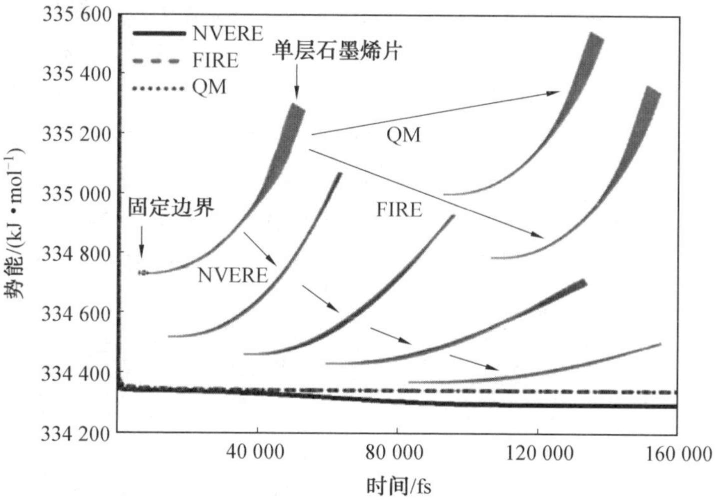

图 8.7 弛豫过程中翘曲单层石墨烯悬臂板的势能优化

能够最大限度地降低远离平衡的体系中的势能，其精度高于 FIRE 和 QM 法。蛋白质目标结构的势能最小化问题使用 NVERE 方法进行分子动力学计算是较为合适的。

8.4.5 预测实例

人工神经网络预测目标蛋白质结构的方法中，选取的最重要的特征是残基的疏水性。疏水塌缩模型中，疏水作用力是蛋白质折叠过程中起决定性作用的因素，在形成二级结构和三级结构前会发生特异性的疏水塌缩，形成若干个疏水核心，如图 8.8 所示。

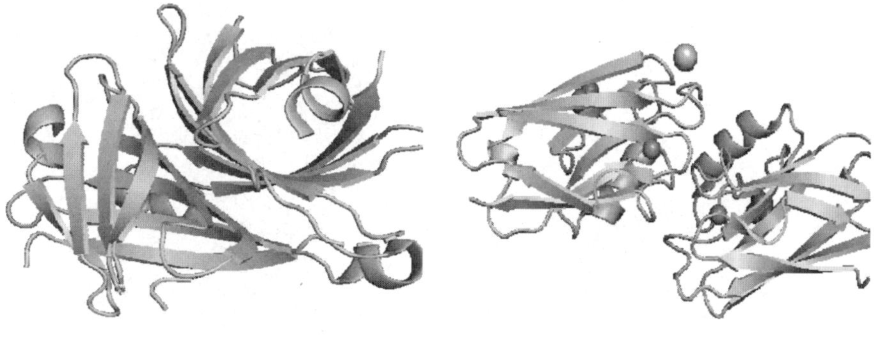

(a) 1PTS　　(b) 2AZA

图 8.8 目标蛋白质中的疏水核心(非疏水残基为绿色，疏水残基为青色)(见彩图)

在数据库中获取目标蛋白质的序列后，首先进行残基接触预测，将残基的疏水性等作为主要特征进行提取，如图 8.8(a)所示 1pts 中的一段序列 STFIVTI 中的 FIV 为疏水氨基酸，使用同源建模法首先判断该序列的二级结构分类的可能性，其中可能性最大的为 β—折叠。在提取残基的共进化特征时，随数据进行训练，去除残基和间隔序列的氨基酸类别等冗余的特征向量，选择最优化的特征子集，降低计算难度，有效地预测二级结构片段的位置。

在完成二级结构的预测后，对已有的表征蛋白质结构与能量关系的势能函数进行研究与分析，使用 NVERE 函数降低能量表面的自由度，选出最优化的构象，并建立预测模型。

第 9 章

生命演化的奇迹

本章基于耗散结构理论、生物熵理论、自组织过程理论等对热力学第二定律在生命演化的奇迹中扮演的重要角色进行分析，将牛顿力学中的转动惯量、扭矩、振动、阻尼和结构失稳等力学概念引入未折叠蛋白质热振动失稳规律的研究中，掌握未折叠蛋白质的失稳规律就意味着掌握了蛋白质的折叠规律和预测蛋白质的三级结构的方法，可以将牛顿力学的研究范畴拓展到结构生物学和分子生物学为代表的生命科学领域。

9.1 熵驱动的生命演化

在尝试叙述生命演化的奇迹之前，先复述一下熵的概念。熵的概念由德国物理学家克劳修斯于 1865 年提出，它是系统混乱程度的度量，所以熵增其实就是趋向混乱。维基百科对于熵增定律的解释为：对于一个孤立系统，其内部自发进行的与热相关的过程必然向熵增的方向进行。而孤立系统不受外界任何影响，且系统最终趋于平衡态，在平衡态时系统的熵达最大值。熵增定律也就是热力学第二定律的成立需要满足三个条件：孤立系统、不受外界影响、平衡态方向。当把整个宇宙当成一个大系统，能量趋于消散，系统趋向混乱，宇宙中所有的物质都在趋于平衡和无序，最终走向平衡态，也就是热寂。

20 世纪 70 年代，比利时科学家伊利亚·普里戈津提出了耗散结构理论，耗散结构理论是物理学中非平衡统计的一个重要新分支，由于这一成就，普里戈津获得 1977 年诺贝尔化学奖。耗散结构的概念是相对于平衡结构的概念提出来的，它提出一个远离平衡态的开放系统，在外界条件发生变化达到一定阈值时，量变可能引起质变，系统通过不断地与外界交换能量与物质，从原来的无序状态转变为一种时间、空间或功能的有序状态。耗散结构理论将熵推广到与外界有能量交换的非平衡态热力学体系。熵的内涵不断扩大，逐渐形成了热力学熵、黑洞熵、信息熵等概念。这种广义熵的提出，阐明了非平衡态与平衡态热力学体系熵的本质是一致的，均受熵定律支配，从而也揭示了物理系统与生命系统的统一性。每一个生命作为一个小系统，并非孤立存在，可与外界交互，吸收外界的能量以抵抗熵增的进行。

每个生命体的生命活动过程是具有耗散结构特征的、开放的非平衡系统，生命现象也与熵有着密切关系，生命体和绝大多数非生命物质的一个根本区别是它具有高度有序性。根据这一特点用生物熵(Biological Entropy)来描述生命是较为恰当的。生物熵是表征生命活动过程质量的一种度量。根据热力学第二定律，自然界演化是从有序到无序，而生命的诞生、演化和新陈代谢过程显然是物质从无序到有序的过程。生命现象是高度有序的，生命使其内部的熵降低。生命作为一个开放系统的熵不一定增加，它可以从外界引入“负熵”。生命正是一个开放系统，由于引入负熵流，形成有序结构。

一个无序的物质世界是不可能产生生命的，生命的世界必然是高度有序的物质世界。即使是简单有序的物质世界看起来也是无法产生生命的，很难想象天然矿石会演变成生命。刘慈欣曾描绘了自然进化产生的机械生命世界，他设想如同地球初始产生的单细胞生物一样，机械生命世界起源于单体机械生命，他想象由放射性岩石中的 PN 结偶然进化形成生命。机械生物的身体和骨骼由金属构成，大脑是超高度集成芯片，电流和磁场是它们的血液，它们靠吃地下世界的放射性岩石块为身体提供能量，这一切都是自然进化的产物，这种形象的生命和电影《变形金刚》中的机械生物差不多，但是很难想象这种生命真的存在。

地球生命物质从生物大分子、细胞、组织、器官、个体种群以致整个生物界，都是远离平衡态的耗散结构，是非孤立的、非平衡的、非线性系统，通过与周围环境交换物质、能量和熵来维持和发展有序结构，即维持生活和生长，并导致进化。这是一个熵减的方向，与孤立系统向熵增大的方向恰好相反，可以说生物进化是熵变为负的过程，即负熵是在生命过程中产生的。生命体是耗散结构，耗散结构认为一个远离平衡态的开放体系，通过与外界交换物质和能量，在一定条件下，可能从原来的无序状态转变为一种在时间、空间或功能上有序的状态，这个新的有序结构是靠不断耗散物质和能量来维持的。植物不断从空气、水和土壤中获得碳、氢、氧、氮等元素，并将这些元素组装成氨基酸分子、蛋白质和细胞的过程就是经典的耗散结构。生命体通过不断与外界交换物质、能量、信息和负熵，可使生命系统的总熵值减小，从而有序地不断提高，生命体系才得以动态地发展。生物进化是熵变为负的过程，即负熵是在生命过程中产生的。

一个系统由无序变为有序的自然现象称为自组织现象。生命自组织现象主要表现为：核糖体将由数以亿计的氨基酸分子按一定的规律排列起来组成未折叠蛋白质的多肽链。这种有组织的排列绝不是随机形成的，而是生命的自组织过程。这表明生命体的有序自组织的形成与随物质、能量和信息带进生物体而引起的负熵有关。但是，生命是如何自组织的，生命无法按照某个图纸精确地组装每个分子和原子，因为这需要消耗大量的能量。植物实际上只是合成了大量的氨基酸分子再通过缩合反应形成了多肽链，分子自组装形成三维有序的生命形态的过程是不可思议的蛋白质折叠过程。生命是利用了什么规律完成了复杂自组织过程的，组成生命的最基本单元蛋白质是如何被自组织的，难道仅仅是靠热力学第二定律吗？当然多个蛋白质分子间精确的相互作用和对接过程可能仅仅依靠热力学第二定律就可以驱动和规范，但是生命形成其超级有序的状态并不是完全依靠热力学第二定律，而是依靠折叠机制。所谓折叠机制，是指如何根据蛋白质的氨基酸序列及其所处的溶液环境的相互作用关系，推导出蛋白质折叠到天然结构的时间演化历程。折叠机制必须能够解释不同蛋白质折叠途径和折叠速率的差异与相似性。目前还没有一个能够适用于大部分蛋白质的普遍折叠原理。困难之一是未知的折叠机制如何协调热动力学的宏观理解与对蛋白质结构构象变化的微观理解，前者来自系综平均的试验，后者来自计算机模拟。折叠机制必须能解释为什么蛋白质链中的局域结构（例如，螺旋和转角）首先形成，更全局的三级结构在二级结构形成之后才形成。折叠机制也必须能解释为什么蛋白质只在水溶液环境中正确折叠。

9.2 未折叠蛋白质的热力学亚稳态的生命意义

值得注意的是,蛋白质折叠需要水溶液环境(例如,真核细胞内部,图 9.1)和适宜的温度,许多蛋白质折叠所需的温度高于室温,室温环境引起的纳米尺度的未折叠蛋白质分子的热运动是非常剧烈的,甚至可以认为未折叠的蛋白质分子是在剧烈热振动中完成准确折叠的。在热运动如此剧烈的环境中,蛋白质的快速折叠几乎不可能是完全由分子结构松弛所决定的。因为未折叠的蛋白质侧链存在大量的亲水基团和疏水基团,剧烈的热振动会导致这些基团随机相遇形成氢键和疏水键并由此导致错误的折叠。由此可以推测,未折叠的蛋白质分子可能存在某种热力学亚稳态,这种亚稳态可以避免未折叠的蛋白质在热运动中发生随机的折叠。蛋白质的折叠可能是利用分子热振动和牛顿力学规律来精确破坏某些氨基酸序列片段的亚稳态而实现蛋白质二级结构的精确折叠,这解释了为什么许多蛋白质折叠需要特定的温度。因此,寻找未折叠的蛋白质的热力学亚稳态可能是解答蛋白质折叠问题的关键。

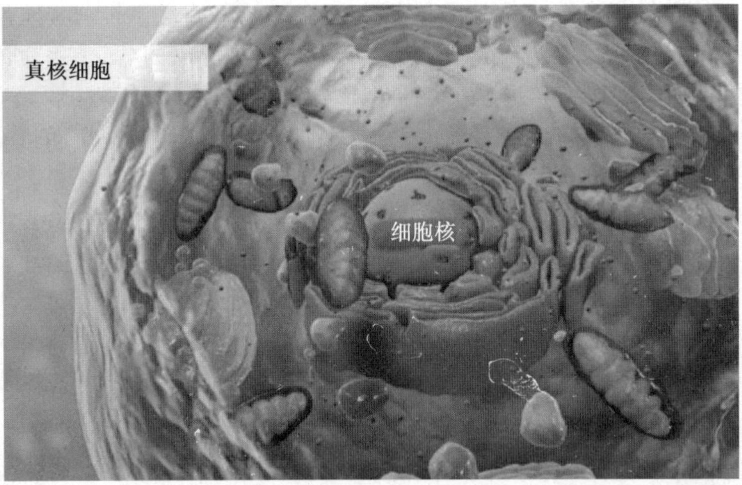

图 9.1　真核细胞内部环境

未折叠的蛋白质应该存在一种普遍初始的热力学亚稳态,否则无法解释蛋白质是如何在剧烈的热振动干扰下完成快速精确折叠的,也无法解释天然无折叠蛋白质和天然局部未折叠蛋白质的存在。通过分析水溶液环境和蛋白质折叠的相关性,可以揭示一种由水分子屏蔽效应引起的未折叠蛋白质的普遍初始热力学亚稳态，该亚稳态的存在是由水分子的物理性质决定的，并赋予未折叠蛋白质抵抗热扰动和避免错误折叠的能力。通过研究已发表的试验数据和建立的分子模型，找到了该初始热力学亚稳态存在的相关证据，并推测了该亚稳态导致蛋白质精确折叠的相关物理学机制。同时，未折叠蛋白质的普遍初始热力学亚稳态预示着蛋白质折叠过程不完全由随机热运动和热力学第二定律主导，蛋白质折叠问题可能存在以牛顿力学为基础的答案，可能是基础科学留给牛顿力学的遗产。

水分子的屏蔽效应是指蛋白质亲水性侧链生成氢键的能力被大量的环境水分子饱和，导致未折叠蛋白质的初始热力学亚稳态的存在，其特征是相邻肽平面间存在弱氢键链接（肽平面是刚性平面结构）。这意味着蛋白质折叠起始于未折叠蛋白质在热振动载荷下的结构失稳。未折叠蛋白质的多肽链在牛顿力学规律的作用下会发生精确的、可重复的热振动失稳现象。因此，蛋白质的折叠规律可以看作是未折叠蛋白质的结构失稳现象的规律。由此，牛顿力学中的转动惯量、扭矩、振动、阻尼和结构失稳等力学概念被引入到对未折叠蛋白质热振动失稳规律的研究中，掌握未折叠蛋白质的失稳规律就意味着掌握了蛋白质的折叠规律和预测蛋白质的三级结构的方法。这意味着牛顿力学的研究范畴可以拓展到结构生物学和分子生物学为代表的生命科学领域。

从原子角度来说，生命演化的奇迹来源于碳原子的电子结构，生命主要由碳、氢、氧、氮四种元素构成，其中对于蛋白质结构折叠和蛋白质结构稳定性起到决定作用的是碳元素，地球生命也被称为碳基生命。碳元素构成了生命体系得益于碳元素的化学键，碳原子最外层有 4 个原子，要达到 8 电子的稳定结构，需要形成 4 个化学键。未折叠蛋白质的普遍初始热力学亚稳态要利用碳原子的两个化学键形成相邻肽平面间的氢键连接（见第 3 章），而另外两个化学键一个形成了氨基酸的侧链，另一个只连接了一个氢原子。氨基酸侧链和氢原子在空间位于主链的两侧，这产生了“配重”上的不平衡和对称性破缺，并造成了氨基酸侧链在热环境下的剧烈热振动，也造成了相邻残基侧链间可以产生复杂的相互作用关系，这导致在适合的温度下，蛋白质的折叠可以严格按照牛顿力学原理描述的规律发生精确的失稳折叠现象。自组织系统的机理是对称性破缺，这种对称性破缺的“序”都不包含在外部环境中，而根源于系统内部，外部环境只是提供触发系统产生这种“序”的条件，所有这种序或组织都是自发形成的。未折叠蛋白质的普遍初始热力学亚稳态正体现了对称性破缺。

在元素周期表中，只有硅元素和碳元素能形成 4 个化学键，但是硅元素形成的化学键远没有碳元素的化学键稳定，所以，以硅元素为基础的复杂分子很容易断裂，也就是硅原子很可能无法形成生命体。从宇宙大爆炸导致原子形成的那一刻起，就注定了碳元素会成为生命的载体。当然，在另一个遥远的星球上的生命也可能是基于左手氨基酸而非右手氨基酸构建的。由左手氨基酸构建的生命形态可能与地球生命有显著差异，这些秘密只能留给未来的科学家和探险家去发现，但可以肯定的是，当人类在未来的某个时刻登陆一个由左手氨基酸构建的生命世界所在的星球时，那里没有任何东西是可以成为人类的食物的。

本书结论强调了水和温度对蛋白质正确折叠的决定作用，水和恰当的温度才能赋予蛋白质更多可选择的折叠策略，这个温度可能就是 37 ℃，37 ℃的体温广泛存在于从冰原到沙漠的所有哺乳动物中，鸟类的体温也仅仅比这个温度稍高。地球生命的演化可能就是在追求这个温度，许多物种终止了进化，而成为了氨基酸的提供者，成为水环境和温度环境的提供者，就像许多植物和藻类那样。在地球生命演化的各个阶段中关键的历史时刻都可能伴随着蛋白质折叠的某种改变和拓展。也许本书的理论在未来的某一天能解释寒武纪生物大爆炸等未解之谜，为此本书的作者们将不得不再次求索。

附　　录

附录 1　第 3 章附录

S1　天然局部未折叠蛋白质的分子结构势能最小化模拟

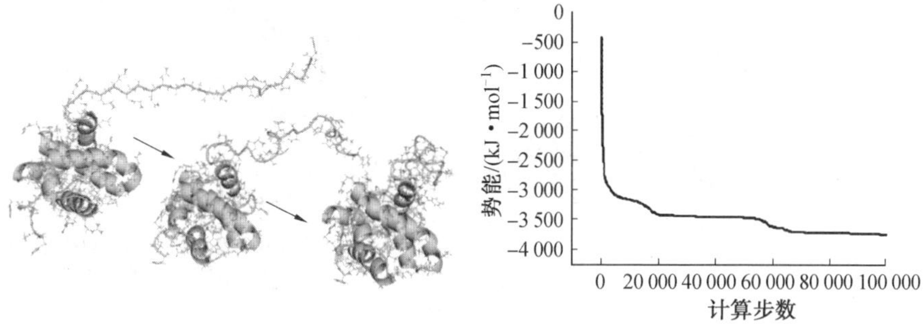

(a) 2HMX

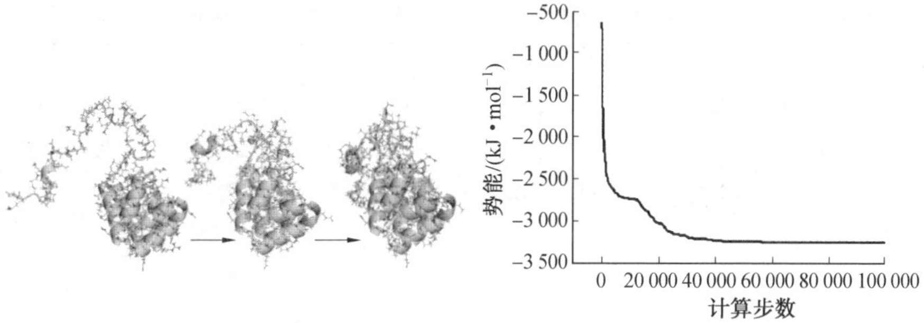

(b) 1N3K

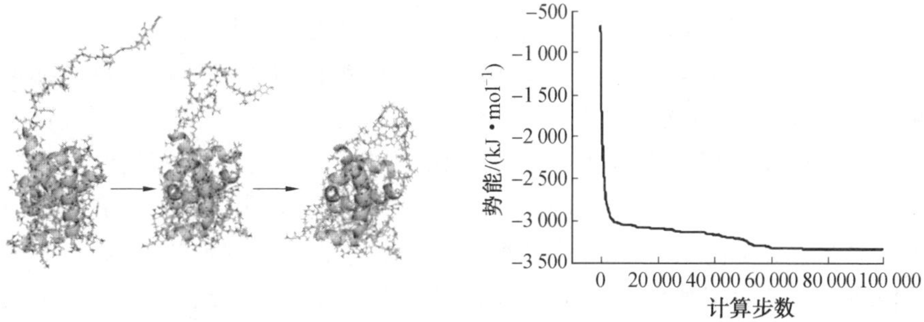

(c) 2K4E

图 S1　NVERE 算法导致 6 个蛋白质分子构型变化及分子势能的优化

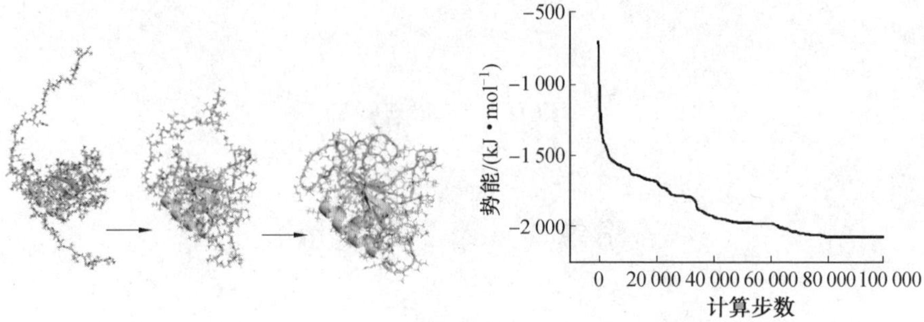

(d) 2M2B

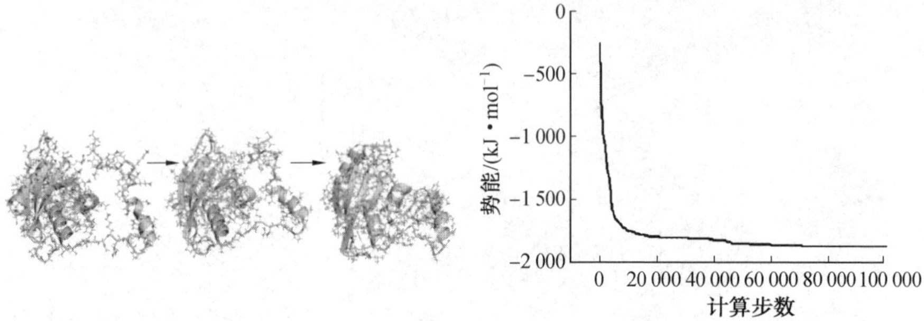

(e) 2MT6

续图 S1

表 S1　被用于证明蛋白质天然结构势能和结构可以进一步优化的 52 个蛋白质

1IEH	1WFO	2MGX	2DUN	2K4H	2KK1	1PC2	1ZTS	2JU5	2KJQ
1N3K	2H3F	2KL3	2N51	2K8Q	2N1R	1RW2	2AXL	2JY9	2KLO
1V5M	2H3I	2WGN	2CS2	2L97	2MU0	1UFG	2CRP	2K2C	2KMW
1WF6	2HMX	4AQZ	2FHO	6MZA	2FHO	1WLM	2DBA	2KB4	2LEJ
1WFI	2JMG	2RMS	2K4E	1Z9B	5YJ4	1X9L	2JQ6	2KI8	2LFT
2M2B	2NT6								

为了证明存在水分子对亲水性侧链的屏蔽作用，首先尝试使用 CHARMM 力场和 NVERE 算法对 52 个天然非紧凑型的蛋白质结构进行势能优化（表 S1）。这些天然蛋白质结构均来自 PDB 数据库。这些蛋白质天然结构的势能都被进一步最小化，通过形成更多的分子内氢键使这些分子结构更加紧凑。模拟结果表明，这些蛋白质的天然结构并没有充分地实现分子内氢键数量最大化，也就是说这些结构并不十分稳定。这 52 个蛋白质的天然结构都是在水溶液环境中通过磁共振试验确定的，这些蛋白质天然结构应该是在水中的稳定状态，而不是非水溶液环境中的稳定状态。模拟结果表明，某些蛋白质的天然结构在能量上并不是整体上最稳定的状态（图 S1）。NVERE 算法中的势能与时间的关系曲线如图 S1 所示。

S2 天然局部未折叠蛋白质

通过分析 PDB 中的蛋白质结构，确定了 200 个部分未折叠的蛋白质，其末端片段的序列悬挂在该蛋白质的球形主体上（图 S2 和表 S2）。这些突出的序列的特征是相邻肽平面保持平行分布状态，这应该与水中未折叠的多肽链的状态非常相似。所有这些天然部分未折叠的蛋白质结构都是用溶液磁共振（NMR）方法在水性环境中试验解析的。

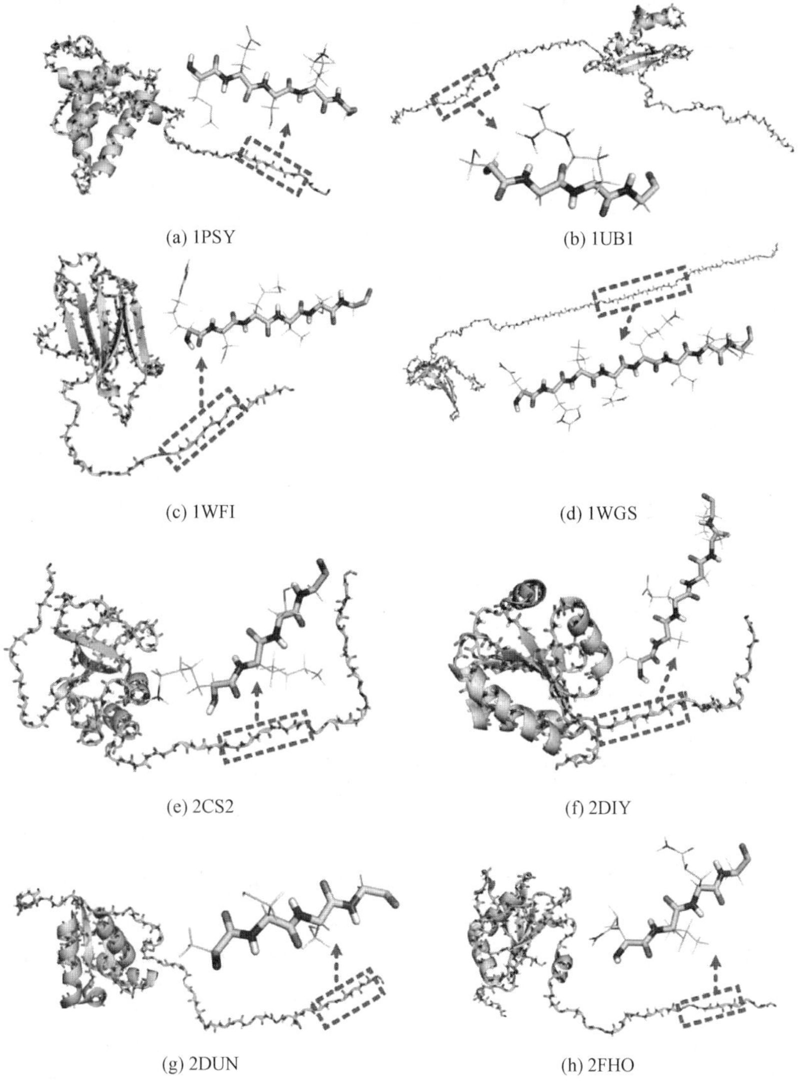

图 S2 溶液磁共振方法确定的天然局部未折叠蛋白质结构

表 S2　在未折叠部分体现了初始热力学亚稳态的蛋白质天然结构

1CKV	1G9L	1I16	1IEH	1INZ	1J6Y	1JSP	1JVR	1L3G	1N3K
1NYN	1P94	1PC2	1PSY	1Q48	1QWV	1R5S	1R8U	1R9P	1RW2
1SGO	1SR3	1T8C	1T8D	1TE4	1U6F	1UB1	1UEL	1UFG	1UKX
1URK	1V5M	1V95	1WF6	1WFG	1WFI	1WFO	1WFZ	1WGS	1WGU
1WH0	1WIC	1WJJ	1WK0	1WK1	1WKI	1WLM	1WYM	1WYN	1WYP
1X1F	1X5H	1X67	1X9L	1XQ8	1XR0	1Y8M	1YXE	1Z9B	1ZTS
2ADL	2AKL	2AXL	2CP5	2CQ9	2CR9	2CRF	2CRH	2CRI	2CRP
2CS2	2CSK	2CSP	2D9C	2D9F	2D9V	2DAW	2DBA	2DI9	2DIY
2DJ1	2DJ3	2DJK	2DKS	2DLR	2DLX	2DMM	2DSM	2DUN	2EDX
2EO6	2EP6	2FE0	2FHO	2FJL	2FVT	2GFU	2GQB	2H3F	2H3I
2H3V	2H3Z	2HDE	2HM8	2HMX	2I38	2JM1	2JMG	2JMX	2JNK
2JOZ	2JPE	2JQ6	2JQJ	2JRA	2JU5	2JVJ	2JY9	2JZA	2JZT
2K2C	2K4E	2K4H	2K4I	2K4K	2K4M	2K8Q	2KA6	2KB3	2KB4
2KCO	2KI8	2KJQ	2KK0	2KK1	2KKL	2KKW	2KKZ	2KL3	2KLO
2KMW	2KNC	2KNO	2KPT	2KQ3	2KS0	2KU7	2KUN	2KWK	2KY4
2KYG	2KYM	2KZW	2L0W	2L1U	2L3B	2L4R	2L4T	2L5C	2L5V
2L8T	2L97	2L9M	2LA7	2LBT	2LEJ	2LFH	2LFT	2LH0	2LI5
2LKO	2LNT	2LQ3	2LSL	2LV1	2LV4	2LYA	2LYB	2M2B	2M2K
2M33	2M48	2M4F	2M5I	2M74	2M9M	2MFQ	2MGX	2MH0	2MH3
2MHG	2MKZ	2MO5	2MOX	2MP3	2MRN	2MT6	2MTI	2MU0	2MUU

S3　蛋白质天然结构带电侧链之间氢键缺失的发现

许多氨基酸带电荷的侧链，如天冬氨酸(D)含有带负电的侧链，精氨酸(R)和赖氨酸(K)含有带正电的侧链。这些带电荷的侧链含有氢键受体或供体基团。因此，当带负电的侧链在天然结构中具有相邻的带正电的侧链时，由于静电吸引，它们应该通过氢键结合在一起。但是，蛋白质的天然结构中通常不存在这些氢键。通过 PDB 数据库中蛋白质结构的分析，可以发现在静电吸引下许多相邻的侧链通常没有氢键(图 S3)。水分子的屏蔽作用可以防止这些侧链在水性环境中与氢键结合。在 PDB 数据库的 120 个小蛋白质中通过静电吸引随机鉴定了 133 个相邻的 D－R 或 D－K 案例，发现 D－R 或 D－K 的这些相邻侧链中约有

92.5%没有氢键键合(表 S3)。

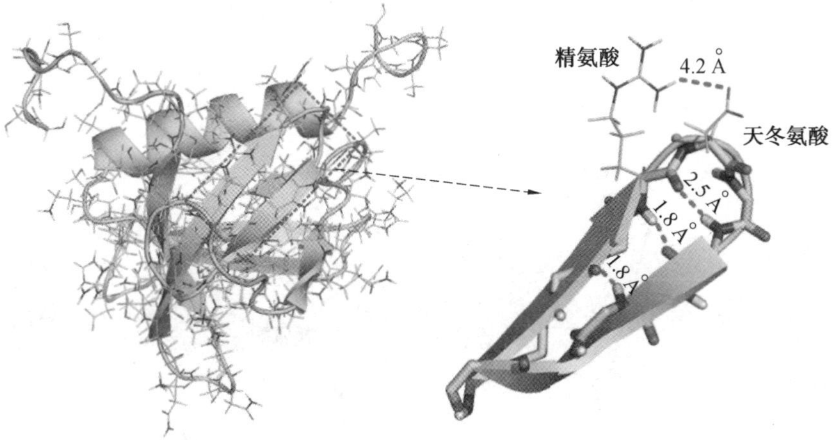

(a) 蛋白质2COF　　(b) 蛋白质2COFβ-转角

图 S3　蛋白质 2COF 中两个相邻侧链之间的氢键缺失

表 S3　用于验证天然蛋白质结构中带电侧链中静电吸引并没导致氢键生成的蛋白质

1A6X	1AC0	1AE2	1AG4	1AP0	1B3I	1BFS	1BMG	1BYM	1D1N
1DRO	1EWI	1EWW	1F53	1FA4	1FGP	1FHO	1FYC	1G6E	1GHJ
1GL5	1GXI	1GYA	1HEH	1HK6	1IE5	1JEG	1JJG	1K1Z	1K8M
1KRT	1L1I	1LAB	1M5Z	1MC7	1MPH	1N27	1NE3	1NM7	1NSO
1NY4	1OQK	1OZI	1PFJ	1PJW	1PMR	1QLC	1RI0	1RI9	1RIP
1RKN	1SG5	1SLJ	1SPK	1T2M	1TEN	1TTF	1UHF	1UJT	1UJU
1UJX	1V5J	1V5U	1V62	1V6B	1V89	1VA8	1WF7	1WFV	1WHD
1WHL	1WLN	1X5G	1X5L	1X5Y	1XNE	1Y5O	1Z66	1ZOK	2AAV
2AVG	2B8A	2COF	2CRM	2CSJ	2CUI	2CUM	2D7M	2D7O	2D7P
2DI8	2DIA	2DIG	2DK3	2DN7	2DO3	2F09	2FB7	2FY9	2GCX
2HUG	2JNY	2JO6	2JOY	2K5Q	2NCM	3MEF	3NCM	4ULL	1C8P

S4　水分子与带电侧链之间的电荷比较

根据 CHARMM 力场，分子模型中水分子的氢原子具有 0.417e 的电荷，该电荷明显大于蛋白质亲水性侧链中任何带正电荷的原子的电荷(图 S4)。因此，带负电的亲水性侧链通常不会和带正电的亲水性侧链产生氢键键合，而是更可能与水分子发生氢键键合。分子模型中水分子的氧原子具有－0.834e 的电荷，这显然低于蛋白质亲水性侧链中任何带负电性的原子。因此,带正电的亲水性侧链通常不会与带负电的亲水性侧链发生氢键键合,而更可能与水分子发生氢键键合(图 S4)。

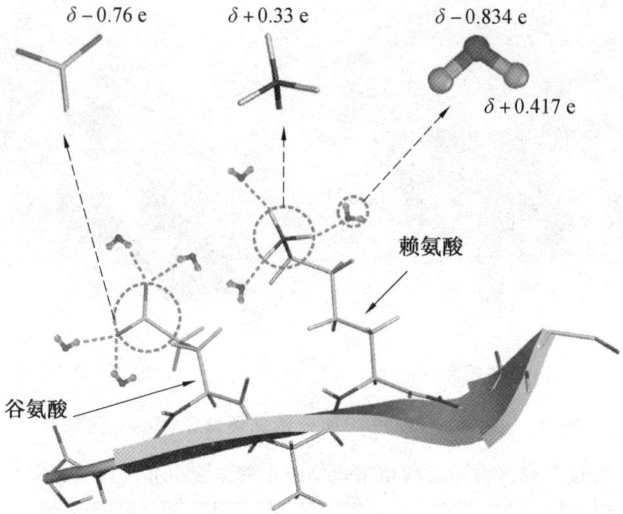

图 S4 水分子与带电侧链之间的电荷比较

S5 PSI、PHI 和 DBOH 的统计

本研究利用 PDB 数据库测量了 200 个小蛋白中 16 482 个氨基酸残基的 ψ、φ 和 DBOH(表 S4)。结果发现,约 50% 的氨基酸保留了初始热力学亚稳态。识别初始热力学亚稳态的标准是 DBOH 小于 3.4 Å。与其他氨基酸残基相比,甘氨酸侧链所提供的空间位阻可忽略不计,因为甘氨酸的侧链仅具有疏水性氢原子。甘氨酸的 ψ 和 φ 的统计值如图 S5(a)所示。注意:脯氨酸没有 UITMS,因为脯氨酸不包含 N—H 基团。脯氨酸的 ψ 和 φ 的统计值如图 S5(b)所示。

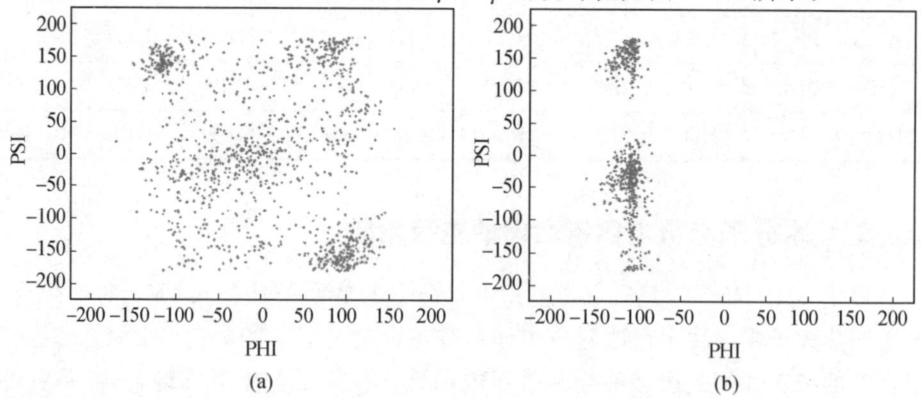

图 S5 甘氨酸和脯氨酸中 φ 和 ψ 角度统计

表 S4　用于统计 ψ、φ 和 DBOH 的蛋白质

2GV1	1A57	1AFI	1AFP	1AKP	1AUZ	1AW0	1B75	1BFI	1BTV
1C8P	1CFE	1CI5	1CPZ	1DCJ	1EQK	1EXH	1F53	1FA3	1FCL
1FGP	1FJC	1G5W	1G6E	1G6J	1G6M	1G9E	1GB4	1GHH	1GJX
1H8C	1HA6	1HYW	1HZK	1IE5	1IJC	1IMU	1ITP	1J0G	1JE9
1JGK	1JJG	1JJX	1KKG	1KVZ	1LWR	1M58	1M94	1MNL	1MVG
1N91	1NOR	1NSO	1O6X	1OWW	1P6S	1PJW	1PQX	1PU1	1PWK
1Q38	1QWQ	1R63	1RHW	1RWU	1RYK	1S6O	1SA8	1SOY	1STU
1T8V	1T17	1TE7	1TFS	1TIU	1TL5	1TTF	1UHF	1UHZ	1UL7
1V80	1WIU	1WKT	1WWQ	1Z8M	1ZAD	2AI6	2AVG	2AYM	2B7T
2B7V	2CJO	2CRS	2CUI	2F09	2FMR	2G0K	2G35	2GA5	2GRG
2JYO	2JYQ	2K49	2K54	2K57	2KDM	2KHE	2KLZ	2KNZ	2KRK
2KT2	2KTA	2KV8	2KVO	2KXG	2KYZ	2KZJ	2KZR	2KZV	2L0Q
2L4B	2L6Q	2L7K	2L9R	2L55	2LBB	2LE4	2LFI	2LGN	2LHC
2LKV	2LLD	2LN3	2LQX	2LR3	2LR5	2LR8	2LRA	2LRG	2LT8
2LU7	2LXI	2LXJ	2LY9	2LYX	2M4I	2M7S	2MC5	2MCT	2MDP
2MEW	2MGV	2MH8	2MJ4	2MMX	2MQ8	2MSW	2MTL	2MU4	2MX0
2MZ0	2MZJ	2N1V	2N1W	2N2R	2N2T	2N2U	2N3Z	2N4C	2N6E
2N7J	2N7Y	2N9K	2N71	2N76	2NA2	2NB2	2NCM	2PRF	2PTL
2RPQ	2RQL	2RRE	2RUE	2VIL	2WQG	3IFB	4BWH	5JN6	5KPH
5NPG	5SZW	5T1N	5T17	5UP5	2HG7	2JO6	2JOE	2JOQ	2JQP

S6　水溶液和非水溶液环境中未折叠蛋白质的初始热力学亚稳态

本研究使用 PyMOL 和 LAMMPS 软件建立了亚稳态状态下未折叠蛋白质(1TIU)的片段(蛋白质序列从 76 到 89)和周围水分子中的分子模型。为了在非水环境中模拟蛋白质,采用了一个简单的方法,消除了水分子的原子电荷来模拟非极性溶剂。分别模拟了在温度从 0 K 升高到 300 K 的过程中,带有和不带有水分子在 NVT(守恒物质、体积和温度)集合中的分子模型的构象发展。仿真结果表明,未折叠的蛋白质可以在水环境中保留初始热力学亚稳态,而未折叠的蛋白质在非水环境中可以失去初始热力学亚稳态,这是因为没有水分子屏蔽作用就不存在。

S7 不同氨基酸残基侧链的旋转阻力性能

显然，在水溶液中长亲水性侧链（如精氨酸）的扭转阻力应比短疏水性侧链（如甘氨酸）的扭转阻力大得多。因为长侧链绕多肽链主轴线的转动惯量远大于短氨基酸的转动惯量。在水溶液环境中，亲水性侧链与周围水分子之间的氢键可显著增加侧链的旋转阻力。亲水性侧链通常是与水合层（Hydration Shell）氢键连接。因此，亲水性侧链的旋转阻力应大于疏水性侧链的旋转阻力。

因此，如表 S5 所示，可以通过侧链的旋转惯性和氨基酸的亲水指数来评估侧链的旋转阻力性能，根据其旋转阻力将 18 个氨基酸分为四类：强阻力（R_s）、弱阻力（R_w），甘氨酸（G）和脯氨酸（P）。其中，R_w 类别中的所有氨基酸都是疏水性的，并且具有较低的转动惯量。

表 S5　氨基酸残基侧链的旋转阻力性能

氨基酸	转动惯量/Å^2	亲水指数	分组
R	3 278.58	−2.5	R_s
K	1 613.13	−1.5	
Q	1 308.01	−0.85	
E	1 277.22	−0.74	
H	1 387.18	−0.40	
N	591.66	−0.78	
D	599.73	−0.90	
Y	1 944.75	0.26	R_w
W	2 779.20	0.81	
C	406.95	0.29	
M	1 379.63	0.64	
F	1 308.47	1.2	
L	712.65	1.1	
A	76.53	0.62	
V	360.45	1.1	
I	641.86	1.4	
G	2.93	0.48	—
P	161.06	0.12	—

S8 折叠码的有效性

所有用于验证折叠密码有效性的蛋白质都是从 PDB 数据库中随机选择的，见表 S6～S10。

表 S6 用于验证折叠码 P 的蛋白质名称

1FGP	1NYF	1WGQ	1WI2	1WVZ	2DY8	2F3W	2GG1	2JNY	3BDO
1G6Z	1PSE	1WHA	1WI4	1YEZ	2E9I	2F09	2H3J	2JOY	3MEF
1GL5	1UHF	1WHD	1WIE	2DIG	2EFI	2FB7	2HEQ	2K5Q	3NCM
1I5H	1WF7	1WHH	1WIT	2DLG	2EXD	2FNB	2HUG	2NCM	3NLA
1IO6	1WF8	1WHJ	1WIU	2DN7	2EXG	2FO8	2JMF	2OT2	3PDZ
1NE3	1WFQ	1WHK	1WJL	2DNT	2EYW	2FY9	2JN4	2PDZ	4HCK
1NM7	1WFV	1WHL	1WJQ	2DO3	2EZM	2G35	2JN9	2SOB	4ULL
1NMF	1WFW	1WHM	1WKT	2DY7	2EZN	2GCX	2JNG	3AIT	7PCY

表 S7 用于验证折叠码 R_s-R_s-G 的蛋白质名称

1FGP	1G6Z	1GL5	1IO6	1NE3	1NM7	1NMF	1NYF	1PSE	1UHF
1YEZ	2DIG	2DO3	2DY8	2JNY	3MEF	4ULL	1A0N	1A6X	1AC0
1AE2	1AH9	1AWJ	1AZ5	1B3I	1B75	1BFS	1BMG	1BMW	1BYM
1C01	1C8P	1D1N	1D5G	1DCZ	1E5B	1EXG	1F53	1FA4	1FYC
1G5V	1G6E	1G84	1GBQ	1GH5	1GHJ	1GJX	1GXI	1GYA	1HJD
1HK6	1HSQ	1HZL	1IE5	1IU0	1IYU	1J5C	1J8K	1JEG	1JJG
1JNJ	1JT8	1K1Z	1K4U	1KSR	1L5C	1LAB	1LKN	1LWR	1M5Z
1MC7	1MPH	1MUZ	1N7T	1N27	1NCT	1NY4	1O6W	1OQK	1OWW
1P1E	1P6S	1PD6	1PDR	1PFJ	1PHT	1PJW	1PLA	1PLC	1PMR
1Q7X	1Q9P	1QJO	1QLC	1QP2	1QSV	1RI0	1RI9	1RIP	1RKN
1S04	1SA8	1SG5	1SJG	1SLJ	1SPK	1SQR	1SRO	1T2M	1TE7
1TEN	1TIT	1TK7	1U37	1U39	1UC6	1UDL	1UE9	1UEP	1UFX
1UG1	1UHC	1UHP	1UJU	1UJV	1UJY	1UM1	1V5J	1VAE	1VB7
1WF7	1WF8	1WFQ	1WFV	1WGQ	1WHA	1WHD	1WHH		

表 S8　用于验证折叠码 $R_w-R_w-G\backslash\backslash R_w-G-R_w$ 的蛋白质

1AC0	1AE2	1AH9	1AKP	1AWJ	1AWX	1B3I	1B4R	1BFS	1BHU
1CD8	1CI5	1CKA	1D1N	1E5B	1EXG	1FGP	1FYC	1G6P	1GBQ
1GHJ	1GL5	1GYA	1H3H	1H92	1H95	1HEH	1HJD	1HK6	1HSQ
1IE5	1IO6	1IXD	1IYU	1J3T	1J8K	1JEG	1JJG	1JT8	1JXD
1K1Z	1K4U	1K85	1LAB	1LKN	1LWR	1M42	1MPH	1MUZ	1NCT
1NLO	1NM7	1NMF	1NSO	1NYF	1OQK	1OWW	1P6S	1PHT	1PKS
1PLC	1PMR	1PSE	1Q38	1Q9P	1QP2	1RI9	1RIP	1SA8	1SAP
1SLJ	1SPK	1SQR	1SRO	1TE7	1TEN	1TTF	1UE9	1UFF	1UG1
1UGV	1UHC	1UJY	1V5J	1V5L	1VAE	1VB7	1VD0	1WF7	1WF8
1WFQ	1WFV	1WFW	1WGQ	1WHH	1WHJ	1WHK	1WHL	1WHM	1WIE
1WKT	1X5Y	1YEZ	1YWY	1Z86	2AIT	2AKK	2COC	2COW	2COY
2CP0	2CP2	2CP3	2CP7	2CQA	2CQV	2CUI	2D7N	2D7O	2DI8
2DIC	2DIG	2DIQ	2DJS	2DN7	2DO3	2EXD	2FB7	2FNB	2G35
2H3J	2HEQ	2JNG	2K3B	2K5Q	2NCM	2OT2	2RH2	3AIT	3MEF
3NCM	4HCK	7PCY							

表 S9　用于验证折叠码 R—D、K—D 的蛋白质

1FGP	1G6Z	1GL5	1NE3	1NM7	1PSE	1UHF	2DIG	2DO3	2JNY
3MEF	4ULL	1A6X	1AC0	1AE2	1AG4	1AH9	1AP0	1AUU	1AWJ
1B3I	1B75	1BFS	1BMG	1BPV	1BYM	1C8P	1CI5	1CTO	1D1N
1DCZ	1EWW	1F53	1FA4	1FYC	1G5V	1G6E	1G84	1GBQ	1GHJ
1GJX	1GXI	1GYA	1HEH	1HHN	1HJD	1HK6	1IE5	1IHV	1IYU
1J3T	1J8K	1JEG	1JJG	1JNJ	1K1Z	1K8M	1K9C	1K85	1L1I
1LAB	1M5Z	1MC7	1MPH	1N7T	1N27	1NSO	1NY4	1O6W	1O78
1OQK	1OZI	1PDR	1PFJ	1PJW	1PMR	1QJO	1QLC	1RI0	1RI9
1RIP	1RKN	1SG5	1SLJ	1SPK	1SRO	1T2M	1TE7	1TEN	1TTF
1U37	1UC6	1UFX	1UG1	1UHC	1UHP	1UJU	1UM1	1V5J	1VB7
1WF7	1WFQ	1WFV	1WFW	1WGQ	1WHA	1WHD	1WHJ	1WHK	1WHL
1WI4	1WJQ	1X5L	1X5Q	1X5Y	1YEL	1Z0R	1Z66	1ZDX	1ZOK

续表 S9

2AAV	2AKK	2B8A	2BUD	2CBP	2COF	2CP0	2CQA	2CRZ	2CUM
2D7N	2D7O	2D9T	2DAQ	2DI8	2DIC	2DK3	2DN7	2DNT	2EFI
2EXD	2EYW	2F09	2FB7	2FY9	2GCX	2HUG	2JN4	2JN9	2JOY
2K5Q	2NCM	2OT2	3NCM	1A57	1DG4	1EGX	1EWI	1K0H	1UEW
1UM7	1VA8	1X4Y	1X5G	1X5N	1X5Z	1XNE	1Y5O	2C34	2COD
2CQV	2CUI	2D7M	2D7P	2DIA	2DMC	2JO6	1BAK	1DRO	1FHO
1KRT	1POQ	1QTT	1QW1	1UIT	1UJD	1UJT	1UJX	1V5U	1V6B
1V62	1V89	1WF5	1WLN	1X4Z	1X5F	2AVG	2CRM	2CS5	2CSJ
2CSS									

表 S10　用于验证折叠码 $R_{vw}-R_{vw}-H_{y}-R_{vw}-R_{vw}$ 的蛋白质

2KRB	2KT2	2KZV	2L2N	2L6Q	2LGI	2LN3	2LSG	2M2J	2MEW
2MH2	2N4C	2N6E	2N76	2WNM	4BWH	4OU0	5KS5	5L7B	5NPG
1BO9	1DU2	1EO0	1HY8	1NER	1RQT	1V38	1VG5	1VND	1WCL
1YXR	2CQR	2GYT	2J5P	1D8J	1EIJ	1FAF	1M12	1NHA	1NMR
1P6R	1UFZ	1VEG	1VEK	1WR0	1YSY	2HTJ	1A6S	1AF8	1BNO
1DGN	1E0H	1M62	1NZP	1TL6	2PNG	1AFH	1BEG	1E91	1EOQ
1FAD	1FLI	1I1S	1JXS	1NQ4	1P4W	1QJT	1UCP	1UHR	1WFD
2DK5	2EDU	1A5J	1IYR	1KDX	1OM2	1QPU	1QTG	1TTV	1X93
1YGO	1A7D	1B22	1DPU	1ENW	1JWE	1KLP	1SR2	1TDP	1V9V

本研究建立了处于初始热力学亚稳态的未折叠蛋白(1MVG)的片段(从 98 到 109 的蛋白质序列)和周围水分子中的分子模型(图 S6(a)、(b))。本研究模拟了 NVT 系综下从 0 K 到 300 K 的升温过程中分子模型的构象变化(物质、体积和温度守恒)。监测了这些氨基酸残基的骨架二面角 ψ 和 φ(图 S6(c))。分子动力学模拟结果证实,当温度高于 280 K 时,由热运动引起的 G 的 C═O 基团和 N—H 基团的扭转振动幅度远大于其他的氨基酸。

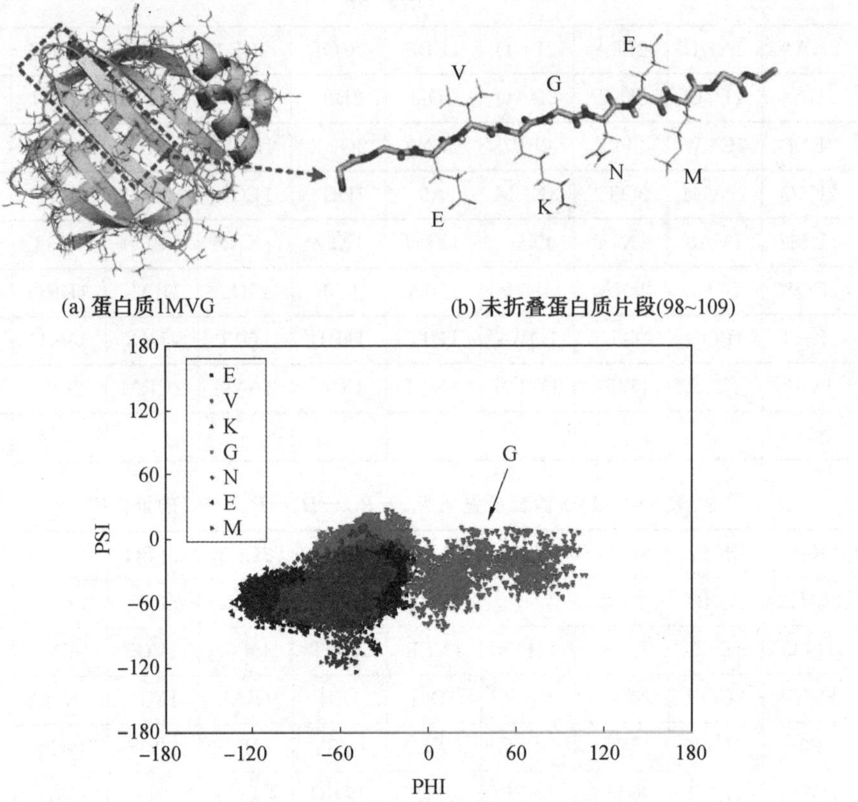

(a) 蛋白质1MVG

(b) 未折叠蛋白质片段(98~109)

(c) 氨基酸残基的主链二面角ψ和φ

图 S6　肽平面在未折叠蛋白质的不同残基中的热振动

附录 2　第 4 章附录

T1　水分子对亲水性侧链的屏蔽作用

为了证明水分子对亲水性侧链的屏蔽作用，首先尝试对 30 种天然蛋白质(2CQD、2DM8、1WJ3、2CSJ、2LJK、2EO9、2DAF、2NBB、1QLX、2LSB、1L1P、1UH6、1V2Y、1V5O、1WE6、1WEX、1WGR、1WHX、1WJU、1X4A、1WGR、1WHX、1WJU、1X4A、1X5S、2CPD、2CPI、2CQ1、2CQG、2CR5、2CTK、2H7A、2NOC)结构的势能进行最小化尝试，模拟使用了 CHARMM 力场和 NVERE 算法。这些蛋白质天然结构中的无序结构往往表现出相邻肽平面的平行分布的状态。NVERE 分子结构松弛算法的优势是通过长分子动力学轨迹和结构大变形来优化结构势能。令人惊讶的是，蛋白质天然结构的势能往往可以进一步最小化，通过形成更多的分子内氢键可以使结构更紧密。这表明这些蛋白质的天然结构在空间上并没有最充分地实现分子结构内的氢键键合数量最大化。周围水分子在蛋白质折叠中扮演的角色一定与水分子独特的物理和化学特性紧密相关。这些天然结构是在水溶液中通过磁共振试验确定的，应该是这些结构在水中自由能最低的状态，而不是孤立的状态。仿真结果表明，水溶液环境能够屏蔽亲水性侧链，使其不与其他亲水性侧链和主链发生氢键键合。

T2 未折叠蛋白质在水溶液环境下的结构松弛

在蛋白质折叠开始时，由于水分子的屏蔽作用，折叠过程将不受分子间氢键形成的引导。合理的蛋白质折叠模拟至少能够避免开始时侧链间发展成氢键键合。但是，由于水分子的运动是瞬时的，并且未折叠的蛋白质与周围分子之间不停的氢键的形成和断裂会导致系统内的势能波动，因此很难直接模拟未折叠蛋白质在水环境中的结构发展。为了模拟水溶液环境的屏蔽效果，一种简单的方法是消除侧链的原子电荷。几个复杂的力场已经被开发出来，可以用于确定在原子水平上哪些机制指导蛋白质折叠过程，这可以深入了解物理折叠代码，例如 Chemistry at Harvard Macromolecular Mechanics(CHARMM)势函数 2，Assisted Model Building with Energy Refinement(AMBER)势函数 3，DREIDING 势函数 4 和 GROMOS 势函数 5 等。本研究使用 CHARMM 力场进行模拟，未折叠蛋白质(1B64)的分子模型构建具有随机分布的侧链和平面肽基。弛豫结果表明，相邻的平面肽基团由于主链中 C ═O 基团和 H—N 基团之间的静电吸引而逐渐变得彼此平行。

T3 不同氨基酸残基侧链的旋转阻力性能

显然，水中长的亲水性侧链（如精氨酸）的抗扭强度应比短的疏水性侧链（如甘氨酸）的抗旋转阻力大得多。因为长侧链绕多肽链轴线的转动惯量远大于短氨基酸的转动惯量。在水性环境中，亲水性侧链与周围水分子之间的氢键可显著增加侧链的旋转阻力。因此，可以推测，亲水性侧链的旋转阻力大于疏水性侧链的旋转阻力。

因此，如表 T1 所示，可以通过侧链的旋转惯性和氨基酸的亲水指数来评估侧链的旋转阻力性能，其中将 20 个氨基酸根据其旋转阻力分为六类：强阻力(R_s)、中阻力(R_m)、弱阻力(R_w)、极弱阻力(R_{vw})、甘氨酸(G)和脯氨酸(P)。其中，R_{vw}类别中的所有氨基酸都是疏水性的，并且具有较低的转动惯量。

表 T1　不同氨基酸残基侧链的旋转阻力性能

氨基酸	转动惯量/Å²	亲水指数	分组
R	3 278.58	−2.5	R_s
K	1 613.13	−1.5	
Q	1 308.01	−0.85	
E	1 277.22	−0.74	
H	1 387.18	−0.40	
N	591.66	−0.78	
D	599.73	−0.90	
T	364.59	−0.05	R_m
S	198.17	−0.18	
Y	1 944.75	0.26	R_w
W	2 779.20	0.81	
C	406.95	0.29	
M	1 379.63	0.64	
F	1 308.47	1.2	
L	712.65	1.1	R_{vw}
A	76.53	0.62	
V	360.45	1.1	
I	641.86	1.4	
G	2.93	0.48	—
P	161.06	0.12	—

T4　带电侧链

如表 T2 所示，侧链带电荷的 12 个氨基酸可分为三类：负电（N_e）、负弱电（N_{ew}）和正电（P_o）。

表 T2 氨基酸残基侧链的带电量

<table>
<tr><th>氨基酸</th><th>E</th><th>D</th><th>N</th><th>T</th><th>Q</th><th>S</th><th>R</th><th>K</th><th>H</th></tr>
<tr><td>等电点</td><td>3.15</td><td>2.85</td><td>5.41</td><td>5.60</td><td>5.65</td><td>5.68</td><td>10.76</td><td>9.60</td><td>7.60</td></tr>
<tr><td rowspan="2">分组</td><td colspan="2">N_e</td><td colspan="4">N_{ew}（且疏水）</td><td colspan="3" rowspan="2">P_o（正电）</td></tr>
<tr><td colspan="6">N_{ea}（负电）</td></tr>
</table>

T5 具有极强旋转阻力的相邻氨基酸残基组合

相邻带电侧链之间的排斥力会导致侧链在扭转波通过时产生同步旋转。例如，当两个 P_o 氨基酸(P_o-P_o)顺序排列时，两个带正点的侧链应反向分布且彼此排斥。当扭转波通过第一个 P_o 时，第二个 P_o 的侧链也会由于侧链之间的排斥而开始旋转，从而使两个氨基酸聚在一起并使旋转阻力增加一倍。因此，可以将 P_o-P_o 视为具有超强旋转阻力的特征。鉴定了 4 种可以提供超强旋转阻力的双氨基酸基团，并将其标记为 R_u，见表 T3。

表 T3 可以提供超强旋转阻力的双氨基酸基团

分组	
R_1^U	N_e-N_e
R_2^U	P_o-P_o
R_3^U	N_e-N_{ew}
R_4^U	$N_{ew}-N_{ew}$

T6 多肽链中侧链间的长程静电吸引

α—螺旋的形成可以被认为是多肽片段的扭转和收缩过程。因此，带电侧链之间存在一些长程静电吸引，可能有助于 α—螺旋的形成。如表 T4 所示，确定了侧链之间长程静电吸引的 4 种模式。侧链之间长程静电吸引最有可能通过压缩一小段多肽链促进第一个螺旋的形成。

表 T4 侧链之间长程静电吸引

序号	分类	代码
1	LEAS (LEA 强)	$\overrightarrow{P_o}-U_n^1-U_n^2-N_e$
2		$\overrightarrow{P_o}-U_n^1-U_n^2-U_n^3-N_e$
3	LEAW (LEA 弱)	$\overrightarrow{P_o}-U_n^1-U_n^2-N_{ew}$
4		$\overrightarrow{P_o}-U_n^1-U_n^2-U_n^3-N_{ew}$

T7 由静电驱动的残基侧链旋转代码(EDRC)

当多肽链按顺序排列一个 P_o 氨基酸紧邻一个 N_e 氨基酸时(P_o-N_e),两个带电侧链相互吸引。如表 T5 所示,确定了 3 个 EDRC,这些 EDRC 可能导致侧链围绕多肽链轴线运动。

表 T5 静电驱动的残基侧链旋转代码

分类	静电驱动的残基侧链旋转的代码(EDRC)
EDRC 1	$\overrightarrow{P_o}-N_{ew}$
EDRC 2	$\overrightarrow{P_o}-N_e$
EDRC 3	$\overrightarrow{P_o}-N_{ew}\,\vert\,N_e-N_{ew}\,\vert\,N_e$

T8 导致转角结构的折叠码

通过分析 PDB 数据库中的蛋白质结构,确定至少存在 6 个导致转角结构生成的氨基酸序列代码,这些序列代码可以被看作是折叠码。表 T6 列出了这 6 种折叠码和相应的必要条件。其中,代码Ⅰ和Ⅴ是形成转角结构的最常见代码。短的 β-折叠片很少出现在蛋白质天然结构的序列两端,因为未折叠的蛋白质的两端都自由旋转。这些发现意味着氨基酸残基的初始亚稳态在未折叠蛋白质的端部很难被热运动破坏。因此,表 T6 中的这些代码可能不适用于蛋白质的氨基酸序列的末端。折叠码Ⅰ的折叠机制是在水溶液环境中 G 引起的相邻氨基酸序列中相邻侧链之间的旋转阻力的巨大差异。编码Ⅱ的折叠机制是 R_{vw} 在水溶液环境中沿蛋白质氨基酸序列在相邻侧链之间引起较大的旋转阻力差异。代码Ⅲ的折叠机制是 P_o-N_{ew} 诱导的相邻带电侧链的静电吸引运动。代码Ⅳ的折叠机制是 P_o-N_e 引起的相邻带电侧链的静电吸引运动。代码Ⅴ的折叠机制是 P 的亚稳态的抗扭转强度可以忽略不计导致的。代码Ⅵ的折叠机制是在与主链相同的一侧上的相邻带电侧链的相互排斥导致的。

表 T6 导致转角结构的折叠码

折叠码		条件	
Ⅰ	1	$R_U\|R_s-G-R_s\|R_U\|R_m$	Except R−G−C
	2	$R_U\|R_s\|R_m\|G\|Y-R_{vw}\|R_w-G-R_U\|R_s\|R_m$	$R_s\|R_m\notin$ EDRC1|2
	3	G−G	
	4	$R_U\|R_s-R_{vw}-G-R_{vw}-R_U\|R_s\|R_m$	
	5	$R_U\|R_s\|G-R_{vw}-R_{vw}\|R_w-G-R_U\|R_s\|R_m-U_n^1$	$U_n^1\neq G$，Except EDRC1−$R_{vw}-R_{vw}$−G−EDRC1|2
	6	$R_s\|R_m-G-R_m\|R_w-R_m\|R_s$	
	7	U_n^1−EDRC1|2−G−$R_w\|R_m-U_n^2$	
	8	$G-R_{vw}-R_w\|R_{vw}\|R_m-G$	
	9	$R_U\|R_s\|G-R_{vw}-R_{vw}-R_{vw}\|R_w-G-R_U\|R_s\|R_m$	
	10	$N_e\|N_{ew}-R-R_{vw}-G$	
Ⅱ	1	$N_e\|N_{ew}-R-R_{vw}-P_o-N_{ew}$	$P_o\neq H$
	2	$N_e\|N_{ew}-R-R_{vw}-R_U^1$	$R_U^1\neq R_U^4$
	3	$R-N_e\|N_{ew}-R_{vw}-R_U^1$	$R_U^1\neq R_U^4$
	4	EDRC2−R_{vw}−EDRC2	
Ⅲ	1	P_o-N	$P_o\neq H$
	2	$G-N_{ew}-P_o$	
	3	$U_n^1-N_{ew}-P_o-G$	$U_n^1\neq P_o$
	4	$U_n^1-N_e-U_n^2-P_o-U_n^2$	$U_n^1\neq P_o, U_n^2=S\|T\|Q, U_n^2\neq N_e$
Ⅳ	1	P_o-D	
	2	$U_n^1-P_o-E-U_n^2$	$P_o\neq H, U_n^2\neq N_e$, $U_n^1\neq R_{vw}, U_n^2\neq R_{vw}$
	3	$N_{ew}\|N_e-P_o-D$	

续表 T6

折叠码		条件	
V	1	P	
	2	$U_n^1-\mathrm{P}-$片段包括 $R_{\mathrm{vw}}-\mathrm{G}$	$U_n^1\neq \mathrm{G}\mid \mathrm{P}$
	3	$\mathrm{P}-R_{\mathrm{w}}-\mathrm{G}$	
	4	P－EDRC2－G	
	5	P－EDRC1	
	6	P－G	
	7	$\mathrm{P}-R_{\mathrm{U}}^3\mid R_{\mathrm{U}}^4$	
VI	1	$U_n^1-N_{\mathrm{e}}-N_{\mathrm{e}}-U_n^2-U_n^3$	$U_n^1\neq R_{\mathrm{vw}}\mid \mathrm{G}\mid \mathrm{P}\mid P_{\mathrm{o}}$, $U_n^3\neq P_{\mathrm{o}}\mid N_{\mathrm{e}}$, $U_n^2=\mathrm{S}\mid \mathrm{Q}\mid \mathrm{N}\mid \mathrm{T}$
	2	$U_n^1-N_{\mathrm{e}}-N_{\mathrm{e}}-N_{\mathrm{e}}-U_n^2$	$U_n^1\notin \mathrm{EDRC1}\mid 2, U_n^2\notin \mathrm{EDRC1}\mid 2$
	3	$N_{\mathrm{e}}-N_{\mathrm{ew}}-N_{\mathrm{ew}}-N_{\mathrm{e}}$	
	4	$P_{\mathrm{o}}-P_{\mathrm{o}}-P_{\mathrm{o}}$	
	5	$U_n^1-U_n^2-U_n^3-U_n^4-U_n^5$	$U_n^1\neq R_{\mathrm{vw}}, U_n^2=\mathrm{S}\mid \mathrm{Q}\mid \mathrm{N}\mid \mathrm{T}$, $U_n^3=\mathrm{S}\mid \mathrm{Q}\mid \mathrm{N}\mid \mathrm{T}\mid \mathrm{E}\mid \mathrm{D}$, $U_n^4=\mathrm{S}\mid \mathrm{Q}\mid \mathrm{N}\mid \mathrm{T}, U_n^5\neq R_{\mathrm{vw}}$
	6	$U_n^1-N_{\mathrm{e}}-U_n^2-U_n^3$	$U_n^1\neq N_{\mathrm{e}}\mid P_{\mathrm{o}}, U_n^2=\mathrm{S}\mid \mathrm{Q}\mid \mathrm{N}\mid \mathrm{T}$, $U_n^3=\mathrm{E}\mid \mathrm{D}\mid \mathrm{S}\mid \mathrm{Q}\mid \mathrm{N}\mid \mathrm{T}$
	7	$N_{\mathrm{ea}}-\mathrm{W}-\mathrm{N}$	
	8	$N_{\mathrm{e}}-\mathrm{Y}-\mathrm{N}$	

T9　预测 α－螺旋结构的折叠码

通过分析 PDB 中的蛋白质结构，确定了至少存在 3 种可能导致 α－螺旋形成的折叠码类型。这 3 个折叠码及其必要条件见表 T7。

表 T7　预测 α—螺旋结构的折叠码

序号		折叠码	条件
I	01	$U_n^1-P_o-N_e-R_{vw}\mid R_w\mid N_e-N_e$	$U_n^1\neq G,P$　$P_o\notin EDRC+G$
	02	$U_n^1-P_o-N_{ew}-R_{vw}-N_e^1-N_e^2\mid N_{ew}-U_n^2$	$U_n^1\mid U_n^2\neq G,P$　$N_e^1-N_e^2\neq D-D$ $U_n^1\neq N_e$　$U_n^2\neq P_o$
	03	$U_n^1-P_o-N_e\mid N_{ew}-R_{vw}\mid C-R_{vw}\mid R_w\mid N_{ew}-N_e-U_n^2$	$U_n^1\mid U_n^2\neq G,P$
	04	$U_n^1-P_o-N_e^1-R_{vw}\mid R_w-N_e^2\mid N_{ew}-N_e^3\mid N_{ew}-U_n^2$	$U_n^1\mid U_n^2\neq G,P$　$N_e^1-N_e^3\neq D-D$
	05	$U_n^1-P_o-N_e-N_{ew}-R_{vw}-N_e\mid N_{ew}$	$U_n^1\mid U_n^2\neq G,P,N_e$　$P_o\neq H$
	06	$U_n^1-P_o-N_{ew}-R_{vw}-R_{vw}-P_o$	$U_n^1\neq P$
	07	$U_n^1-P_o^1-N_e^1-N_e^2\mid N_{ew}\mid R_w-R_{vw}-P_o^2$	$U_n^1\neq P$　$N_e^1-N_e^2\mid N_{ew}\neq D-D$ $P_o^1-P_o^2\neq R-R$ $P_o^1\mid P_o^2\notin EDRC+GU_n^1-N_e^1\neq R-D$
	08	$U_n^1-N_{ew}^1-P_o-R_{vw}\mid M\mid C-R_{vw}\mid R_w\mid N_e^1\mid N_{ew}^2-N_e^2\mid N_{ew}^3-U_n^2$	$U_n^1\mid U_n^2\neq G,P$　$P_o\neq H$ $N_e^2\mid N_{ew}^3\notin EDRC$ $N_e^1\mid N_{ew}^2-N_e^2\mid N_{ew}^3\neq N_e-N_{ew}$ $U_n^1-P_o\neq D-R$
	09	$U_n^1-N_e^1-P_o-R_{vw}\mid R_w-R_{vw}\mid R_w\mid N_e^2\mid N_{ew}^1-N_e^3\mid N_{ew}^2-U_n^2$	$U_n^1\mid U_n^2\neq G,P$　$U_n^1\neq P_o$　$P_o\neq H$ $N_e^2\mid N_{ew}^3\notin EDRC$ $N_e^2\mid N_{ew}^1-N_e^3\mid N_{ew}^2\neq N_e-N_{ew}$ $U_n^1-P_o\neq D-R$　$N_e^1-N_e^2\neq D-D$
	10	$U_n^1-N_e-P_o-R_{vw}\mid R_w\mid N_{ew}-R_{vw}\mid R_w-P_o-U_n^2$	$U_n^1\mid U_n^2\neq G$　$U_n^1\neq P_o$
	11	$U_n^1-N_{ew}-P_o^1-R_{vw}-R_{vw}\mid M\mid C-P_o^2-U_n^2$	$U_n^1\mid U_n^2\neq G$　$U_n^1\neq P_o$　$P_o^1\neq H$
	12	$U_n^1-P_o-R_{vw}-R_{vw}-N_e-U_n^2$	$U_n^1\mid U_n^2\neq G,P$　$P_o\notin EDRC+G$ $N_e\notin D-U_n-R$
	13	$P_o^1-P_o^2-R_{vw}\mid R_w-N_e^1\mid N_{ew}-N_e\mid N_{ew}-U_n^1$	$U_n^1\neq G$　$P_o^1-P_o^2\neq R-R$except$N_e^1=D$
	14	$U_n^1-P_o-R_{vw}\mid R_w\mid G-R_{vw}\mid R_w-N_e^1-N_e^2$	$U_n^1\neq G$　$N_e^1-N_e^2\neq D-D$except$P_o=R$
	15	$P_o-G-R_{vw}-R_{vw}\mid M\mid G-N_e-U_n^1$	$U_n^1\neq P$
	16	$U_n^1-N_e-P_o-R_{vw}-R_{vw}-R_{vw}-N_e-U_n^2$	$U_n^1\mid U_n^2\neq P,GU_n^1-P_o\neq D-R$ $U_n^2\notin$转角折叠码Ⅰ　$U_n^2\neq P_o$
	17	$U_n^1-P_o-N_e-R_{vw}-R_{vw}-R_{vw}-N_e-U_n^2$	$U_n^1\mid U_n^2\neq P,G$

续表 T7

序号		折叠码	条件
Ⅱ	01	$U_n^1-R_{vw}-R_{vw}\mid M\mid C-P_o\mid N_e\mid N_{ew}-R_{vw}\mid M\mid C-R_{vw}-U_n^2$	$U_n^1\mid U_n^2\neq P$ $U_n^1-P_o\mid N_e\mid N_{ew}\neq P_o-N_e\mid N_{ew}$ or $N_e\mid N_{ew}-P_o$ $U_n^2-P_o\mid N_e\mid N_{ew}\neq P_o-N_e\mid N_{ew}$ or $N_e\mid N_{ew}-P_o$ $U_n^1\mid U_n^2\notin$转角折叠码Ⅰ
	02	$U_n^1-R_{vw}^1-P_o\mid N_e\mid N_{ew}\mid Y\mid W-P_o\mid N_e\mid N_{ew}\mid Y\mid W-R_{vw}\mid M\mid C-R_{vw}\mid C-U_n^2$	$U_n^1\mid U_n^2\neq G,P$　$R_{vw}^1\neq A$ $P_o\mid N_e\mid N_{ew}-P_o\mid N_e\mid N_{ew}\notin$ EDRC $U_n^1\mid U_n^2\notin$ EDRC
	03	$U_n^1-R_{vw}^1-P_o\mid N_e\mid N_{ew}-R_{vw}\mid M-R_{vw}-R_{vw}-U_n^2$	$U_n^1\mid U_n^2\neq P$　$U_n^1\neq G$ $R_{vw}^1\neq A$ $U_n^1\mid U_n^2\notin$ EDRC $U_n^1-P_o\mid N_e\mid N_{ew}\neq P_o-N_e\mid N_{ew}$ or $N_e\mid N_{ew}-P_o$ $U_n^2-P_o\mid N_e\mid N_{ew}\neq P_o-P_o$ or N_e-N_e $U_n^1\mid U_n^2\notin$转角折叠码Ⅰ $P_o\mid N_e\mid N_{ew}-U_n^2\neq P_o-P_o$ or N_e-N_e
	04	$U_n^1-R_{vw}-R_{vw}\mid M\mid C-R_{vw}\mid R_w-R_{vw}\mid M\mid C-R_{vw}-U_n^2$	$U_n^1\mid U_n^2\neq G,P$ $U_n^1\mid U_n^2\notin$转角折叠码Ⅰ、Ⅲ
Ⅲ	01	$U_n^1-C-U_n^2-U_n^3-U_n^4-U_n^5-C-U_n^6$	$U_n^1\mid U_n^6\neq G,P$

T10　蛋白质折叠码的验证

为了检验折叠码在预测二级结构中的有效性和效率，本研究对 416 种蛋白质进行预测并与 PDB 数据库中的试验结果进行比较（表 T8）。8 种蛋白质的预测结果如图 T1 所示。根据表 T6 和 T7，突出显示导致 α－螺旋和转角结构的氨基酸。结果表明，这些编码具有较高的成功率，可预测这些蛋白质的 α－螺旋（约 80％）和转角结构（约 95％）。

β-I β-IV β-VI β-I β-IV β-III β-VI
1A57 AFDGTWKVDRNENYSGAHDNLKLTITQEGNKFTVKESSNFRNIDVVFELGV

β-I β-III β-II β-I β-I
DFAYSLADGTELTGTWTMEGNKLVGKFKRVDNGKELIAVREISGNELIQTYTY

β-I β-II
EGVEAKRIFKKE

β-V β-V β-I β-V β-I β-I β-V
1B4R ATLVGPHGPLASGQLAAFHIAAPLPVTATRWDFGDGSAEVDAAGPAASHRY

β-V β-I
VLPGRYHVTAVLALGAGSALLGTDVQVEA

β-III β-V β-VI β-V β-IV β-VI
1CI5 SSQQIYGVKYGNVTFHVPSNQPLKEVLWKKQKDKVAELENSEFRAFSSFKNR

β-III β-VI β-V β-VI β-I
VYLDTKSGSLTIYNLTSSDEDEYEMESPNITDSMKFFLYVGES

α-I α-I
2E5T IDVLRAKAAKERAERRLQSQQDDIDFKRAELALKRAMNRLSVAEMK

α-III α-I
2L37 GSPRTEYEACRVRCQVAEHGVERQRRCQQVCEKRLREREGRRE

α-I α-I α-I
2LHC TTYKLILNLKQAKEEAIKELVDAGTAEKYFKLIANAKTVEGVWTLKDEIKTFTVTE

α-I α-II α-II
2MR9 GSATFPEQTIKQLMDLGFPRDAVVKALKQTNGNAEFAASLLFQS

α-III α-III
2NB2 DRYQDCLSECNSRCTYIPDYAGMRACIGLCAPACLTSR

══ β-sheet (except for the turns) ꝏꝏꝏ α-helix

图 T1 8 个蛋白质的预测结果

表 T8 用于验证折叠码的蛋白质结构

用于验证 α—螺旋折叠码的蛋白质									
2MDP	2MH8	2MQJ	2MSW	2MX0	2MX2	2MZ0	2MZJ	2N1V	2N1W
2N2Q	2N2R	2N2T	2N2U	2N3Z	2N4C	2N6E	2N7J	2N7Y	2N9K
2N12	2N71	2N76	2NA2	2NB2	2ND3	2RUE	2RVF	4QYW	4ZAI
4ZMD	5AIW	5DFG	5JI4	5JN6	5JYU	5KPH	5KS5	5L7P	5NCE
5NPA	5NPG	5OMT	5SZW	5T1N	5UNK	5UP5	5Y6H	5Z2S	2KHE
2KHX	2KLZ	2KNZ	2KOX	2KP7	2KRB	2KRK	2KT2	2KTA	2KV8
2KXG	2KYZ	2KZJ	2KZR	2KZV	2L0Q	2L2M	2L2N	2L4B	2L6Q
2L7K	2L9R	2L33	2L37	2LBB	2LE4	2LGI	2LHC	2LHE	2LK2
2LL3	2LLD	2LMZ	2LN3	2LQJ	2LQX	2LR2	2LR3	2LR5	2LR8
2LRA	2KSG	2LT8	2LUQ	2LVN	2LXI	2LY3	2LY9	2LYX	2M2J
2M4I	2M05	2M7S	2M66	2MC5	2MEW	2MGV	2MH2	2MTL	2RQL
2RRE	2RRN	2RU9	2W9Q	2WNM	2WQG	3A5E	3ADG	3ADJ	3LLB
3U7T	3ZZP	4BWH	4C7Q	4C26	4HCS	4N6T	4OD6	1U3M	1VCS
1VMC	1W4K	1X4O	1X6C	1YG0	1YJR	1ZPW	1ZVG	1ZXII	2AYM
2B7T	2B7V	2B68	2BN8	2C7H	2CK4	2D9Y	2DDL	2DMU	2DWF
2E3G	2E5T	2EEM	2FD9	2FGG	2FHT	2FN5	2GKT	2GMG	2GV1
2HDL	2HJ8	2HJJ	2HLU	2IKD	2J53	2JNH	2JP6	2JPI	2JQ9
2JRL	2JSV	2JUA	2JUF	2JVE	2JVF	2JVR	2JWU	2JZ5	2KOP
2KLH	2K2A	2K3W	2K4U	2K9D	2K49	2KAC	2KAF	2KC9	2KDM
2KJW	2KL1	2KL8	2KQ4	2NMQ	2OED	2OFH	2ON8	2ONQ	2PLP
2ROG	2UVS	2V75	2VH7	2VXD	2W4C	2ZRR	2ZW1	3CZC	3DJN
3E7U	3G19	1POG	1POU	1PRB	1PRU	1PRV	1PUZ	1PV0	1Q1V
1Q2N	1R1B	1R2A	1R4G	1R63	1RQ6	1RQT	1RYK	1SG7	1SGG
1SKT	1SQ8	1SS1	1SXD	1T6O	1TIZ	1TNS	1TP4	1TTY	1UCP
1UGO	1UHM	1UHS	1USS	1UXC	1UXD	1UZC	1V63	1V66	1V92
1W3D	1WGW	1X2H	1X4O	1X4P	1X58	1Z1V	1Z96	1ZAC	2AF8
2BCA	2BCB	2CJJ	2CKX	2COB	2COS	2CP8	2CP9	2CRA	2CUF
2DAH	2DI0	2DKY	2DNA	2DO1	2E1O	2EDU	2EZK	2EZL	2FCE

续表 T8

2GAQ	2GDW	2DGX	2H80	2HP8	2J5O	2JGV	2JW2	2JWD	2JWT
2P5K	2SPZ								
用于验证转角折叠码的蛋白质(包括β-折叠)									
1A57	1B4R	1CI5	1FGP	1G5W	1G6P	1GJX	1HEJ	1HOE	1LPJ
1LWR	1M3A	1M3B	1MJC	1MVG	1NZ9	1OQK	1PC0	1SA8	1T8V
1TEN	1TIT	1TIU	1TTG	1XAK	1YEZ	2AVG	2K57	2NCM	2XBD
3IFB	4AIT	1COD	1CVO	1F94	1G6M	1G6P	1IJC	1JGK	1NOR
1S1N	1TFS	1XI7	1YEZ	1ZAD	2CRS	2JQP	2K57	2LGN	2LXJ
2MJ4	2O2W	3HJD	3LO9	5LUE	5NQ4	1AFP	1C01	1TPM	1WR4
1ZEQ	2JTF	2L55	2LU7	2MW9	3HJD	1AKP	1BPV	1C01	1CDB
1CI5	1CO1	1DG4	1E0L	1E0N	1ED7	1EXH	1G5V	1G6E	1G6P
1G9E	1H95	1HOE	1HZK	1I6C	1JJX	1K76	1K85	1KFZ	1LWR
1M3A	1MVG	1NZ9	1OH1	1OQK	1OWW	1PC0	1PD6	1POQ	1RL1
1SHG	1SSO	1TEN	1TIT	1TIU	1TTF	1WIU	1WKT	1X32	1YEZ
1YWJ	1Z66	1ZR7	2AVG	2C34	2CUI	2EXD	2F09	2FO8	2G0K
2GG1	2JO6	2K3B	2RN8						

附录3　第7章附录

U1　PrP^{C}最短α-螺旋中氢键断裂的试验证据

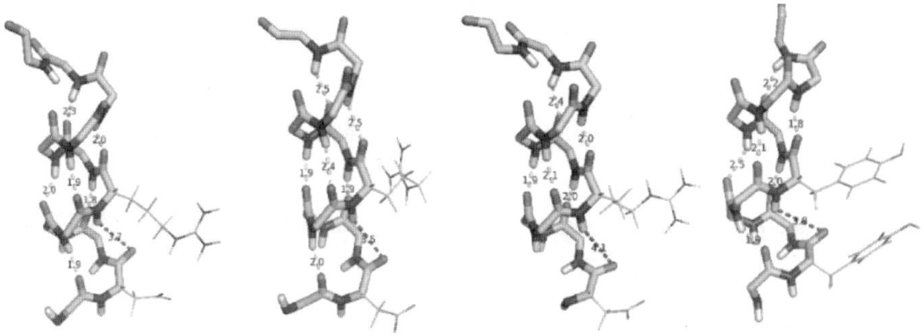

(a) 2KU4(片段16)　　(b) 2KFO(片段3)　　(c) 2KU6(片段12)　　(d) 1HJN(片段5)

图 U1　PrP^{C}中最短的α-螺旋的固有结构不稳定性(均选自 PDB 数据库)

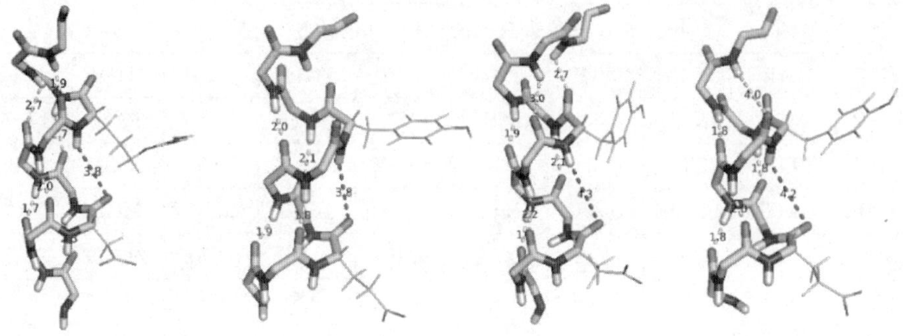

(e) 1Y15(片段10)　(f) 1XYK(片段3)　(g) 1QLZ(片段6)　(h) 1XYJ(片段4)

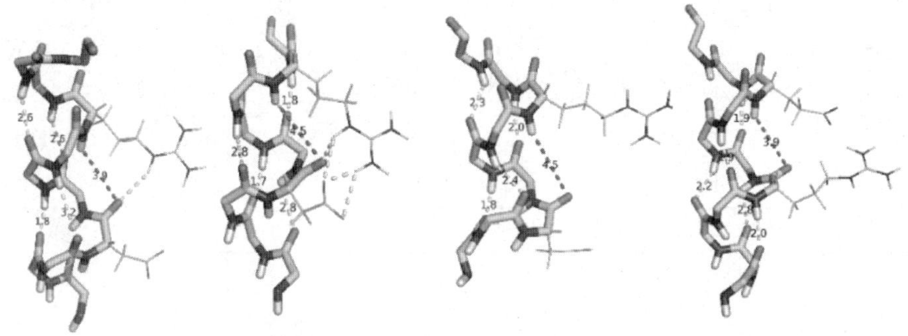

(i) 1Y2S(片段3)　(j) 1DXL(片段9)　(k) 1XYU(片段10)　(l) 1HOL(片段1)

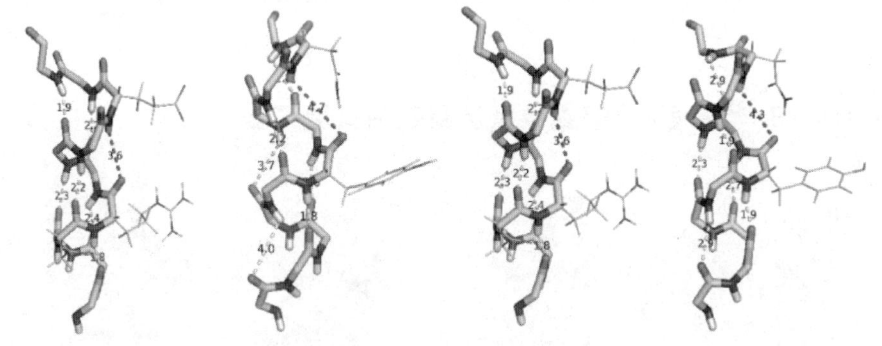

(m) 2K56(片段2)　(n) 1XYQ(片段14)　(o) 2KLD(片段3)　(p) 1QML(片段20)

续图 U1

U2　固定氨基酸序列(EDRYYRE)覆盖所有哺乳动物 PrP^C 的最短 α1－螺旋

表 U1　已知的所有哺乳动物 PrP^C 中最短的 α1－螺旋的氨基酸序列

蛋白质序号	氨基酸序列片段	蛋白质序号	氨基酸序列片段
1Y15	FG—NDWEDRYYRENMYRY—PN	1AG2	FGN—DWEDRYYREN—MYRYPN
1XYK	FG—NDYEDRYYRENMYRY—PD	1XYX	FGN—DWEDRYYREN—MYRYPN
2KU4	FG—NDYEDRYYRENM—YRYPN	1Y16	FG—NDWEDRYYRENM—YRYPN
1XYJ	FGN—DYEDRYYRENMYRY—PN	2K5O	FG—NDWEDRYYREN—MYRYPN
1XYW	FG—NDYEDRYYRENMYRY—PN	2K56	FG—NDWEDRYYREN—MNRYPN
2N53	FG—NDYEDRYYREN—MYRYPN	2KFM	FGND—WEDRYYRENM—YRYPN
1XYU	FGND—YEDRYYRE—NMYRYPN	2KFO	FG—NDWEDRYYREN—MYRYPN
1DWY	FGS—DYEDRYYRE—NMHRYPN	2KU5	FGND—WEDRYYRENM—YRYPN
1QLX	FGS—DYEDRYYRENM—HRYPN	2KU6	FGN—DWEDRYYRENM—YRYPN
2KFL	FGN—EYEDRYYREN—QYRYPN	2L40	FGND—WEDRYYRENM—YRYPN
2FJ3	FGN—DYEDRYYREN—MYRYPN	4YXH	FG—NDYEDRYYREN—MYRYPN
2LH8	FG—NDWEDRYYRENM—NRYPN	4YXK	FG—NDYEDRYYREN—MYRYPN
1XYQ	FGS—DYEDRYYRENMYRY—PN	1TPX	FG—NDYEDRYYREN—MYRYPN
1TQB	FGN—DYEDRYYRENM—YRYPN	1TQC	FG—NDYEDRYYREN—MYRYPN
1Y2S	FGN—DYEDRYYRENM—YRYPN	2MV8	FG—NDYEDRYYREN—MYRYPN
2MV9	FG—NDYEDRYYRENM—YRYPN	1DWZ	FGS—DYEDRYYRE—NMHRYPN
1DX0	FGS—DYEDRYYRE—NMHRYPN	1DX1	FGS—DYEDRYYRE—NMHRYPN
1FKC	FG—SDYEDRYYRENM—HRYPN	1FO7	FG—SDYEDRYYRENM—HRYPN
1H0L	FGS—DYEDRYYRENM—HRYPN	1HJM	FG—SDYEDRYYREN—MHRYPN
1HJN	FG—SDYEDRYYREN—MHRYPN	1I4M	FG—SDYEDRYYREN—MHRYPN
1QLZ	FGS—DYEDRYYRENM—HRYPN	1QM0	FGS—DYEDRYYRENM—HRYPN
1QM1	FGS—DYEDRYYRENM—HRYPN	1QM2	FGS—DYEDRYYRENM—HRYPN
1QM3	FGSD—YEDRYYRENM—HRYPN	2LEJ	FG—SDYEDRYYRENM—HRYPN
2KUN	FG—SDYEDRYYREN—MHRYPN	2LFT	FG—SDYEDRYYREN—MHRYPN
2LSB	FG—SDYEDRYYRENM—HRYPN	2LV1	FG—SDYEDRYYRENM—HRYPN
2M8T	FG—SDYEDRYYRENM—HRYPN	2JOH	FG—NDYEDRYYRENM—YRYPN
2JOM	FGN—DYEDRYYRENMYRY—PN	3O79	FG—NDYEDRYYREN—MYRYPN

U3 蛋白质数据库中的 β－螺旋结构

表 U2 PDB 数据库中随机选择的左手和右手 β－螺旋结构

1AIR	1BN8	1BHE	1CZF	1DAB
1DB0	1DGB	1EE6	1GQ8	1H80
1HG8	1IA5	1IDK	1JTA	1K5C
1QCX	1QJV	1TSP	1G97	1HV9
1KK6	1KRR	1L0S	1LXA	1QRE
1XAT	2TDT			

U4 将 PrP 残基 89～175 折叠成左旋螺旋

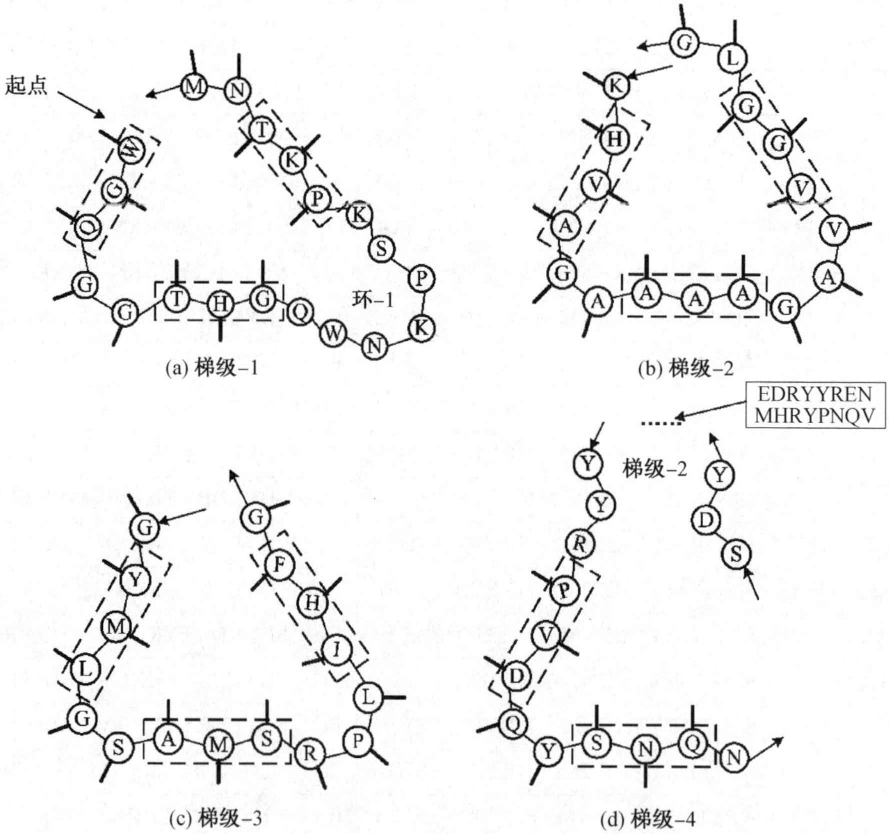

图 U2 将(牛)的 PrP 残基 89～175 折叠成左旋螺旋

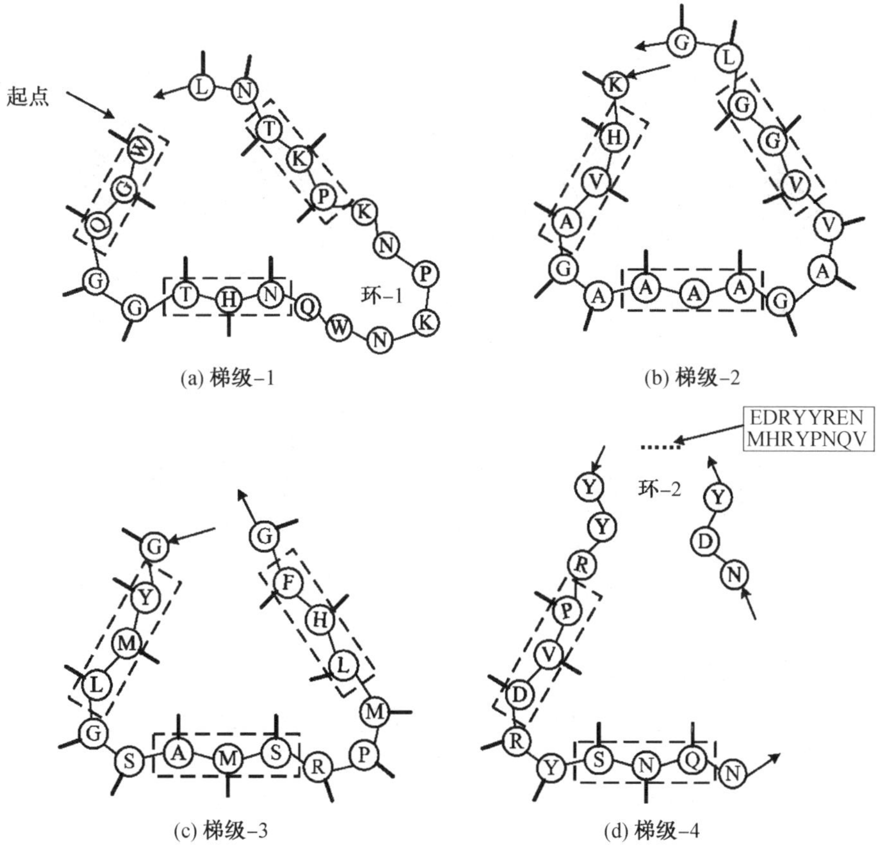

图 U3　将(仓鼠)的 PrP 残基 89～175 折叠成左旋螺旋

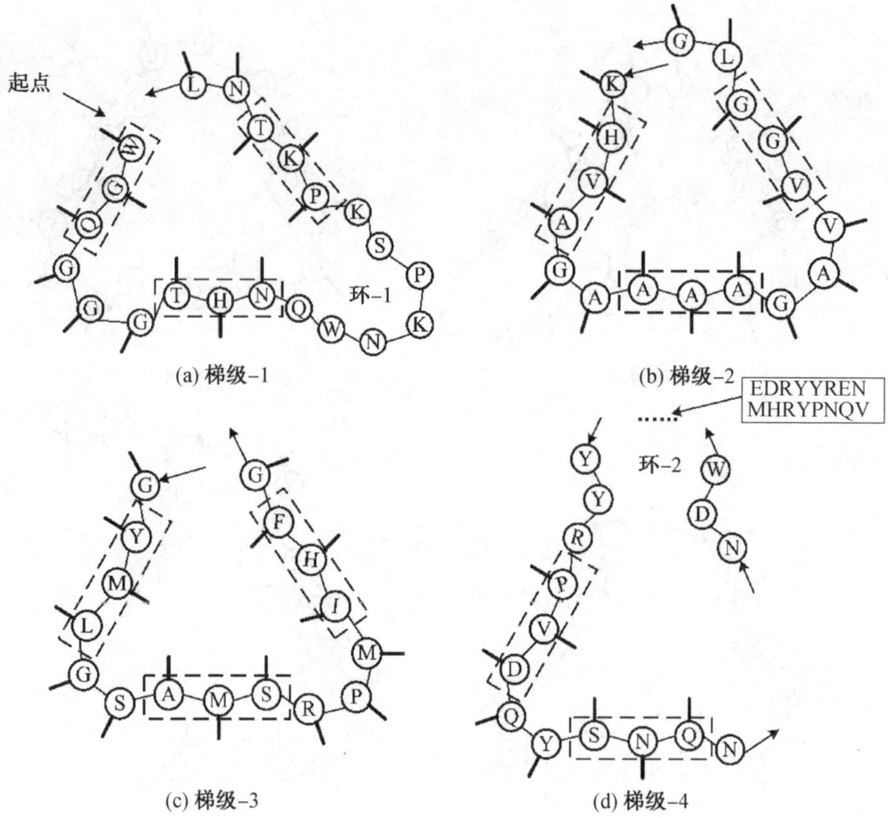

图 U4　将(老鼠)的 PrP 残基 89～175 折叠成左旋螺旋

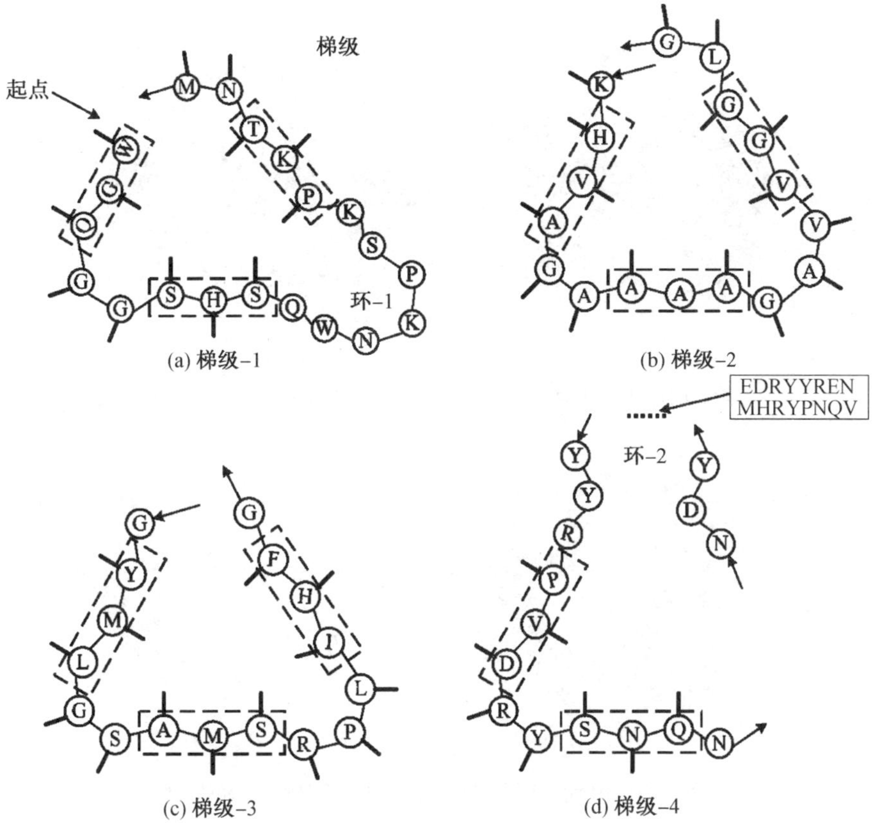

图 U5 将(棉羊)的 PrP 残基 89～175 折叠成左旋螺旋

(a) 蛋白质1BHE的β-螺旋结构

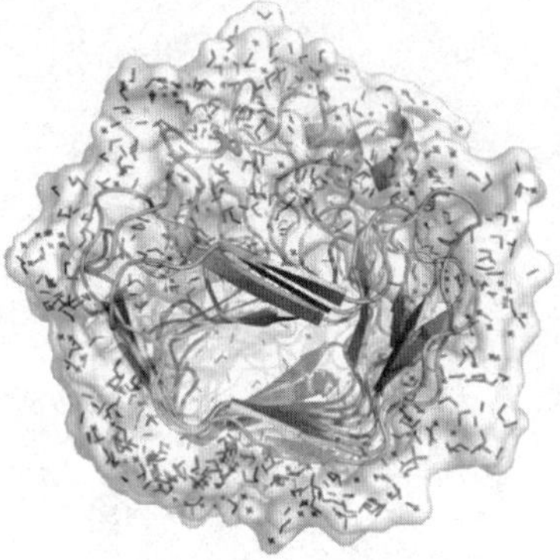

(b) 蛋白质1CZF的β-螺旋结构

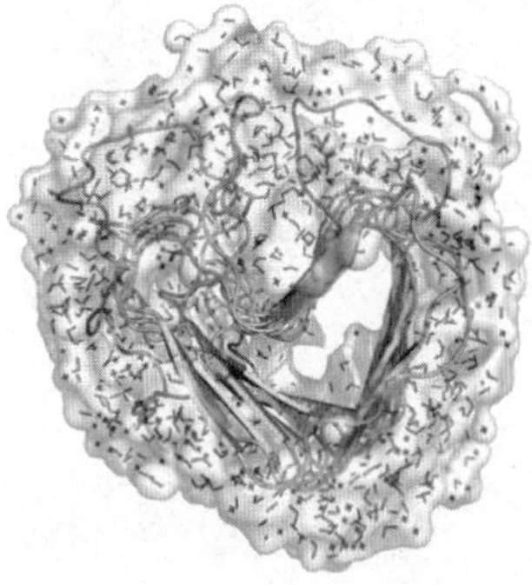

(c) 蛋白质1DAB的β-螺旋结构

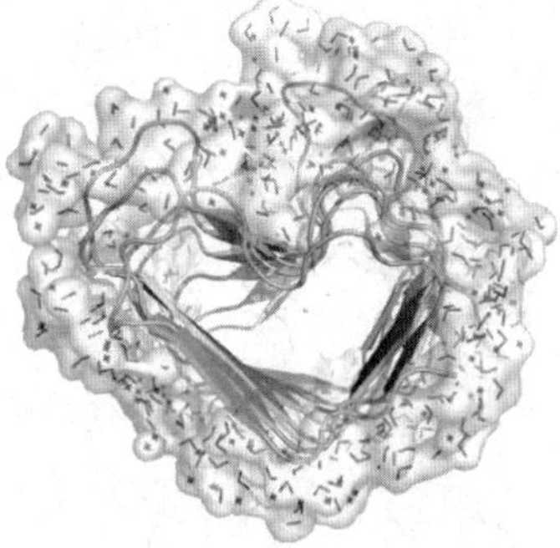

(d) 蛋白质1EE6的β-螺旋结构

图 U6　将 PrP 残基穿入左旋螺旋形折叠

参考文献

[1] PANDE V. Absolute comparison of simulated and experimental protein-folding dynamics[J]. Nature, 2002, 420(6911):102-103.

[2] DUBOCHET J. The first thirty years[J]. J Microscopy, 2012, 245(3): 221-224.

[3] KENDREW J C, DICKERSON R E, STRANDBERG B E, et al. Structure of myoglobin: A three-dimensional fourier synthesis at 2A. resolution [J]. Nature, 1960, 185(4711):422-430.

[4] LEVITT M. The birth of computational structural biology[J]. Nat Struct Biol, 2001, 8(5):392-393.

[5] RASMUSSEN S G F, DEVREE B T, ZOU Y, et al. Crystal structure of the β2 adrenergic receptor - Gs protein complex[J]. Nature, 2011, 477(7366):549-555.

[6] RODNINA M V, WINTERMEYER W. The ribosome goes nobel[J]. Trends Biochem Sci, 2010, 35(1):1-5.

[7] PRUSINER S B. Nobel lecture: prions[J]. Prions, 1998, 95(23): 13363-13383.

[8] MAYOR U, JOHNSON C M, DAGGETT V, et al. Protein folding and unfolding in microseconds to nanoseconds by experiment and simulation[J]. Proc Natl Acad Sci USA, 2001, 97(25):13518-13522.

[9] DILL K A, CHAN H S. From Levinthal to pathways to funnels[J]. Nat Struct Biol, 1997, 4(1):10-19.

[10] AUER S, MILLER M A, KRIVOV S V, et al. Importance of metastable states in the free energy landscapes of polypeptide chains[J]. Phys Rev Lett, 2007, 99(17):178104.

[11] BERMAN H, HENRICK K, NAKAMURA H, et al. Announcing the worldwide protein data bank[J]. Nat Struct Biol, 2004, 10(12): 980-981.

[12] KUTCHUKIAN P S, YANG J S, VERDINE G L, et al. All-atom model for stabilization of α-helical structure in peptides by hydrocarbon staples

[J]. JACS, 2009, 131(13):4622-4627.

[13] ABRUSÁN, MARSH J A, ORENGO C A. Alpha helices are more robust to mutations than beta strands[J]. PLos Comput Biol, 2016, 12(12): 1005242.

[14] BUSCH S, BRUCE C D, REDFIELD C, et al. Water mediation is essential to nucleation of β-turn formation in peptide folding motifs[J]. ANGEW, 2013, 125(49):13329-13333.

[15] GUO M, XU Y, GRUEBELE M . Temperature dependence of protein folding kinetics in living cells[J]. Proc Natl Acad Sci USA, 2012, 109 (44):17863-17867.

[16] RIBACK J A, BOWMAN M A, ZMYSLOWSKI A M, et al. Innovative scattering analysis shows that hydrophobic disordered proteins are expanded in water[J]. Science, 2017, 358(6360):238-241.

[17] SIERADZAN A K, LIPSKA A G, LUBECKA E A. Shielding effect in protein folding[J]. J Mol Graphics Modell, 2017, 79(2018):118-132.

[18] BONDOS S E, BICKNELL A . Detection and prevention of protein aggregation before, during, and after purification[J]. Anal Biochem, 2003, 316 (2):223-231.

[19] BROOKS B R R, BROOKS C L B, MACKERELL A D, et al. Charmm: The biomolecular simulation program[J]. J Comput Chem, 2009, 30 (10):1545.

[20] GRUEBELE M, SABELKO J, BALLEW R, et al. Laser temperature jump induced protein refolding [J]. Acc Chem Res, 1998, 31(11):699-707.

[21] TURAN B. Conformational analysis of glutamic acid: a density functional approach using implicit continuum solvent model[J]. J Mol Model, 2014, 20(9):2396.

[22] EISENBERG D. Three-dimensional structure of membrane and surface proteins[J]. Annu Rev Biochem, 1984, 53(1):595-623.

[23] KRIEGER F, MOGLICH A, KIEFHABER T. Effect of proline and glycine residues on dynamics and barriers of loop formation in polypeptide chains[J]. J Am Chem Soc, 2005, 127(10): 3346-3352.

[24] CHEN H L, LU T Y, HSU C C, et al. Directly monitor protein rearrangement on a nanosecond-to-millisecond time-scale[J]. Sci Rep, 2017, 7(1):8691.

[25] CLARK A C. Protein folding: are we there yet? [J]. Arch Biochem Biophys, 2008, 469(1):1-3.
[26] BERG V D B. Macromolecular crowding perturbs protein refolding kinetics: implications for folding inside the cell[J]. Embo J, 2000, 19(15): 3870-3875.
[27] FREDDOLINO P L, HARRISON C B, LIU Y, et al. Challenges in protein folding simulations: timescale, representation, and analysis[J]. Nat Phys, 2010, 6(10):751.
[28] LEVITT M. Protein folding by restrained energy minimization and molecular dynamics[J]. J Mol Biol, 1983, 170(3):723-764.
[29] LINDORFF-LARSEN K, PIANA S, DROR R O, et al. How fast-folding proteins fold[J]. Science, 2011, 334(6055):517-520.
[30] RAVAL A, PIANA S, EASTWOODM P, et al. Refinement of protein structure homology models via long, all-atom molecular dynamics simulations[J]. Proteins: Structure Function Bioinformatics, 2012, 80(8):1-8.
[31] SHAW D E, MARAGAKIS P, LINDORFF-LARSEN K, et al. Atomic-level characterization of the structural dynamics of proteins[J]. Science, 2010, 330(6002):341-346.
[32] VINCENT A, VOELZ. Molecular simulation of ab initio protein folding for a millisecond folder NTL9(1/39)[J]. J Am Chem Soc, 2010,132(5): 1526-1528.
[33] OAS T G, KIM P S . A peptide model of a protein folding intermediate [J]. Nature, 1988, 336(6194):42-48.
[34] YANG L, HOU C, MA X, et al. Structure relaxation via long trajectories made stable[J]. Phys Chem Chem Phys, 2017, 19(36):24478.
[35] BITZEK E, KOSKINEN P, GHLER F, et al. Structural relaxation made simple[J]. Phys Rev Lett, 2006, 97(17):170201.
[36] NOCEDAL J, STEPHEN J. Wright numerical optimization: springer series in operations research and financial engineering[J]. Siam J Optimiz, 2006, 11(2013): 198.
[37] KOEHL P. A brighter future for protein structure prediction[J]. Nat Struct Mol Biol, 1999,6(2):108-111.
[38] PLIMPTONS. Fast parallel algorithms for short-range molecular dynamics[J]. J Comput Phys, 1995, 117(1): 1-19.
[39] YANG L, GREENFELD I, WAGNER H D, et al. Toughness of carbon

nanotubes conforms to classic fracture mechanics[J]. Sci Adv, 2016, 2(2):e1500969.

[40] XIAO W, ERNST K H, PALOTAS K, et al. Microscopic origin of chiral shape induction in achiral crystals[J]. Nat Chem, 2016, 8(2016): 326-330.

[41] SUZUKI T, KOSUGI Y, HOSAKA M, et al. Occurrence and behavior of the chiral anti-inflammatory drug naproxen in an aquatic environment [J]. Environ Toxicol Chem, 2014, 33(12):2671-2678.

[42] ScHILTHUIZEN M, DAVISON A. The convoluted evolution of snail chirality[J]. Natur, 2005, 92(11):504-515.

[43] HERZBERG O, MOULT J. Analysis of the steric strain in the polypeptide backbone of protein molecules[J]. Proteins Structure Function & Bioinformatics, 1991, 11(3):223-229.

[44] PETOCK J M, TORSHIN I Y, WEBER I T, et al. Analysis of protein structures reveals regions of rare backbone conformation at functional sites[J]. Proteins, 2003, 53(4):872-879.

[45] NOVOTNY M, KLEYWEGT G J. A Survey of left-handed helices in protein structures[J]. J Mol Biol, 2005, 347(2):240-241.

[46] 马晓亮，赫晓东. 未折叠蛋白质的普遍初始热力学亚稳态[J]. 生物化学与生物物理进展，2019, 46(10):993-1001.

[47] DUNITZ J D. Pauling's left-handed alpha-helix[J]. Angew Chem Int Ed, 2001, 40(22):4167-4173.

[48] ACEVEDO-MORANTES C, WILLE H. The structure of human prions: from biology to structural models-considerations and pitfalls[J]. Viruses, 2014, 6(10):3875-3892.

[49] ORR H A. The genetic theory of adaptation: a brief history[J]. Nat Rev Gen, 2005, 6(2):119-127.

[50] SCOTT-PHILLIPS T C, LALAND K N, SHUKER D M, et al. The niche construction perspective: a critical appraisal[J]. Evolution, 2013, 68(5):1231-1243.

[51] KEVIN J. Global patterns in biodiversity[J]. Nature, 2000, 405(6783): 220-227.

[52] WIENS J J, CORNELL H. Faster diversification on land than sea helps explain global biodiversity patterns among habitats and animal phyla[J]. Ecol Lett, 2015, 18(11): 1234-1241.

[53] CHEN, MUYUAN, HARRIS, et al. Structural diversity of supercoiled DNA [J]. Nat Commun, 2015,6(1):8440.
[54] HAMMOND A S, ROYER D F, FLEAGLEJ G,et al. The omo-kibish I pelvis[J]. J Hum Evol, 2017,108(2017):199-219.
[55] HARRIS D A. Cellular biology of prion diseases[J]. Clin Microbiol Rev, 1999, 12(3):429-444.
[56] STOHR J. Mechanisms of prion protein assembly into amyloid[J]. Proc Natl Acad Sci USA, 2008, 105(7):2409-2414.
[57] PRUSINER S B,TELLING G,COHEN F E,et al. Prion diseases of humans and animals[J]. Semin Virol, 1996, 7(3):159-173.
[58] PRUSINER R W. Nobel lecture: prions[J]Prions,1998,95(23): 13363-13383.
[59] CHEN W,LIU X,HUANG Y,et al. Improved method for predicting protein fold patterns with ensemble classifiers[J]. Genet Mol Res, 2012, 11 (1):174-181.
[60] MIZUSAWA H, KUWATA K. Prion 2016 tokyo declaration[J]. Prion, 2016, 10(4): 265-266.
[61] ARATA H,TAKASHIMA H . Familial prion disease [J]. Nihon Rinsho, 2007,65(8): 1433-1437.
[62] LIBERSKI P P,KURU D. Carleton gajdusek: a close encounter[J]. Folia Neuropathol, 2009, 47(2):114.
[63] 刘健平，尹畅. 朊病毒研究进展[J]. 动物医学进展，2000 (3):14.
[64] WEISSMANN C,BUELER H,FISCHER M,et al. Molecular biology of prion diseases: susceptibility to scrapie in mice is dependent on PrP^{C}[J]. Philos T R Soc B, 1994, 343(1306):431-433.
[65] RIEK R, HORNEMANN S, WIDER G, et al. NMR structure of the mouse prion protein domain PrP (121/231) [J]. Nature, 1996, 382 (6587):180-182.
[66] GARCIA F L, ZAHN R, RIEK R, et al. NMR structure of the bovine prion protein[J]. Proc Natl Acad Sci USA, 2000, 97(15):8334-8339.
[67] BURLEY S,PETSKO G. Aromatic-aromatic interaction: a mechanism of protein structure stabilization[J]. Science, 1985, 229(4708):23-28.
[68] WATERS M L. Aromatic interactions in model systems[J]. Curr Opin Chem Biol, 2003, 6(6):736-741.
[69] DELEAULT N R,GEOGHEGAN J C,NISHINA K,et al. Protease-resist-

ant prion protein amplification reconstituted with partially purified substrates and synthetic polyanions[J]. J Biol Chem, 2005, 280(29):26873-26879.

[70] NANDI P K, LECLERC E, NICOLE J C, et al. DNA-induced partial unfolding of prion protein leads to its polymerisation to amyloid[J]. J Mol Biol, 2002, 322(1):153-161.

[71] PHILLIPS J C, BRAUN R, WANG W, et al. Scalable molecular dynamics with NAMD [J]. J Comput Chem, 2005, 26(16):1781 -1802.

[72] ZHOU Z, XIAO G . Conformational conversion of prion protein in prion diseases[J]. Acta Bioch Bioph Sin, 2013, 45(6):465.

[73] CORDEIRO Y, MACHADO F, JULIANO L, et al. DNA converts cellular prion protein into the β—sheet conformation and inhibits prion peptide aggregation[J]. J Biol Chem, 2001, 276(52):49400.

[74] TIXADO R, PHILIPP E, HERZO G, et al. The physical relationship between infectivity and prion protein aggregates is strain-dependent [J]. PLoS One, 2010, 6(4):e1000859.

[75] COBB N J, SUREWICZW K. Prion diseases and their biochemical mechanisms[J]. Biochemistry, 2009, 48(12):2574-2585.

[76] DIRINGER H, BEEKES M. Highly infectious purified preparations of disease-specific amyloid of transmissible spongiform encephalopathies are not devoid of nucleic acids of viral size[J]. Intervirology, 1997, 40(4):238-246.

[77] GERALD S, ANDREW B, HUGHSON G, et al. Effect of glycans and the glycophosphatidylinositol anchor on strain dependent conformations of scrapie prion protein: improved purifications and infrared spectra[J]. Biochemistry, 2011, 50(21):4479-4490.

[78] PASTRANA M A, SAJNANI G, ONISKO B, et al. Isolation and characterization of a proteinase K-sensitive PrP^{sc} fraction [J]. Biochemistry, 2006, 45(51):15710.

[79] MAKARAVA N, KOVACS G G, BOCHAROVAO, et al. Recombinant prion protein induces a new transmissible prion disease in wild-type animals[J]. Acta Neuropathol, 2010, 119(2):177-187.

[80] SMIRNOVAS V, BARON G S, OFFERDAHL D K, et al. Structural organization of brain-derived mammalian prions examined by hydrogen-deuterium exchange[J]. Nat Stuct Mol Biol, 2011, 18(4):504-506.

[81] COBB N J,SONNICHSEN F D,MCHAOURAB H,et al. Molecular architecture of human prion protein amyloid: a parallel, in-register-structure [J]. Proc Natl Acad Sci USA, 2007, 104(48):18946-18951.

[82] COHEN F E,FLETTERICK R,SERBAN J,et al. Conversion of α—helices into β—sheets features in the formation of the scrapie prion proteins [J]. Proc Natl Acad Sci USA,1993,90(2013): 10962-10966.

[83] SPAGNOLLI G,RIGOLI M,ORIOLI S,et al. Full atomistic model of prion structure and conversion[J]. Plos Pathog, 2019, 15(7):e1007864.

[84] 熊大鹏.基于深度学习架构的蛋白质远程残基接触预测研究 [D] . 北京:清华大学,2017.

[85] 王超,朱建伟,张海仓,等. 蛋白质三级结构预测算法综述[J]. 计算机学报, 2018, 41(4):760-779.

[86] ALTSCHUL S. Gapped BLAST and PSI-BLAST:a new generation of protein database search programs[J]. Nucleic Acids Res, 1997, 25(17): 3389-3407.

[87] RYCHLEWSKI L, LI W Z, JAROSZEWSKI L, et al. Comparison of sequence profiles: strategies for structural predictions using sequence information[J]. Protein Sci, 2008, 9(2): 232-241.

[88] KEVIN K,BIRONG H . Evaluation of protein multiple alignments by SAM-T99 using the BAliBASE multiple alignment test set[J]. Bioinformatics,2001,17(8):713-720.

[89] JOHANNES S. Protein homology detection by HMM-HMM comparison [J]. Bioinformatics,2004,21(7):951-960.

[90] XU Y,XU D. Protein threading using PROSPECT: design and evaluation [J]. Proteins, 2000, 40(3):343-354.

[91] ZHOU H,ZHOU Y. Single-body residue-level knowledge-based energy score combined with sequence-profile and secondary structure information for fold recognition[J]. Proteins, 2004, 55(4):1005-1013.

[92] MA J Z,WANG S. Mrfalign: Protein homology detection through alignment of markov random fields[J]. Plos Comput Biol, 2014, 10(3): e1003500.

[93] BAKER. Proteinstructure prediction and structural genomics[J]. Science, 2001, 294(5540):93-96.

[94] LI S C. Fragment-HMM: a new approach to protein structure prediction [J]. Protein Sci, 2008, 17(11):1925-1934.

[95] XU D, ZHANG Y. A binitio protein structure assembly using continuous structure fragments and optimized knowledge-based force field[J]. Proteins, 2012, 80(2012): 1715-1735.

[96] KIRKWOOD, JOHN G. Statistical mechanics of fluid mixtures[J]. J Chem Phys, 1935, 3(5):300.

[97] CHOU P Y, FASMAN G D. Conformational parameters for amino acids in helical, β-sheet, and random coil regions calculated from proteins[J]. Biochemistry, 1974, 13(2):211-222.

[98] 李佳成. 应用于微声探测的石墨烯振膜结构研究[D]. 哈尔滨:哈尔滨工业大学,2019.

[99] 马远新,安虎雁,毛莉萍,等. 生命过程与生物熵[J]. 数理医药学杂志,2009(1):7-9.

部分彩图

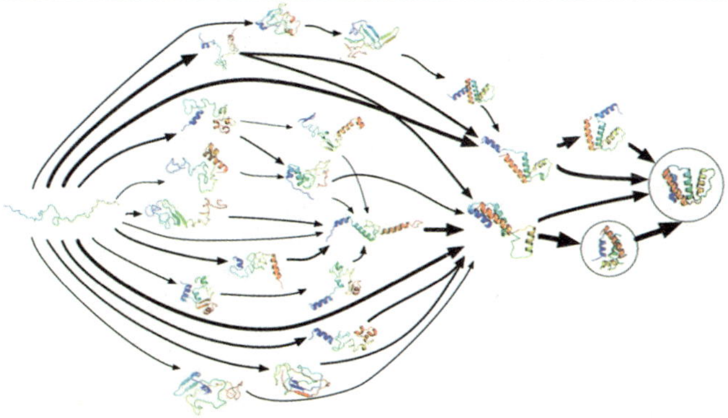

图 2.2

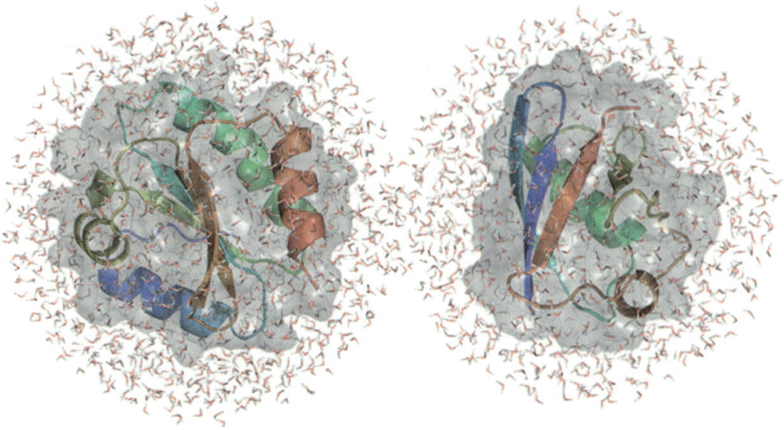

(a) 防止蛋白质聚集

图 3.1

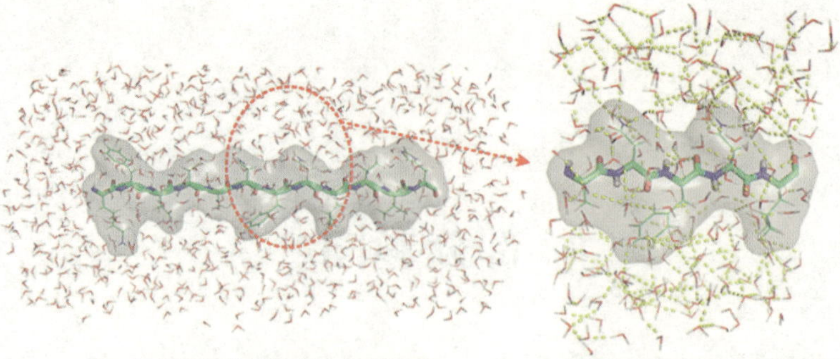

(b) 防止亲水性侧链发生氢键键合　　(c) 亲水性侧链与水分子氢键键合

续图 3.1

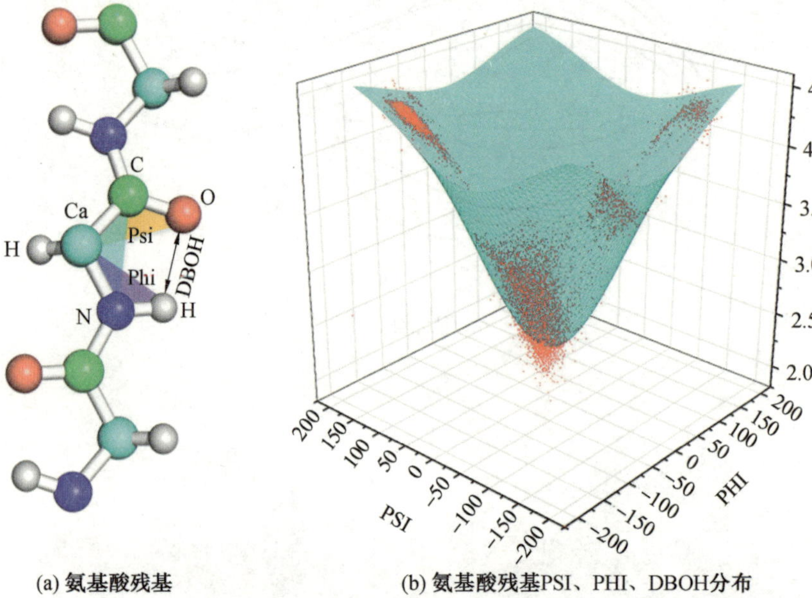

(a) 氨基酸残基　　(b) 氨基酸残基PSI、PHI、DBOH分布

图 3.4

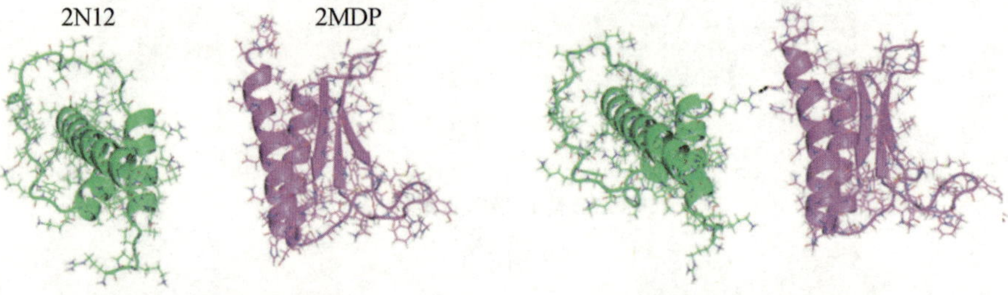

(a) 蛋白质2N12和蛋白质2MDP　　(b) 蛋白质间发生氢键键合

图 4.3

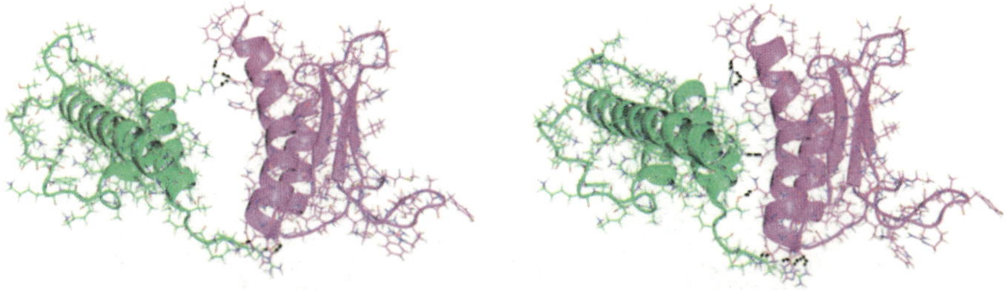

(c) 蛋白质间发生多处氢键键合　　(d) 蛋白质间发生结合

续图 4.3

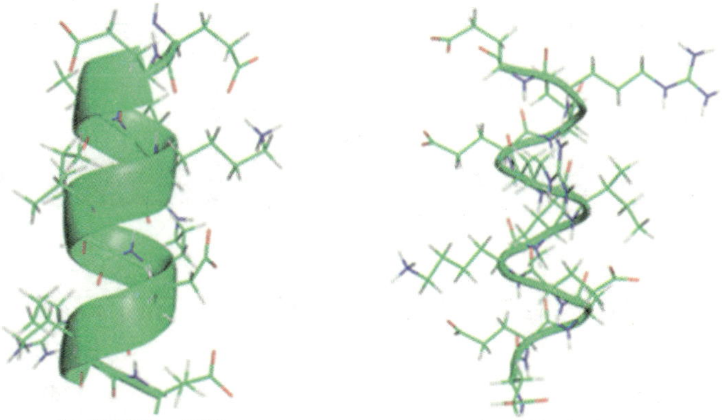

(a) 右手型α-螺旋　　(b) 左手型α-螺旋

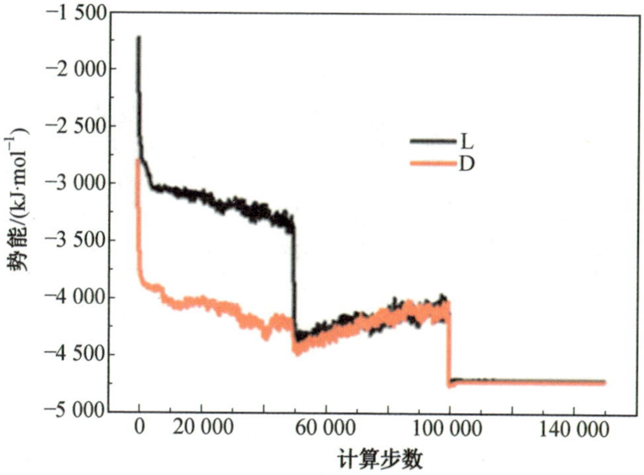

(c) 不同手性螺旋势能变化

图 5.2

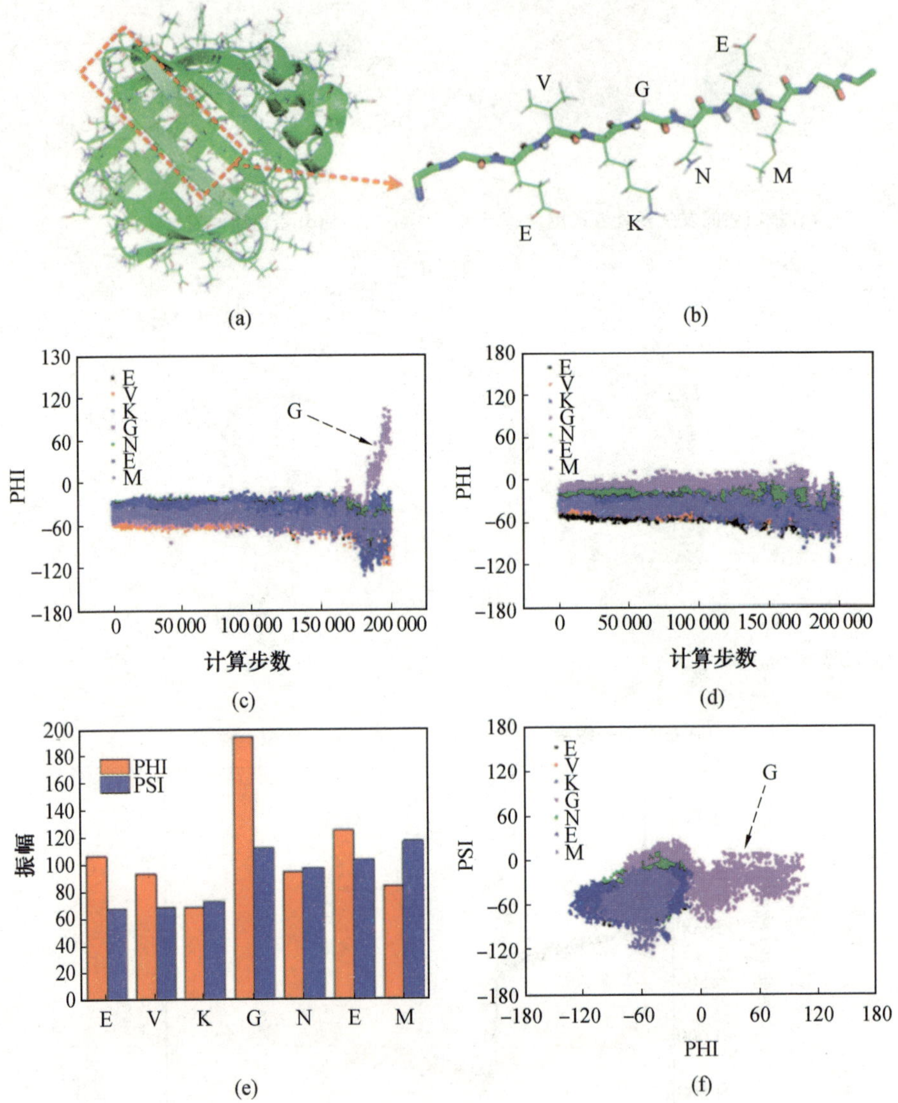
E
V
G
N
M
E
K
(a)
(b)
G
PHI
计算步数
(c)
PHI
计算步数
(d)
PHI
PSI
振幅
E V K G N E M
(e)
G
PSI
PHI
(f)

图 5.4

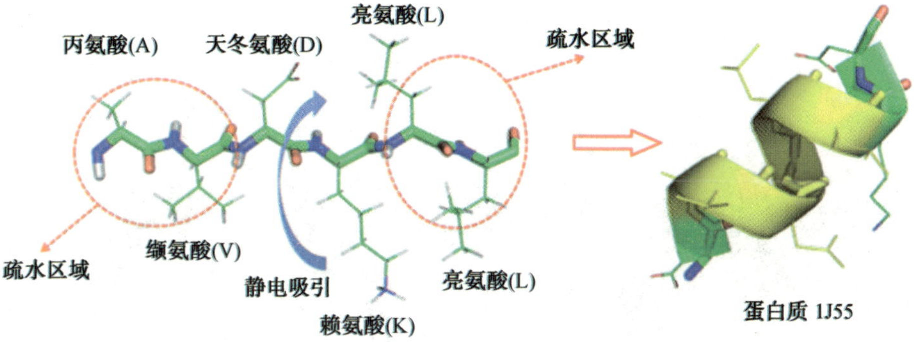

图6.5

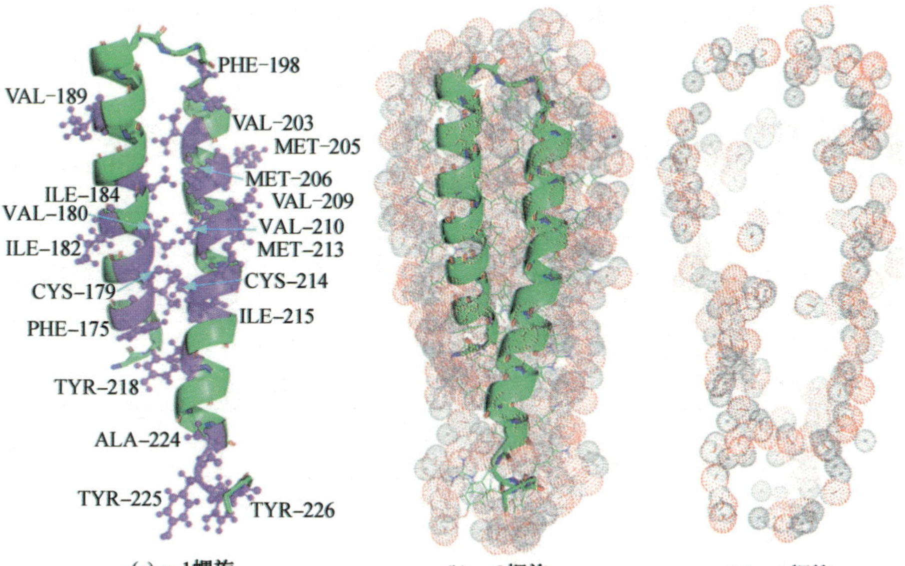

(a) α-1螺旋 (b) α-2螺旋 (c) α-3螺旋

图7.8

(a) 平行分布的左手β-螺旋结构

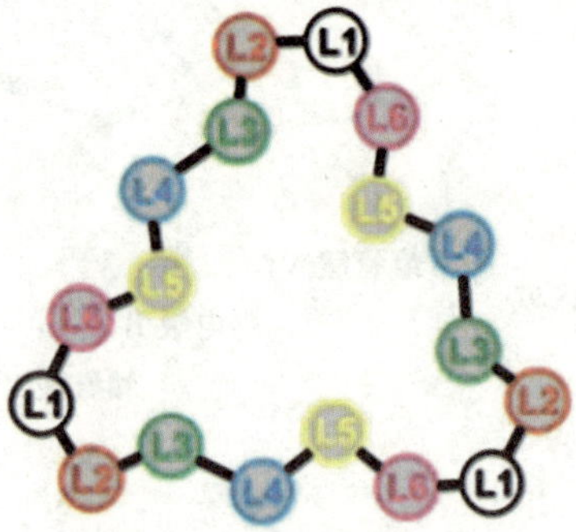

(b) 左手β-螺旋结构氨基酸分布

Loop 1

100	101	102	103	104
K	P	S	K	P

L1	L2	L3	L4	L5	L6	L1	L2	L3	L4	L5
89	90	91	92	93	94	95	96	97	98	99
G	Q	G	G	G	T	H	N	Q	W	N

L2	L3	L4	L5	L6
105	106	107	108	109
K	T	N	L	K

L1	L2	L3	L4	L5	L6	L1	L2	L3	L4	L5	L5	L1	L2	L3	L4	L5	L6
	110	111	112	113	114	115	116	117	118	119	120		121	122	123	124	125
	H	V	A	G	A	A	A	A	G	A	V		V	G	G	L	G

L1	L2	L3	L4	L5	L6	L1	L2	L3	L4	L5	L6	L1	L2	L3	L4	L5	L6
	126	127	128	129	130		131	132	133	134	135	136	137	138	139	140	141
	G	Y	M	L	G		S	A	M	S	R	P	M	I	H	F	G

L1	L2	L3
142	143	144
N	D	W

L2	L3	L4	L5	L6	L1	L2	L3	L4	L5	L6
164	165	166	167	168	169	170	171	172	173	174
P	V	D	Q	Y	S	N	Q	N	N	F

Loop 2

145	146	147	148	149	150	151	152	153	154	155	156	157	158	159	160	161	162	163
E	D	R	Y	Y	R	E	N	M	Y	R	Y	P	N	Q	V	Y	Y	R

(c) 氨基酸序列表

图 7.10

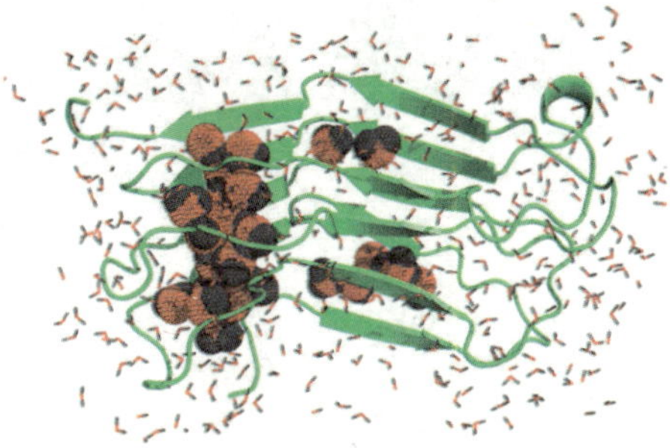

(a) 水分子进入PrP^{Sc} β-螺旋结构

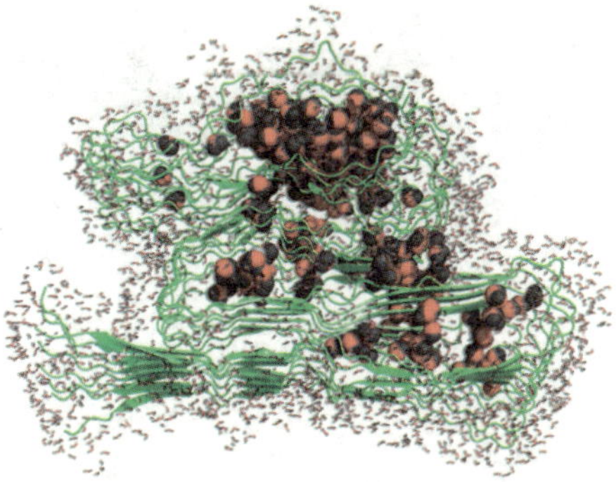

(b) 水分子进入PrP^{Sc} β-螺旋结构的预测模型

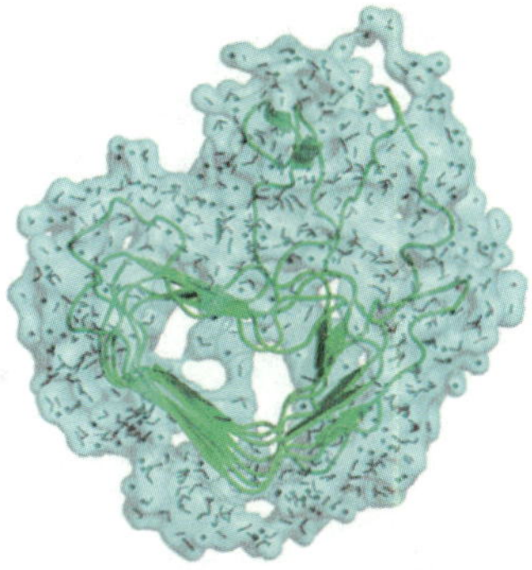

(c) 蛋白质1BN8的β-螺旋结构

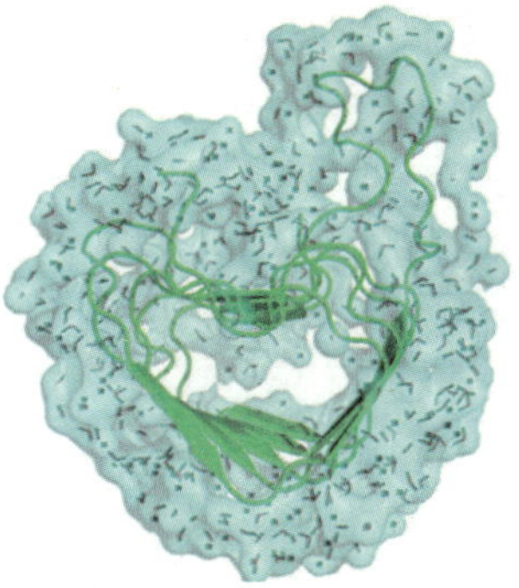

(d) 蛋白质1AIR的β-螺旋结构

图 7.12

(a) 1PTS　　(b) 2AZA

图 8.8